· 高职高专国家示范性院校机电类专业系列教材
★ 2020 年陕西高职院校优秀教材

数控加工技术及应用

主编　王彦宏

参编　韩　伟　刘艳申　祝战科

主审　卢文澈

U0394588

西安电子科技大学出版社

内 容 简 介

本书是依据企业的工作岗位和工作任务开发设计的。全书以数控加工为主线，融入机床、夹具、刀具、量具及数控加工精度控制等内容，详细介绍了数控车削加工、数控铣削加工、四轴、五轴数控加工零件的工艺及编程。具体内容有四个项目，项目一是零件数控车削加工；项目二是零件数控铣削加工；项目三是零件四轴数控加工；项目四是零件五轴数控加工。

本书适用于理论及理实一体化教学，主要可作为高职高专院校数控技术、机械制造与自动化、机电一体化技术等专业的教材，同时可供相关技术人员、数控编程人员及数控机床操作人员参考。

图书在版编目(CIP)数据

数控加工技术及应用/王彦宏主编. —西安：
西安电子科技大学出版社，2016.8(2021.7 重印)
ISBN 978 - 7 - 5606 - 4129 - 4

Ⅰ. ① 数… Ⅱ. ① 王… Ⅲ. ① 数控机床—加工—高等职业教育—教材
Ⅳ. ① TG659

中国版本图书馆 CIP 数据核字(2016)第 157189 号

策　　划　李惠萍
责任编辑　杨　璠
出版发行　西安电子科技大学出版社(西安市太白南路 2 号)
电　　话　(029)88202421　88201467　　邮　　编　710071
网　　址　www. xduph. com　　　　　电子邮箱　xdupfxb001@163.com
经　　销　新华书店
印刷单位　陕西天意印务有限责任公司
版　　次　2016 年 8 月第 1 版　2021 年 7 月第 5 次印刷
开　　本　787 毫米×1092 毫米　1/16　印张　17.25
字　　数　408 千字
印　　数　7401～9400 册
定　　价　37.00 元

ISBN 978 - 7 - 5606 - 4129 - 4/TG

XDUP 4421001 - 5

＊＊＊ 如有印装问题可调换 ＊＊＊

前　言

　　本书是以数控加工工作过程为导向，以数控加工工作任务为驱动，面向机电类专业的核心课程教材。书中的具体学习任务基本上源于企业真实的典型任务，具有鲜明的工学结合特色，适用于理实一体化教学及项目教学法，可作为高职高专院校相关专业的教材或参考书。

　　本书具有以下特色：

　　（1）根据企业的工作岗位和工作任务开发设计，内容以工作过程为导向，具有"工学结合"的课程特色，体现了明显的职业特征，实现了实践与理论知识的整合，将工作环境与学习环境有机地结合在一起。

　　（2）书中所设计的学习任务基本上来源于企业真实的典型任务；综合实例全面、重点突出；所选用的数控系统为当前的主流数控系统，与生产实际衔接紧密，具有很强的参考性和可操作性。

　　（3）注重专业性、职业性、示范性的结合，把教学法带入教材；先进性与实用性相结合；实训教学、技能大赛和考证相结合。

　　（4）按照项目式教学、任务驱动的模式合理编排教学内容，每个项目包含若干个任务，每个任务中又包括学习目标、工作任务、相关知识、任务实施、知识拓展、能力测试、任务小结等几个部分，且任务的编排由简单到复杂，循序渐进。

　　（5）内容编写遵循教、学、做合而为一的原则，理论、实践一体化的原则和适应项目化教学的原则。

　　全书包含四个项目：零件数控车削加工、零件数控铣削加工、零件四轴数控加工和零件五轴数控加工。

　　本书由陕西工业职业技术学院王彦宏主编。王彦宏编写了项目一中的任务一至任务五及项目二；陕西工业职业技术学院祝战科编写了项目一中的任务六、任务七；陕西工业职业技术学院韩伟编写了项目三；陕西工业职业技术学院刘艳申编写了项目四。陕西工业职业技术学院卢文澈担任本书主审，卢老师对本书的编写提出了许多宝贵意见与建议，在此表示衷心的感谢。

限于编者水平及数控技术的迅速发展，书中难免存在不妥或疏漏之处，敬请读者不吝赐教。

编　者

2016 年 7 月

目　录

任务一 阶梯轴外圆加工

一、学习目标

知识目标

（1）了解数控车床各部分的系统组成及主要技术参数；

（2）了解数控车床的结构特点；

（3）掌握加工程序的一般格式；

（4）掌握数控车削编程最基本的指令。

技能目标

（1）会使用手动及手摇方式进行机床调整；

（2）会正确对刀，能用 G50 指令建立工件坐标系；

（3）会编写简单的外圆加工程序；

（4）会输入程序并进行图形模拟；

（5）会使用数控车床进行阶梯轴零件的外圆加工。

二、工作任务

阶梯轴零件如图 1-1 所示，材料为 2A12 铝合金，毛坯为 $\phi50$ mm×102 mm 棒料，编写加工程序，用自动运行方式加工零件至尺寸要求。

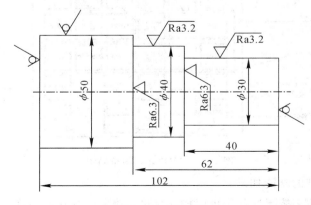

图 1-1 零件图

三、相关知识

（一）SSCK20A 数控车床操作面板说明及各功能按钮的操作

1. CRT/MDI 单元

图 1-2 所示为 FANUC 0i Mate-TB 系统的 CRT/MDI 单元示意图。CRT 右侧为 MDI 键盘，CRT 下部为软键，根据不同的画面，软键有不同的功能，其功能显示在 CRT 屏幕的底端。

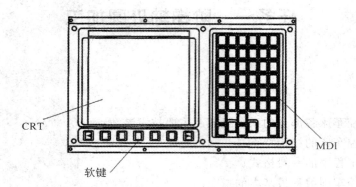

图 1-2　CRT/MDI 单元示意图

2. MDI 键盘各键的功能

MDI 键盘的布局图如图 1-3 所示。

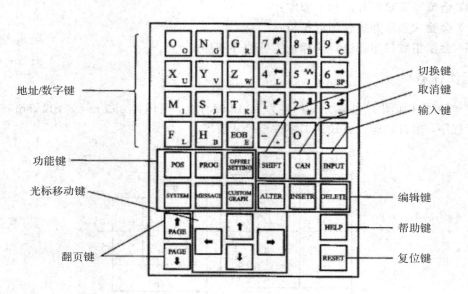

图 1-3　MDI 键盘的布局图

MDI 键盘上各键的功能如下：

（1）地址/数字键：按下这些键可以输入字母、数字或者其他字符。

（2）功能键：按下这些键可切换不同功能的显示屏幕。例如，显示坐标位置屏幕

（POS）、显示程序屏幕（PROG）、显示偏置/设置屏幕（OFFSET/SETTING）、显示系统屏幕（SYSTEM）、显示信息屏幕（MESSAGE）、图形显示屏幕（CUSTOM/GRAPH）。

（3）切换键（SHIFT）：在该键盘上，地址/数字键中的某些键具有两个功能，按下SHIFT 键，切换为该地址/数字键上的小字符。

（4）取消键（CAN）：按下此键删除最后一个进入输入缓冲区的字符或符号。

（5）输入键（INPUT）：当按下一个字母键或者数字键时，再按该键则数据被输入到缓冲区，并且显示在屏幕上。

（6）编辑键：按下替换（ALTER）、插入（INSERT）和删除（DELETE）键可进行程序编辑。

（7）翻页键：包括 PAGE↓和 PAGE↑两个翻页键。

（8）光标移动键：包括→、←、↓和↑四种光标移动键。

（9）帮助键（HELP）：可为操作者提供各种帮助。

（10）复位键（RESET）：可使 CNC 复位、消除报警等。

3．主操作面板

主操作面板位于 CRT/MDI 面板下方，主要包括机床操作的各个旋钮开关、倍率开关、急停按钮和机床状态指示灯等功能，面板布局因生产厂家不同而不同。

1）电源控制部分

（1）NC 电源开：按下操作面板上"电源开"按钮，经过 12 秒系统自检后，显示器显示坐标位置。

（2）准备按钮：按此按钮时，CNC 处于工作状态，机床润滑、冷却等机械部分上电，此时液压系统启动，板面上的机床准备灯亮，机床处于正常工作状态。

（3）急停按钮：当出现紧急情况按下该按钮时，机床及 CNC 装置随即处于急停状态。这时，在屏幕上出现 EMG 字样，机床报警指示灯亮起。要消除紧急状态，可顺时针转动"急停"按钮，使按钮向上弹起，则报警自动消除。

（4）NC 电源关：按此按钮关闭 CNC 电源，显示器关闭。

2）刀架移动控制部分

（1）点动控制按钮：通过＋X、－X、＋Z、－Z 控制刀台进行移动。该按钮与状态开关、点动进给倍率开关、快移倍率开关配合使用可实现所需控制。

（2）回零按键：将按钮开关选在回零方式，持续按＋X 键，刀架沿＋X 方向回到 X 轴参考点，相应的指示灯被点亮；持续按＋Z 键，刀架沿＋Z 方向回到 Z 轴参考点，相应的指示灯被点亮。

（3）手摇操作：将按钮开关选在手摇位置，通过手摇脉冲发生器实现刀台移动。选择不同的倍率挡位，每摇一个刻度，刀台将按选择的倍率移动 0.001 mm、0.01 mm、0.1 mm。

（4）进给速率开关：在刀架进行自动进给时调整进给速度，在 0～150%的区间内调节；在刀架进行点动进给时，可以选择点动进给量，在 0～1260 mm/min 的区间内调节；当选择空运行状态时，自动进给操作的 F 码无效，按空运行设置的速度移动。

（5）快速移动按钮：当此按钮与点动按钮同时按下时，刀台按快移倍率开关选择的速度快速移动。快移速率开关可改变刀架快移速度，有 F0、25%、50%、100%四挡。

（6）超程解除按钮：用于当机床任意一轴超出行程范围时，该轴的硬件超程开关动作,机床便进入紧急停止状态,此时按超程解除按钮的同时,需反方向手动将其移出超程区域。

3)主轴控制部分

(1)主轴正、反转按钮:在手动方式下,卡盘必须处于卡紧状态,按此按钮,主轴按被S指定的速度正、反转。

(2)主轴停止按钮:按此按钮主轴立刻停止旋转,在任何方式下均可使主轴立即减速停止。在自动状态下按此按钮,主轴立刻停止,若重新启动主轴,必须把方式开关放在手动位置上,再按相应的主轴正、反转按钮即可。

(3)主轴倍率开关:此开关可以调整主轴的转速,调整范围为 50%、60%、70%、80%、90%、100%、110%、120%。

4)工作方式控制部分

(1)程序编辑按键:在这种方式下可以输入零件加工程序,并进行修改、编辑。

(2)自动方式按键:在此方式下机床可按存储的程序进行加工。

(3)手动输入方式:即 MDI 方式,在此方式下,可以通过键盘手动输入几段程序指令,所输入的指令均能在屏幕上显示出来,按循环启动按键,即可执行所输入的程序。

5)运行控制部分

(1)机床闭锁:将该开关打开,相应的指示灯被点亮。在自动方式下,各轴的运动都被锁住,显示的坐标位置正常变化,主轴开、停、变速及刀架换刀按程序进行。

(2)空运行:将该开关打开,相应的指示灯被点亮。自动方式下加工程序中不同的进给F 速度将以同样的速度运行,运行速度可由进给倍率开关调节。

(3)循环启动按钮:按下此按钮,在编辑或 MDI 方式下输入的程序被自动执行,相应的指示灯被点亮,当程序执行完时指示灯熄灭。

(4)进给保持按钮:在循环启动执行中,按下该按钮,相应的指示灯被点亮。此时暂停程序的执行,并保持主轴旋转,当再次按下循环启动键时,进给保持状态消失,机床继续工作。

(5)单程序段按钮:按下该按钮,相应的指示灯被点亮。每按一次循环启动按钮,程序执行一段指令。

(6)选择跳段:将该开关打开,相应的指示灯被点亮。自动方式下加工程序中有"/"符号的程序段将被跳过而不执行。

(7)选择停止:将该开关打开,相应的指示灯被点亮。自动方式下加工程序中的 M01被认为和 M00 具有同样的功能。

(二)数控车床坐标系

数控车床的坐标系分为机床坐标系和工件坐标系。无论哪种坐标系都是规定与车床主轴轴线平行的坐标轴为 Z 轴,刀具远离工件的方向为 Z 轴的正方向,与车床主轴轴线垂直的坐标轴为 X 轴,且规定刀具远离主轴轴线的方向为 X 轴的正方向。

数控车床的刀架位置布局分为前置刀架和后置刀架,如图 1-4 所示,以操作者的位置为基准,前置刀架在主轴中心线的前面,后置刀架在主轴中心线的后面,前置刀架与后置刀架数控车床的 X 轴正方向不同。

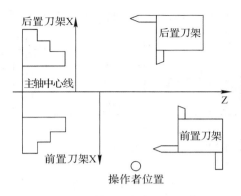

图 1-4　前置刀架与后置刀架

1．机床坐标系

由机床坐标原点与机床的 X、Z 轴组成的坐标系，称为机床坐标系。机床坐标系是机床固有的坐标系，在出厂前已经预调好，一般情况下，不允许用户随意改动。数控车床坐标原点是机床的一个固定点，定义为主轴端面与主轴旋转中心线的交点，如图 1-5 所示，O 点即为机床坐标系原点。

数控车床参考点也是机床的一个固定点，出厂时已设定好，其位置由 X 轴与 Z 轴的行程开关位置及编码器零位信号确定，当发出回参考点的指令时，装在横向和纵向滑板上的挡块碰到相应的行程开关后，由数控系统控制 X、Z 轴滑板减速，相对编码器找零位，完成回参考点的操作。图 1-5 中的 O′点即为机床参考点，设在 X、Z 轴正方向极限位置附近。以后置刀架为例，机床通电后，不论刀架位于什么位置，当完成回参考点的操作后，则面板显示器上机械坐标的 X 坐标值为回转刀架上钻、镗孔刀具安装中心的坐标，Z 坐标值为回转刀架端面的坐标，相当于在数控系统内部建立了一个以机床原点为坐标原点的机床坐标系。假如刀具安装的刀位点与参考点 O′重合，那么面板显示器上机械坐标 X、Z 坐标值为刀具的刀位点在机床坐标系所处的坐标位置。

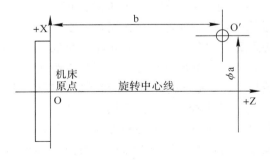

图 1-5　机床坐标系

2．工件坐标系

在数控编程时，为了简化编程，首先要确定工件坐标系和工件原点。工件原点也叫编程原点，是编程人员设定的。为了便于坐标计算及编程，一般车削件的工件原点设在工件的右端面或卡盘端面与主轴旋转中心线的交点处。图 1-6 所示为以工件右端面为工件原点的坐标系。工件坐标系是由工件原点与 X、Z 轴组成的坐标系，当建立起工件坐标系后，显示器上绝对坐标显示的是刀位点(刀尖点)在工件坐标系中的位置。

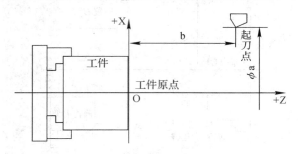

图 1-6　工件坐标系

编制数控程序时，首先要建立一个工件坐标系，程序中的坐标值均以此坐标系为编程依据。工件坐标系的原点选择要尽量满足编程简单、尺寸换算少、引起的加工误差小等条件。加工时，工件坐标系的建立通过对刀来实现。

（三）数控车床的常用指令

数控车床加工中的动作在加工程序中用指令的方式事先予以规定，这类指令有准备功能 G、辅助功能 M、刀具功能 T、主轴转速功能 S 和进给功能 F 等。

1. 准备功能 G 指令

准备功能也称 G 功能，它是由地址 G 及其后面的两位数字组成的，主要用来指令机床的动作方式。

1）工件坐标系设定 G50

加工零件之前，需根据零件图样进行编程，于是就要在图样上建立一个工件坐标系。车削加工时工件坐标系的原点一般设置在零件右端面与主轴轴线的交点上。

在程序中 G50 之后指定一个值来设定工件坐标系，该指令规定刀具起刀点在工件坐标系中的位置。工件坐标系设定 G50 指令格式如下：

G50 X __ Z __;

其中，X、Z 为刀位点在工件坐标系中的坐标，X 坐标为直径值。

该指令是一个非运动指令，只起预置寄存作用，一般作为第一条指令放在整个程序的前面。程序结束后刀具必须回到起刀点的位置，才能再次加工。刀具起刀点的坐标应以刀具的刀尖(刀位点)位置来确定。该条指令是在零件图样上设置的，但必须让数控系统记忆该指令，所以在零件开始加工前，先要进行对刀，然后通过调整，将刀位点放在程序所要求的起刀点上，也就是 G50 后面的坐标点上，方可加工。

刀位点是表示刀具尺寸的特征点，对于各种形式的刀具，由于刀具的几何形状及安装位置不同，其刀位点的位置不同，如图 1-7 所示。刀位点是编程的基准点，刀位点的运动轨迹在面板上可通过图形显示。

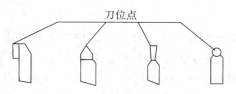

图 1-7　刀位点示意图

用 G50 设定工件坐标系的步骤如下：

（1）按下 MDI 面板上的 POS 显示坐标位置键，在页面中找到 U、W 相对坐标。

（2）启动主轴，将 Z 轴手动移动到工件坐标系 Z0 点试切，按地址数字键 W，再按下 CRT 下部的起源软键，刀具当前点相对坐标 W 变为零，这样就完成了 Z 轴对刀。

（3）将 X 轴手动移动到工件外圆表面试切，移动 Z 轴试切后退出工件，停主轴，按下 U 键，再按下 CRT 下部的起源软键，刀具当前点相对坐标 U 变为零，这样就完成了 X 轴对刀。

（4）测量试切处外圆直径。

（5）移动 X 轴、Z 轴至 G50 设定的起刀点位置。

例 如图 1-8 所示，设定 G50 X80 Z60，假设测量出试切处直径尺寸为 25，手动移动 Z 轴至相对坐标 W60 位置，手动移动 X 轴至相对坐标 U55 位置（80－试切处外圆直径 25＝55），这时刀具的当前点 A 在工件坐标系中的坐标为 X80 Z60，这样就完成了 G50 的设置。

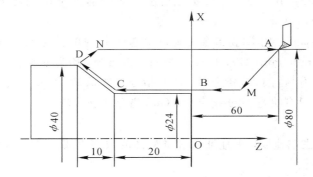

图 1-8 工件坐标系设定示例

2）快速点定位指令 G00

G00 指令命令刀具以点定位控制方式从刀具所在点快速运动到下一个目标位置。它只是快速定位，而无运动轨迹要求，也无切削加工过程。刀具的实际运动路线不是直线，而是折线，移动速度不能用程序指令 F 设定，机床厂家通常用数控系统参数进行设定。

G00 指令的格式为：

  G00 X__ Z__；

其中，X 坐标为直径值。

如图 1-8 所示，（O 点为工件坐标系原点）从起点 A(80，60) 快速运动到 B(24，2) 点的指令为：G00 X24 Z2；轨迹是 A→M→B。

3）直线插补指令 G01

G01 指令是直线运动的命令，规定刀具在两坐标以插补联动方式按指定的 F 进给速度直线运动到工件坐标系 X、Z 点。

G01 指令的格式为：

  G01 X__ Z__ F__；

其中，X 坐标为直径值。

如图 1-8 所示，从 B→C→D 点的加工程序如下：

    G01 X24 Z—20 F0.3；

    X40 Z—30；

2．辅助功能 M 指令

辅助功能是由地址 M 及后面两位数字组成的，主要用于机床加工操作时的工艺性指令。

M03——主轴正转

M04——主轴反转

M05——主轴停转

M30——程序结束

3．F，S，T 功能指令

1）F 功能指令

F 功能指令指定进给速度，由地址 F 和其后面的数字组成。

（1）每转进给 G99：用 G99 指令设定进给速度 F 的单位为 mm/r。如 G99 F0.3，表示进给速度为 0.3 mm/r。

（2）每分钟进给 G98：用 G98 指令设定进给速度 F 的单位为 mm/min。如 G98 F120，表示进给速度为 120 mm/min。G99 和 G98 为同一组指令，均为模态指令，系统的开机状态默认为 G99 状态，只有执行 G98 指令后，G99 指令才被取消。G98 指令被执行一次后，系统将保持 G98 状态，只有执行 G99 指令后，G98 指令才被取消。

2）S 功能指令

S 功能指令指定主轴速度，由地址 S 和其后面的数字组成。例如 M03 S500，表示主轴以 500 r/min 正转。

3）刀具控制 T 指令

加工工件时，必须根据工件的加工内容选择相应刀具，通常需用多把刀具，为了选择刀具，给每把刀具赋予一个编号，在程序中指令设为不同的编号时就选择相应的刀具。

指定数控系统进行换刀时，用 T 地址和后面的四位数字来指定刀具号和刀具补偿组号，数控车床一般采用 T○○□□的形式。

其换刀指令格式为：

    T○○□□；

其中：前两位○○表示刀具号，根据刀架工位确定，如六工位的刀架，则刀具号为 01～06；后两位□□表示刀具补偿组号，刀具补偿组号只是补偿值的寄存器地址号，而不是补偿值。FANUC 0i Mate - TB 系统的刀具补偿组号为 01～64。

例如：T0101；表示换 01 号刀具，执行 01 组刀具补偿。T0608；表示换 06 号刀具，执行 08 组刀具补偿。

（四）加工程序的一般格式

FANUC 0i Mate - TB 系统的加工程序由程序名、程序主体和程序结束指令组成。

1．程序名

程序名位于程序主体之前，由英文字母 O 和 1～4 位正整数组成，前导零可以省略，单列一段。

2. 程序主体

程序主体是由若干个程序段组成，一个程序段一般占一行，各程序段之间用分隔符";"分开，程序主体是数控加工中所有操作信息的具体描述。

程序段由若干个字组成，字有模态指令及非模态指令。

模态指令：上一段程序中已写明，本程序段里不必变化的那些字仍然有效，可以不再重写。具体地说，对于模态 G 指令和 F 指令，在前面程序段中已有时可以不再重写。下面列出某程序中的两个程序段：

N20 G01 X24 Z−20 F0.3；

N30 X40 Z−30；

其中，N30 段中的 G01、F0.3 可以不再重写，功能仍然有效。

非模态指令只在本程序段中有效。

绝大多数数控系统对程序段中各类字的排列不要求有固定的顺序，即在同一程序段中各程序字的位置可以任意排列。上述 N20 段也可以写成：

N20 X24 F0.3 G01 Z−20；

当然，还有很多种排列形式，它们对数控系统是等效的。在大多数场合，为了书写、输入、检查和校对的方便，程序字在程序段中习惯按一定的顺序排列，如可按 N、G、X、Y、Z、F、M、S、T 的顺序排列。

3. 程序结束指令

程序结束指令用 M30，单列一段。

加工程序的一般格式举例如下：

O2014 ；　　（程序名）

N10 G50 X80 Z60；

N20 G00 X24 Z2 M03 S800；

N30 G01 X24 Z−20 F0.3；

N40 X40 Z−30；

N50 G00 X80 Z60；

N60 M05；

N70 M30；　　（程序结束）

（五）数控车床的操作步骤

1. 开机准备工作

（1）打开机床总电源开关。将电源开关置于"ON"位置，关闭时置于"OFF"位置。

（2）按下 CNC 面板的电源按钮。

（3）按下准备按钮。

2. 回车床参考点

（1）按下手动返回车床参考点按钮。

（2）持续按下轴向选择键"＋X"，则 X 轴回参考点；待 X 轴的参考点指示灯闪烁，即表示 X 轴已完成回参考点操作。

（3）持续按下轴向选择键"＋Z"，则 Z 轴回参考点；待 Z 轴的参考点指示灯闪烁，即表示 Z 轴已完成回参考点操作。

3．车床手动控制

手动操作时，可完成进给运动、主轴旋转、刀具转位、冷却液开或关、排屑器启停等动作。

（1）进给运动操作。进给运动操作包括手动方式的选择，进给速度、进给方向的控制。进给运动中，按下坐标进给键，进给部件连续移动，直到松开坐标进给键为止。

（2）主轴及冷却操作。在手动状态下，可启动主轴正、反转和停转，冷却液开、关等。

（3）手动换刀。通过操作面板，输入刀具号，手动控制刀架进行换刀。

4．程序编辑操作

1）在 EDIT 编辑方式下创建程序

（1）进入 EDIT 方式。

（2）按下 PROG 键。

（3）按下地址键 O，输入程序号（4 位数字）。

（4）按下 INSERT 键。

2）程序号检索方法

（1）选择 EDIT 方式。

（2）按下 PROG 键显示程序画面。

（3）输入地址键 O。

（4）输入要检索的程序号。

（5）按下[O SRH]软键。

（6）检索结束后，检索到的程序号显示在画面的右上角。如果没有找到该程序，就会出现 P/S 报警。

3）字的插入、替换和删除

（1）选择 EDIT 方式。

（2）按下 PROG 键。

（3）选择要进行编辑的程序。

（4）检索一个将要修改的字。

（5）执行替换、插入、删除字等操作。

4）删除一个程序的步骤

（1）选择 EDIT 方式。

（2）按下 PROG 键，显示程序画面。

（3）输入地址键 O。

（4）输入要删除的程序号。

（5）按下 DELETE 键，输入程序号的程序被删除。

四、任务实施

（一）数控车床对刀

如图 1-9 所示，通过对刀使刀具刀尖移动到图中位置，即起刀点位置（60，20）。图中右端面与轴中心线交点为工件坐标系原点，工件坐标系见图。

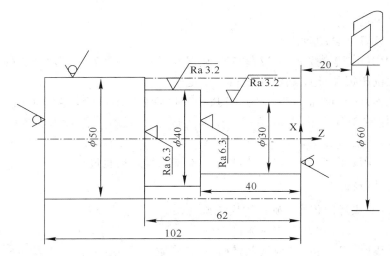

图 1 - 9 建立工件坐标系

（二）编制加工程序

O1001；	（程序名，1001 号程序）
N10 G50 X60 Z20；	（设定工件坐标系，刀具起刀点在工件坐标系的位置为 X60 Z20）
N20 M03 S800 T0101；	（主轴正转，转速为 800 r/min，换 01 号刀具）
N30 G00 X52 Z2；	（刀具快速定位，接近毛坯）
N40 X44；	（刀具径向进刀，吃刀深度半径值为 3 mm）
N50 G99 G01 Z－62 F0.3；	（刀具轴向进给，进给速度为 0.3 mm/r）
N60 X46；	（刀具径向退刀）
N70 G00 Z2；	（刀具轴向快速退刀）
N80 X38；	（刀具径向进刀，吃刀深度半径值为 3 mm）
N90 G01 Z－40 F0.3；	（刀具轴向进给）
N100 X40；	（刀具径向退刀）
N110 G00 Z2；	（刀具轴向快速退刀）
N120 X34；	（刀具径向进刀，吃刀深度半径值为 2 mm）
N130 G01 Z－40 F0.3；	（刀具轴向进给，进给速度为 0.3 mm/r）
N140 X36；	（刀具径向退刀）
N150 G00 Z2；	（刀具轴向快速退刀）
N160 X30；	（刀具径向进刀，吃刀深度半径值为 2 mm）
N170 G01 Z－40 F0.2；	（刀具轴向进给，进给速度为 0.2 mm/r）
N180 X40；	（刀具径向退刀）
N190 Z－62 ；	（刀具轴向进给）
N200 X52 ；	（刀具径向退刀）
N210 G00 X60 Z20；	（刀具快速退刀到起刀点）
N220 M05；	（主轴停止）
N230 M30；	（程序结束，光标返回到程序号处）

（三）自动加工

1. 机床空运行

（1）按下 AUTO 自动运行键。

（2）按下 PROG 键，按下"检视"软键，使屏幕显示正在执行的程序及坐标。

（3）按下"机床锁住"键，再按下"空运行"键。

（4）按下"循环启动"键，机床空运行执行程序，刀具不进给，这时可检查输入的程序是否正确、程序有无编写格式错误等。机床空运行主要用于检查刀具轨迹是否与要求相符。

（5）按 GRAPH 键，显示动态图形画面，检查刀具运动轨迹。

2. 机床自动运行

（1）调出需要执行的程序，确认程序正确无误。

（2）按下 AUTO 自动方式选择键。

（3）按下 PROG 键，按下"检视"软键，使屏幕显示正在执行的程序及坐标。

（4）按下"循环启动"键，自动循环执行加工程序。

（5）根据实际需要调整主轴转速和刀具进给量。在机床运行过程中，可以旋转"主轴倍率"旋钮进行主轴转速的修调；旋转"进给倍率"旋钮可进行刀具进给速度的修调。

五、知识拓展

（一）SSCK20A 数控车床安全操作规程及维护保养

（1）操作机床前，应熟悉机床的结构及技术参数，按照上电顺序启动机床。

（2）机床上电后，检查各开关、按钮和按键是否正常，有无报警及其他异常现象。

（3）机床手动回参考点，按照先回 X 轴、再回 Z 轴的顺序进行。

（4）输入并严格检查程序的正确性，并在机床锁定的情况下空运行执行程序并进行图形模拟，确认走刀轨迹是否正确。

（5）检查所选择的切削参数 S、F 是否合理，刀具和工件是否装夹可靠，定位是否准确。

（6）正确对刀，建立工件坐标系，选择合适的进给速度，手动移动坐标系各轴，确认对刀的准确性。

（7）自动运行程序试切加工时，快速进给倍率开关应选择较低挡位。

（8）在确认工件夹紧后才能启动机床，机床自动运行加工时，必须关闭防护罩，严禁打开电器柜门。

（9）加工中出现声音异常、夹具松动等异常情况时必须立即停车处理。情况异常危急时可按下"急停"按钮，以确保人身和设备安全。

（10）刃磨刀具和更换刀具后，要重新测量刀具位置并修改刀补值。

（11）严禁穿高跟鞋、拖鞋、戴手套操作机床，留长发者，要将头发盘起来并戴好工作帽。

（12）不要触摸正在加工的工件、运转的刀具、主轴或进行工件测量。

（13）机床加工中，禁止清扫切屑，等待机床停止运转后，用毛刷清除切屑。

（14）换刀时，刀架距工件要有足够的转位安全距离，避免发生碰撞。

（15）不许随意改变数控系统出厂设置好的机床参数。

（16）每天检查润滑油箱，油量不足时，增添 32 号导轨、丝杠润滑油。

（17）每天检查夹紧液压站的油液位置，油液低于正常位置时，增添 30 号液压油。

（18）下班前清扫机床，保持机床周围清洁，切断电源开关。

（二）SSCK20A 数控车床主要技术参数及各部分的组成

1. SSCK20A 数控车床主要技术参数

SSCK20A 数控车床主要技术参数见表 1－1。

表 1－1　SSCK20A 数控车床主要技术参数

项　目		技 术 参 数
液压卡盘直径		210 mm
卡盘孔径		20 mm
床身上最大回转直径		450 mm
最大加工直径		200 mm
轴类最大加工长度		500 mm
滑鞍最大纵向行程		660 mm
滑板最大横向行程		170 mm
主轴转速（无级）		0～4000 r/min
回转刀架工位		6 工位
车刀刀方		20×20 mm
脉冲当量	纵向（Z 轴）	0.001 mm
	横向（X 轴）	0.001 mm（直径上）
快速移动速度	纵向（Z 轴）	10000 mm/min
	横向（X 轴）	8000 mm/min
主轴电机功率	FANUC 主轴电机	11 kW
进给伺服电机功率	FANUC（Z、X 轴）	1.2 kW
数控系统		FANUC 0i Mate－TB

2. SSCK20A 数控车床各部分的系统组成

（1）主传动系统。由 FANUC 交流主轴电机通过皮带传动到主轴。

（2）进给系统。由 FANUC 交流伺服电机 X、Z 轴，通过弹性联轴节与进给滚珠丝杠直联。

（3）换刀系统。自动回转刀架是数控车床的重要部件，它安装了各种切削加工刀具，根据加工要求进行换刀，选择刀具。其结构直接影响机床的切削性能和工作效率。

数控车床常用转塔式刀架，它通过转塔头的旋转、分度、定位来实现机床的自动换刀工作。转塔式回转刀架分为立式和卧式两种形式。根据同时装夹刀具的数量分 4、6、8、12 等工位。图 1-10 所示为立式四方位回转刀架。图 1-11 所示为卧式 12 工位回转刀架。

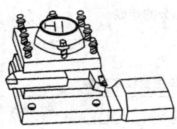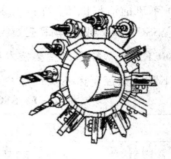

图 1-10 立式四方位回转刀架　　　　图 1-11 卧式 12 工位回转刀架

（4）自动润滑系统。机床导轨及滚珠丝杠的润滑由 CNC 系统控制定量齿轮润滑泵，定时、定量给运动部件导轨及滚珠丝杠供油，油箱配有液位开关，CNC 系统可对油箱内液位进行监控报警，也可对润滑周期进行设定和调整。

（5）冷却系统。机床配有冷却箱，根据加工要求选用合理的切削液，由阀门控制流量大小，手动或通过程序指令进行开、关控制。

（三）数控车床的结构特点

数控车床与普通车床相比，其结构有以下特点：

（1）数控车床刀架的两个方向运动分别由两台伺服电动机驱动，一般采用与滚珠丝杠直联，传动链短。

（2）数控车床的刀架移动一般采用滚珠丝杠副，丝杠两端安装滚珠丝杠专用轴承，它的接触角比常用的向心推力球轴承大，能承受较大的轴向力；数控车床的导轨和丝杠采用自动润滑，由数控系统控制，定期、定量供油，润滑充分时，可实现轻拖动。

（3）数控车床一般采用镶钢导轨，摩擦系数小，机床精度保持时间较长，可延长其使用寿命。

（4）数控车床的主轴通常采用主轴电机通过一级皮带传动，主轴电机由数控系统控制，采用交流控制单元来驱动，实现无级变速，不必用多级齿轮副来进行变速。

（5）数控车床还具有加工冷却充分、防护严密等特点，自动运转时一般都处于全封闭或半封闭状态。

（6）数控车床一般还配有自动排屑装置、液压动力卡盘及液压顶尖等辅助装置。

能力测试

1. 熟悉操作面板上每个按钮及按键的作用。

2. 编写如图 1-12 所示的零件加工程序，材料为 2A12 铝合金，毛坯尺寸为 $\phi55$ mm× 102 mm 棒料，加工至图纸要求。

14

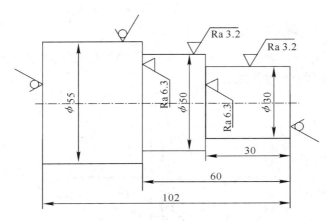

图 1-12 零件尺寸图

（1）数控车床的机床坐标系由厂家设定，工件坐标系原点又叫编程原点，由编程人员设定，一般设定在工件右端面与主轴中心线的交点上。

（2）数控车床基本指令 G50、G00、G01 的应用；F、M、S、T 指令功能的应用。

（3）数控车床的对刀方法；面板操作；程序输入及编辑；手动控制机床；自动运行加工。

（4）数控车床各部分系统由主传动系统、进给系统、换刀系统、自动润滑系统、冷却系统等组成。

（5）阶梯轴外圆加工示例，综合运用各种 G、F、M、S、T 等指令进行编程。

任务二　阶梯轴端面、锥面加工

一、学习目标

知识目标

（1）了解数控车床的编程特点；

（2）了解数控车床的主要加工类型及对象；

（3）掌握恒线速度控制指令；

（4）掌握绝对坐标与增量坐标编程；

（5）掌握单一形状固定循环指令。

技能目标

（1）会正确对刀，用 G54～G59 设定工件坐标系；

（2）会编写端面加工程序；

（3）会编写锥面加工程序；

（4）会使用数控车床进行阶梯轴端面、锥面加工。

二、工作任务

阶梯轴零件如图1-13所示，材料为2A12铝合金，毛坯为φ50 mm×102 mm棒料，编写加工程序，加工零件至尺寸要求。

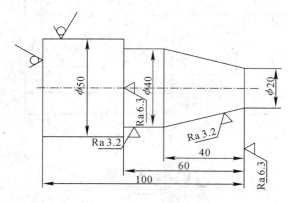

图1-13　阶梯轴零件尺寸图

三、相关知识

（一）设定工件坐标系 G54～G59

数控车床设定工件坐标系常用两种方式，一种是用G50设定，另一种是用G54～G59设定。G54～G59是数控系统中预存的工件坐标系的代码，加工前必须通过对刀来确定要选择的工件坐标系，对刀数据通过CRT/MDI方式输入到G54～G59对应的X、Z参数中，编程时可以从6个工件坐标系中选择一个。

用CRT/MDI在参数表中设置G54工件坐标系的步骤如下：

（1）按下MDI面板的OFFSET/SETTING键，在工件坐标系设置页面中找到G54，移动光标到Z对应的数据框。

（2）启动主轴，将Z轴手动移动到工件坐标系Z0点（工件端面）试切，在MDI面板上输入Z0，按下CRT下部的测量软键，系统自动计算刀具当前点在机床坐标系中的坐标值，并保存到G54下的Z数据框中，完成Z轴对刀。

（3）移动光标到X对应的数据框。

（4）将X轴手动移动到工件外圆试切，试切后Z轴退出工件，停主轴，测量试切处外圆直径，在MDI面板上输入X及测量直径值，按下CRT下部的测量软键，系统自动计算刀具当前点在机床坐标系中的坐标值，并保存到G54下的X数据框中，完成X轴对刀。

（5）执行G54后，CRT显示器上的绝对坐标值X、Z表示刀具当前点在G54工件坐标系中的坐标位置，这样就完成了G54的设置。

例1　如图1-14所示，O点为G54工件坐标系原点，刀具起始点在A点，B点坐标为（24，2），从A点开始经B→C→D点的加工程序如下：

　　……

N20 G54 G00 X24 Z2;　　　　　（刀具从 A 点快速定位到以 G54 为工件坐标系原点的 B 点上）

N30 G01 X24 Z−20 F0.3;　　　　（刀具工进 B→C 点）

N40 X40 Z−30;　　　　　　　（刀具工进 C→D 点）

...

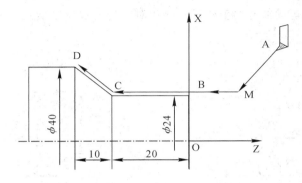

图 1-14　工件坐标系设定示例

采用此种方法设置工件坐标系，刀具的起始点可放在任意位置上起刀。工件坐标系是在通电后执行了返回参考点操作时建立的，机床上电时默认 G54 坐标系。G54～G59 对应1～6号工件坐标系。对应关系如下：

G54——工件坐标系 1；

G55——工件坐标系 2；

G56——工件坐标系 3；

G57——工件坐标系 4；

G58——工件坐标系 5；

G59——工件坐标系 6。

（二）恒线速度控制

1）恒线速度控制指令 G96

系统执行 G96 指令后，S 指定的数值为刀具切削点的线速度，单位为 m/min。例如：G96 S120;表示切削点的线速度始终保持在 120 m/min。

取消恒线速度控制指令 G97。G97 指令后的 S 数值表示主轴每分钟的转数。例如：G97 S1100;表示主轴转速为 1100 r/min。

2）主轴最高速度限定指令 G50

G50 指令除有坐标系设定功能外，还有主轴最高速度设定的功能，用恒线速度控制，加工端面、锥度和圆弧时，由于 X 坐标不断变化，当刀具逐渐接近工件的旋转中心时，主轴转速越来越高，在不断增大的离心力的作用下，加上其他原因，工件有从卡盘飞出的危险，所以为了防止事故的发生，必须在 G96 指令执行之前用 G50 限定主轴的最高转速。例如：G50 S2000;表示把主轴最高速度限定为 2000 r/min。

（三）绝对坐标与增量坐标编程

在零件加工中，需要知道零件的各部分尺寸，在数控程序编制中，就要根据尺寸计算各点坐标。尺寸坐标的表示方法有绝对尺寸指令和增量尺寸指令两种。

绝对尺寸值依据工件坐标系原点来确定，它与工件坐标系建立的位置有关，如图 1-15 所示。

刀具从 A 点运动到 B 点，B 点 X、Z 的绝对坐标为(25，47)。

增量尺寸指机床运动部件的坐标尺寸值相对于前一位置来确定，它与工件坐标系建立的位置无关，如图 1-16 所示。

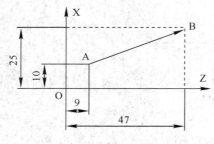

图 1-15 绝对尺寸

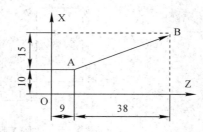

图 1-16 增量尺寸

刀具从 A 点运动到 B 点，这时 B 点 X、Z 的增量坐标为(15，38)。

数控车床编程时，可采用绝对坐标编程、增量坐标编程及两者混合编程。由于被加工零件的径向尺寸在进行图样的标注和测量时，都是以直径值表示的，所以，直径方向用绝对坐标编程时，X 以直径值表示。用增量坐标编程时，以径向实际位移量的二倍值表示，并带上方向符号。

1. 绝对坐标编程

绝对坐标编程是根据预先设定的编程原点计算出绝对坐标尺寸进行编程的一种方法。首先找出编程原点的位置，并用地址 X、Z 进行编程。

如图 1-17 所示，刀具当前点为 A，刀具从 A 点移动到 B 点，从 B 点移动到 C 点。

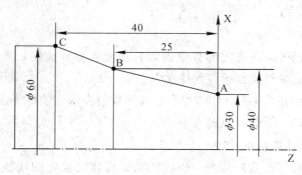

图 1-17 编程实例

程序如下：

    ⋯
    N20 G01 X40 Z－25 F0.2;   (A→B)
    N30 X60 Z－40;   (B→C)
    ⋯

语句中的数值表示终点的绝对坐标。

2．增量坐标编程

增量坐标编程是根据前一点的坐标位置来确定终点位置的一种编程方法。即程序的终点坐标是相对于起点坐标而言的。采用增量坐标编程时，用 U、W 代替 X、Z 进行编程。U、W 的正负由移动方向来确定，移动方向与机床坐标方向相同时为正，反之为负。

如图 1-17 所示，刀具当前点为 A，刀具从 A 点移动到 B 点，从 B 点移动到 C 点。程序如下：

```
        …
        N20 G01 U10 W-25 F0.2；      （A→B）
        N30 U20 W-15；               （B→C）
        …
```

语句中的数值表示终点相对于起点的增量值。

3．混合坐标编程

在同一程序段中，既有绝对坐标编程，又有增量坐标编程，称为混合坐标编程。

如图 1-17 所示，刀具当前点为 A，刀具从 A 点移动到 B 点，从 B 点移动到 C 点。程序如下：

```
        …
        N20 G01 U10 Z-25 F0.2；      （A→B）
        N30 X60 W-15；               （B→C）
        …
```

以上三段程序用不同方法编制，都表示从 A 点经过 B 点移动到 C 点。

（四）单一形状固定循环指令 G90、G94

1．外圆切削循环指令 G90

G90 指令的格式为：

```
        G90  X(U)___ Z(W)___ F___；
```

如图 1-18 所示，刀具从循环起点按矩形循环，最后又回到循环起点。图中虚线表示快速运动，实线表示按 F 指定的工作进给速度运动。X、Z 为切削终点的坐标值；U、W 为切削终点相对循环起点的增量坐标值，其运动顺序按 1、2、3、4 进行。

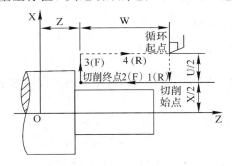

图 1-18　外圆切削循环

例 2　如图 1-19 所示，A 为循环起点，其加工相关程序如下：

```
        …
```

N10 G90 X40 Z20 F0.3;　　　　(A→B→C→D→A)

N20 X30;　　　　　　　　　(A→E→F→D→A)

N30 X20;　　　　　　　　　(A→G→H→D→A)

…

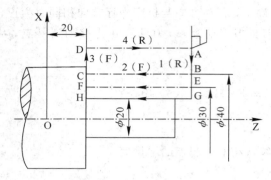

图 1-19　外圆切削循环加工

2. 锥面切削循环指令 G90

G90 指令的格式为:

　　G90　X(U)＿Z(W)＿R＿F＿;

如图 1-20 所示,刀具从循环起点按 1、2、3、4 进行循环,最后又回到循环起点。X、Z 为切削终点的坐标值;U、W 为切削终点相对循环起点的增量的坐标值;R 为锥面切削始点与切削终点的半径差,图示位置的 R 值为负。

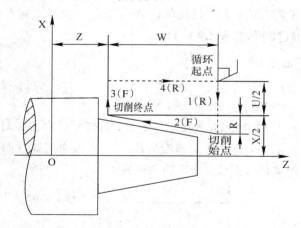

图 1-20　锥面切削循环

例 3　如图 1-21 所示,A 为循环起点,其加工相关程序如下:

…

N10 G90 X40 Z20 R－5 F0.2;　　(A→B→C→D→A)

N20 X30;　　　　　　　　　(A→E→F→D→A)

N30 X20;　　　　　　　　　(A→G→H→D→A)

…

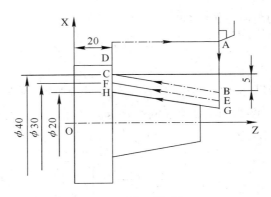

图 1-21 锥面循环加工

3. 端面切削循环指令 G94

G94 指令的格式为：

G94 X(U)__ Z(W)__ F __;

如图 1-22 所示，X、Z 为端面切削终点的坐标值，U、W 为端面切削终点相对循环起点的增量坐标值。刀具从循环起点按矩形 1、2、3、4 进行循环，最后又回到循环起点。

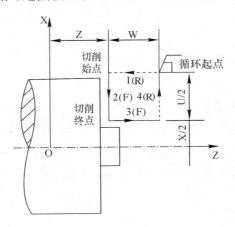

图 1-22 端面切削循环

例 4 如图 1-23 所示，A 为循环起点，其加工相关程序如下：

...

N10 G99 G54 X60 Z6;　　（快速定位到循环
　　　　　　　　　　　　　起点 A）

N20 G94 X0 Z1 F0.15;　　（端面切削循环 A
　　　　　　　　　　　　　→B→C→D→A）

N30 Z0;　　　　　　　　　（A→E→F→D→
　　　　　　　　　　　　　A）

...

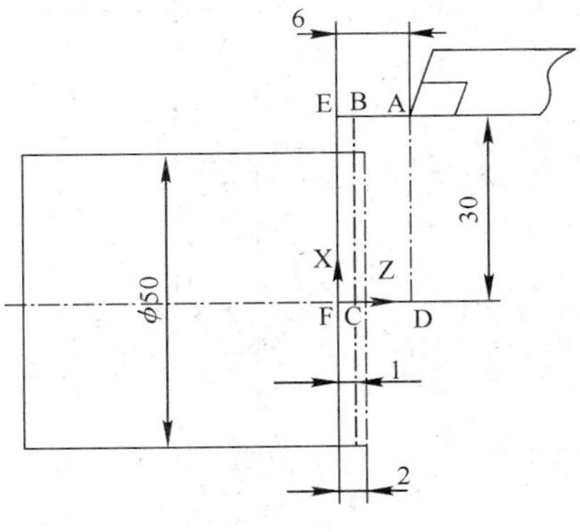

图 1-23 端面切削循环加工

4. 带锥度的端面切削循环指令 G94

G94 指令的格式为：

G94 X(U)＿ Z(W)＿ R ＿ F ＿；

如图 1-24 所示，刀具从循环起点按 1、2、3、4 进行循环，最后又回到循环起点。X、Z 为切削终点坐标值；U、W 为切削终点相对循环起点的增量坐标值；R 为在 Z 轴方向上端面切削始点与终点的差值，图示位置的 R 值为负。

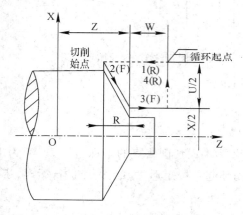

图 1-24 带锥度的端面切削循环

四、任务实施

（一）对刀选择工件坐标系

如图 1-25 所示，通过对刀，用 CRT/MDI 方式在数控机床的参数表中设置 G54 工件坐标系。图中右端面与轴中心线交点设定为 G54 工件坐标系原点，起刀点远离毛坯，可在任意位置。车端面、车外圆及锥度用同一把刀具加工，刀具号为 T01。

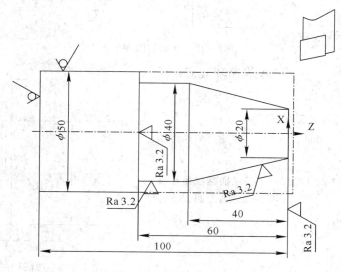

图 1-25 零件尺寸图

（二）编写加工程序

程序如下：

O1002；	（程序名，1002 号程序）
N10 M03 S800 T0101；	（主轴正转，转速 800 r/min，换 01 号刀具）
N20 G54 G00 X60 Z3；	（选择 G54 工件坐标系，快速定位到车端面循环起点 X60 Z3）
N30 G96 S120；	（调用恒表面切削速度指令，切削速度为 120 m/min）
N40 G50 S1800；	（主轴最高转速限定为 1800 r/min）
N50 G99 G94 X0 Z1 F0.15；	（车端面单一循环，端面吃刀深度 1 mm，进给量 0.15 mm/r）
N60 Z0；	（端面吃刀深度 1 mm 至工件坐标系原点）
N70 G00 X51 Z2；	（刀具快速定位到外圆循环起点 X51 Z2）
N80 G90 X44 Z−60 F0.3；	（车外圆循环指令，吃刀深度半径值 3 mm，进给量 0.3 mm/r）
N90 X40；	（车 $\phi40$ 外圆，吃刀深度半径值 2 mm）
N100 G00 X41；	（刀具快速定位到锥面循环起点 X41 Z2）
N110 G90 X40 Z−10 R−3 F0.2；	（第一次锥面循环，车锥体长度 10 mm）
N120 X40 Z−20 R−5.5；	（第二次锥面循环，车锥体长度 20 mm）
N130 X40 Z−30 R−8；	（第三次锥面循环，车锥体长度 30 mm）
N140 X40 Z−40 R−10.5；	（第四次锥面循环，车锥体长度 40 mm）
N150 G00 X100 Z100；	（刀具快速退刀）
N160 M05；	（主轴停止）
N170 M30；	（程序结束，光标返回到程序号处）

五、知识拓展

（一）数控车床编程的特点

（1）在一个程序段中，可以采用绝对坐标编程（X、Z）、增量坐标编程（U、W）或两者混合编程。

（2）为了方便程序的编制，一般程序 X 坐标以工件直径值编程。

（3）为了提高数控车床径向尺寸的加工精度，X 方向的脉冲当量为 Z 方向的一半。

（4）由于车削加工常用棒料或锻料作为毛坯，加工余量大，为简化编程，数控系统常具有车外圆、车端面和车螺纹等固定循环指令。

（二）数控车床主要加工零件的类型及对象

1. 数控车削加工零件的类型

数控车床车削的主运动是工件装在主轴卡盘或夹具上的旋转运动，加工的工件类型主要是回转体零件。回转体零件分为轴套类、轮盘类和其他类几种。

（1）轴套类零件。轴套类零件的长度大于直径，加工表面大多是内、外圆柱面及圆锥面。圆周面母线可以是与 Z 轴平行的直线，切削形成台阶轴，轴上可有螺纹和退刀槽等；也可以是斜线，切削形成锥面或锥螺纹；还可以是圆弧或曲线，切削形成曲面。

（2）轮盘类零件。轮盘类零件的直径大于长度，此类零件的加工表面多是端面或孔，端面的轮廓也可以是直线、斜线、圆弧及其他曲线等。

（3）其他类零件。其他类零件包括偏心轴、箱体等零件。数控车床与普通车床一样，装上特殊卡盘或夹具就可以加工偏心轴或箱体上的孔或外圆。

2．数控车削的主要加工对象

数控车削是数控加工中用得最多的加工方法之一。由于数控车床具有加工精度高、能作直线和圆弧插补以及在加工过程中能自动变速的特点，因此，其工艺范围较普通机床宽得多。凡是能在普通车床上加工的回转体零件都能在数控车床上加工。针对数控车床的特点，下列几种零件最适合数控车削加工。

（1）精度要求高的回转体零件。

（2）表面粗糙度值小、质量要求高的回转体零件。

（3）表面形状复杂的回转体零件。

（4）带锥螺纹及其他特殊螺纹的回转体零件。

1．熟悉数控车床对刀的方法。

2．编写如图 1-26 所示零件的加工程序，材料为 2A12 铝合金，毛坯尺寸为 $\phi50$ mm×102 mm 棒料，加工至图纸要求。

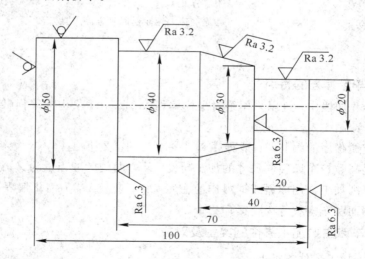

图 1-26　零件尺寸图

（1）数控车床 G54～G59 工件坐标系的设定；绝对坐标与增量坐标编程方法；恒线速度控制指令；端面、外圆及锥面加工等单一形状固定循环指令的应用；数控车床编程的特点；数控车床主要加工零件的类型及对象。

（2）阶梯轴端面、锥面加工示例，综合运用各种 G、F、M、T 等功能指令进行编程。

任务三　阶梯轴圆弧面加工

一、学习目标

知识目标

（1）了解数控车刀的选用原则；

（2）掌握车刀的类型和用途；

（3）掌握 G02、G03 、G41、G42、G40 等指令的应用。

技能目标

（1）会编写圆弧面加工程序；

（2）会正确使用刀尖圆弧半径补偿指令；

（3）会正确输入刀具的相关参数；

（4）会使用数控车床进行阶梯轴圆弧面加工。

二、工作任务

阶梯轴零件如图 1-27 所示，材料为 2A12 铝合金，毛坯为 $\phi 50\ mm \times 101\ mm$ 棒料，编写加工程序，加工零件至尺寸要求。

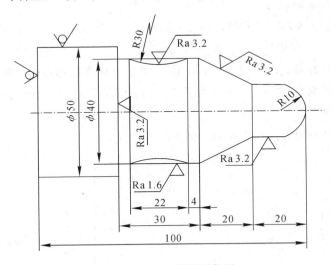

图 1-27　阶梯轴零件图

三、相关知识

（一）圆弧插补指令 G02、G03

圆弧插补指令是命令刀具在指定平面内按给定的 F 进给速度作圆弧运动，切削出圆弧轮廓。圆弧插补指令分为顺时针圆弧插补指令 G02 和逆时针圆弧插补指令 G03。

常用的数控车床是两坐标的机床，只有 X 轴和 Z 轴。圆弧顺逆的判断主要与刀架所处的位置有关，如图 1-28 所示。后置刀架在 ZX 平面的正面进行圆弧插补，其方向符合常规情况，而前置刀架在 ZX 平面的背面进行圆弧插补，故 G02、G03 的方向恰好与常规方向相反。圆弧运动的判定方向为从非插补平面的第三坐标正向朝负向看，顺时针方向就是 G02，逆时针方向就是 G03。

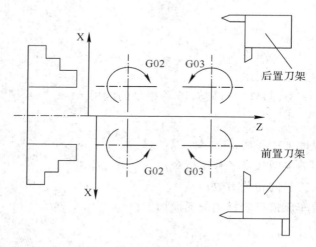

图 1-28　圆弧顺逆与刀架的关系

在车床上加工圆弧时，不仅需要用 G02 或 G03 指出圆弧的顺逆方向，用 X(U)，Z(W) 指定圆弧的终点坐标，而且还要指定圆弧的中心位置。

(1) 用 I、K(对应 X、Z)指定圆心位置，如图 1-29 所示，其指令格式为：

　　G02 X(U)＿ Z(W)＿ I＿ K＿ F＿；

其中：X(U)、Z(W)为圆弧的终点坐标；I、K 为圆心相对圆弧起点的坐标。

(2) 用圆弧半径 R 指定圆心位置，如图 1-30 所示，其指令格式为：

　　G03 X(U)＿ Z(W)＿ R＿ F＿；

其中：X(U)、Z(W)为圆弧的终点坐标；R 为圆弧半径。

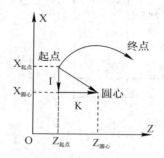

图 1-29　顺时针圆弧插补

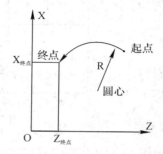

图 1-30　逆时针圆弧插补

例 1　如图 1-31 所示，其加工相关程序如下：

　　…

　　N10 G54 G00 X0 Z2 T0101;　　　　（换 01 号刀具，从起刀点快速定位到 X0 Z2）

```
N20 G01 Z0 F0.2;                    （刀具进给到 Z0 点）
N30 X8;                             （移动到 R6 圆弧起点）
N40 G03 X20 Z－6 R6;                （逆时针插补到 R6 圆弧终点）
N50 G01 Z－30;                      （移动到 R10 圆弧起点）
N60 G02 X40 Z－40 I10 K0;           （顺时针插补到 R10 圆弧终点）
N70 G01 X42;                        （退刀到 X42）
...
```

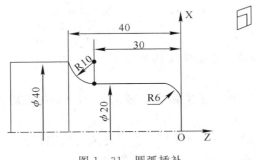

图 1－31 圆弧插补

（二）刀尖圆弧半径补偿指令 G41、G42、G40

编程时，通常将车刀的刀尖作为一个基准点来考虑，但实际上刀具或多或少都存在一定的圆角，为了提高刀具强度和工件表面质量，通常将刀具做成圆弧过渡刃，如图 1－32 所示。

当用有圆角的刀具而未进行刀尖圆弧半径补偿加工端面、外径、内径等与轴线平行或垂直的表面时，是不会产生误差的，但在加工锥面和圆弧时，则会出现少切或过切现象，如图 1－33 所示。如果加工时由数控系统对刀尖圆弧半径进行补偿，编程时，只需按照工件的实际轮廓尺寸编程就可得到所需要的工件形状。

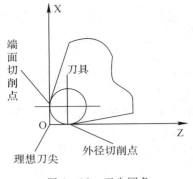

图 1－32 刀尖圆角

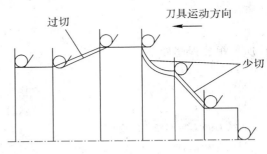

图 1－33 少切和过切现象

1. 建立刀尖圆弧半径补偿

建立刀尖圆弧半径补偿的指令格式为：

G01（G00）G41（G42）X ＿ Z ＿ F ＿ ；

其中：G41 为刀尖圆弧半径左补偿，如图 1－34 所示，沿着刀具进给方向看，刀具在加工面的左侧；G42 为刀尖圆弧半径右补偿，沿着刀具进给方向看，刀具在加工面的右侧；X、Z 为实际轮廓点的坐标。

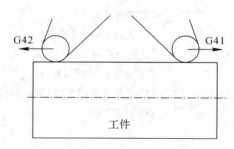

图 1-34　刀尖圆弧半径补偿

2. 取消刀尖圆弧半径补偿

取消刀尖圆弧半径补偿的指令格式如下：

　　　G01(G00) G40 X ＿＿ Z ＿＿ F ＿＿；

注意：（1）G41 或 G42 指令必须和 G00 或 G01 指令一起使用，当该把刀加工完成后需用 G40 指令撤销补偿。

（2）建立补偿的程序段，一般应在切入工件之前且为空行程时建立。

（3）撤销补偿的程序段，一般应在切出工件之后进行。

（4）刀尖圆弧半径补偿值由 CRT/MDI 面板输入到刀具号对应的参数表中。

例 2　如图 1-35 所示，用外圆车刀加工 A→B→C 轮廓，刀尖圆弧半径 R＝0.8 mm。

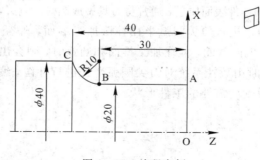

图 1-35　编程实例

其加工相关程序如下：

```
...
N10 T0101；                      （换 01 号刀具，执行 01 组刀补）
N20 G54 G00 X30 Z5；             （从起刀点快速定位到 X30 Z5）
N30 G99 G01 G42 X20 Z1 F0.2；    （建立刀尖圆弧半径右补偿）
N40 W－31；                      （刀具移动到 B 点）
N50 G02 X40 Z－40 R10；          （顺时针插补到 R10 圆弧终点 C）
N60 G01 X42；                    （退刀到 X42）
N70 G00 G40 X100 Z50；           （撤销补偿，退刀到 X100 Z50 点）
...
```

3. 刀尖圆弧半径补偿的执行

（1）刀尖圆弧半径补偿的建立过程。数控系统执行完建立刀尖圆弧半径补偿程序段后，在紧接着的下一程序段起点处的编程轨迹的法线方向上，刀位点偏离编程轨迹一个刀尖圆弧半径补偿值 R 的距离。刀尖圆弧半径补偿建立之后,刀位点始终在编程轨迹的法线方向上偏离一个刀尖圆弧半径补偿值的距离,刀位点轨迹可以简单理解为是编程轨迹的偏置线。

（2）刀尖圆弧半径的取消过程。执行完取消刀具半径补偿 G40 程序段后,刀位点与编程轨迹重合。

4. 刀位码

数控系统 FANUC 0i Mate - TB 刀具补偿号为 01～64,每个刀具补偿号(存储器)中可以存放一组数据,每组数据包含:X 长度补偿、Z 长度补偿、X 刀长磨损、Z 刀长磨损、刀具半径和刀位码。

刀位码即刀尖方位码,有 1～9 个,不同的刀具,刀位码不同。图 1-36 所示为前置刀架刀位码。图 1-37 所示为后置刀架刀位码。图 1-38 所示为 SSCK20A 数控车床后置刀架刀位码。当执行刀具半径补偿指令时,必须输入刀具刀位码及刀具半径。在进行图 1-35 的轮廓加工时,在 01 刀具补偿号对应的参数表中,输入刀具半径 0.8,输入刀位码 3。

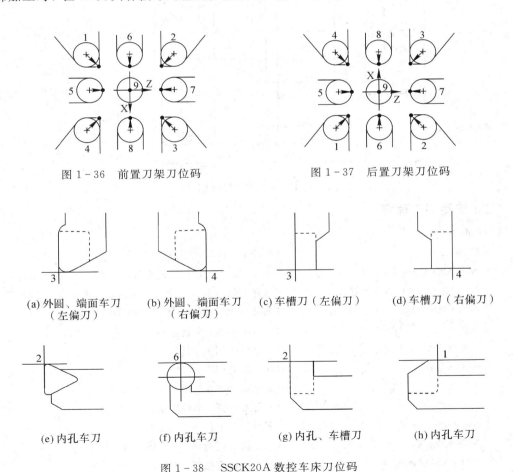

图 1-36　前置刀架刀位码　　　　　图 1-37　后置刀架刀位码

(a) 外圆、端面车刀　　(b) 外圆、端面车刀　　(c) 车槽刀（左偏刀）　　(d) 车槽刀（右偏刀）
　　（左偏刀）　　　　　（右偏刀）

(e) 内孔车刀　　　　(f) 内孔车刀　　　　(g) 内孔、车槽刀　　　　(h) 内孔车刀

图 1-38　SSCK20A 数控车床刀位码

四、任务实施

（一）选择刀具

如图 1-39 所示，通过对刀，用 CRT/MDI 方式在数控机床的参数表中设定 G54 工件坐标系。图中右端 R10 圆弧面与轴中心线交点设定为 G54 工件坐标系原点，起刀点远离毛坯，可在任意位置。车外圆、锥度及圆弧面用一把刀具加工，根据零件图选择 93°偏头外圆车刀 T01，刀尖圆弧半径 R＝0.4 mm。

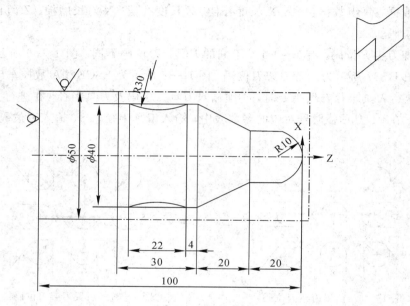

图 1-39 零件尺寸图

（二）编写加工程序

程序如下：

O1003;	（程序名，1003 号程序）
N10 M03 S800 T0101;	（换 01 号刀，执行 01 组刀补，主轴 800 r/min 正转）
N20 G99 G54 G00 X51 Z2;	（选择 G54 坐标系，快速定位到外圆循环起点 X51 Z2）
N30 G90 X45 Z−69.8 F0.3;	（车外圆单一循环指令，Z 向留精车余量 0.2 mm）
N40 X41;	（车 ϕ40 外圆，留精车量 1 mm）
N50 X36 Z−20;	（车 ϕ20 外圆至 ϕ36）
N60 X31;	（车 ϕ20 外圆至 ϕ31）
N70 X26;	（车 ϕ20 外圆至 ϕ26）
N80 X21;	（车 ϕ20 外圆，留精车量 1 mm）
N90 G00 X42 Z−19;	（刀具快速定位到锥面循环起点 X42 Z−19）
N100 G90 X41 Z−25 R−3 F0.2;	（第一次锥面循环，车锥体长度 5 mm）
N110 X41 Z−30 R−5.5;	（第二次锥面循环，车锥体长度 10 mm）
N120 X41 Z−35 R−8;	（第三次锥面循环，车锥体长度 15 mm）
N130 G01 X21;	（X 向工进到 ϕ21 外圆）

N140 X41 Z－40；　　　　　　　　（车锥体，留精车量 1 mm）

N150 G00 Z3；　　　　　　　　　　（Z 向快速退刀）

N160 X0 ；　　　　　　　　　　　　（X 向快速进刀）

N170 G03 X26 Z－10 R13 F0.2；　　（粗车 R10 圆弧至 R13）

N180 G00 Z1；　　　　　　　　　　（Z 向快速退刀）

N190 G01 X0 F0.3；　　　　　　　　（X 向进刀）

N200 G03 X22 Z－10 R11 F0.2；　　（粗车 R10 圆弧至 R11）

N210 G00 Z1；　　　　　　　　　　（Z 向快速退刀）

N213 G41 X20 Z0；　　　　　　　　（建立刀尖圆弧半径左补偿）

N216 G01 X0 F0.2；　　　　　　　　（车端面）

N220 G40 X－1 Z1；　　　　　　　　（撤销刀类圆弧半径补偿，退刀到 X－1 Z1 点）

N230 G96 S120；　　　　　　　　　　（调用恒表面切削速度指令，切削速度为 120 m/min）

N240 G50 S1800；　　　　　　　　　（主轴最高转速限定为 1800 r/min）

N250 G01 G42 X0 Z0 F0.15；　　　　（建立刀尖圆弧半径右补偿）

N260 G03 X20 Z－10 R10；　　　　　（车 R10 圆弧）

N270 G01 Z－20；　　　　　　　　　（车 φ20 外圆）

N280 X40 Z－40；　　　　　　　　　（车锥体）

N290 Z－44；　　　　　　　　　　　（车 φ40 外圆）

N300 G02 X40 Z－66 R30；　　　　　（车 R30 圆弧）

N310 G01 Z－70；　　　　　　　　　（车 φ40 外圆）

N320 X51；　　　　　　　　　　　　（车 φ40 外圆内端面）

N330 G00 G40 X100 Z50；　　　　　（撤销刀尖圆弧半径补偿退刀到 X100 Z50 点）

N340 M05；　　　　　　　　　　　　（主轴停止）

N350 M30；　　　　　　　　　　　　（程序结束，光标返回到程序号处）

（三）刀尖圆弧半径补偿数据输入

加工图 1-39 中零件的轮廓时，刀尖圆弧半径补偿数据的输入步骤如下：

(1) 按下 MDI 面板上 OFFSET/SETTING 键，用软键查找到刀具设置页面。

(2) 移动光标到 01 刀具补偿组号对应的刀尖圆弧半径数据框，输入刀尖圆弧半径 0.4。

(3) 移动光标到 01 刀具补偿组号对应的刀位码数据框，输入刀位码 3。

这样就完成了刀尖圆弧半径补偿数据的设置。

五、知识拓展

（一）车刀的类型和用途

车刀主要用于回转体表面的加工，如内外圆柱面、圆锥面、圆弧面和螺纹等的切削加工。

1. 按加工表面特征分类

车刀按加工表面特征可分为外圆车刀、端面车刀、切断刀、螺纹车刀和内孔车刀等。

(1) 外圆车刀，如图 1-40 所示，主要用于工件外圆的加工。

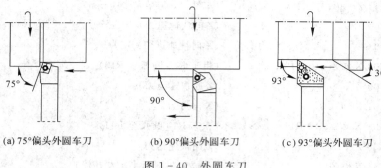

(a) 75°偏头外圆车刀   (b) 90°偏头外圆车刀   (c) 93°偏头外圆车刀

图 1-40 外圆车刀

（2）端面车刀，如图 1-41 所示，主要用于工件端面及台阶面的加工。

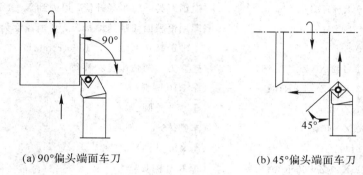

(a) 90°偏头端面车刀   (b) 45°偏头端面车刀

图 1-41 端面车刀

（3）切槽、切断刀，如图 1-42 所示，主要用于工件直槽、圆弧槽的加工及切断。

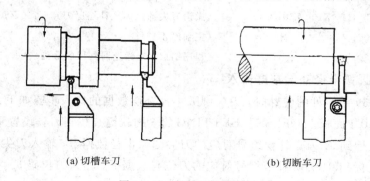

(a) 切槽车刀   (b) 切断车刀

图 1-42 切槽、切断车刀

（4）螺纹车刀，如图 1-43 所示，主要用于内、外螺纹的加工。

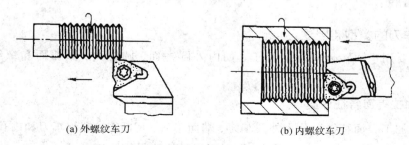

(a) 外螺纹车刀   (b) 内螺纹车刀

图 1-43 螺纹车刀

（5）内孔车刀，如图 1 - 44 所示，主要用于内孔的加工。

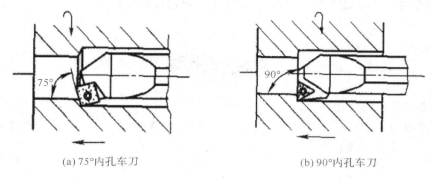

(a) 75°内孔车刀   (b) 90°内孔车刀

图 1 - 44 内孔车刀

2. 按结构形式分类

车刀按结构形式可分为整体式、焊接式、机夹式和可转位式，见图 1 - 45。

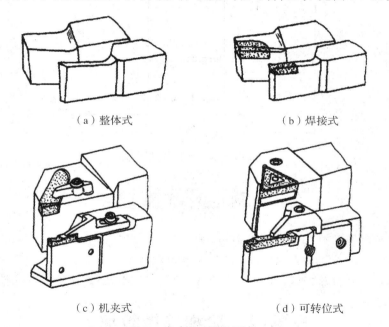

（a）整体式   （b）焊接式

（c）机夹式   （d）可转位式

图 1 - 45 车刀结构形式

（二）数控车刀的选用原则

数控加工过程中刀具的选择是保证加工质量和提高生产率的重要环节，合理选择数控刀具需综合考虑数控车床的刀架结构、刀具形式、零件加工精度、表面粗糙度、零件材料的切削性能等因素。为了缩短数控车床的准备时间，保证加工精度要求，数控车床对刀具提出了更高的要求，精度高，刚性好，耐用度高，安装调整方便。

（1）在可能的范围内，尽量少换刀或不换刀，以缩短准备和调整的时间。

（2）尽可能采用可转位刀片，以提高加工效率，刀片的规格要与刀杆相配套，刀片材料根据被加工零件材料进行选择。

（3）尽可能选用断屑和排屑性能好的刀具。

（4）粗车时，选用强度高的刀具，以便满足大吃刀量、大进给量的要求。

（5）精车时，选用精度高、耐磨性好的刀具，以保证精度要求。

1．熟悉刀具半径补偿方法。

2．编写如图 1-46 所示零件的加工程序，材料为 2A12 铝合金，毛坯尺寸为 $\phi50\ mm\times$ 101 mm 棒料，加工至图纸要求。

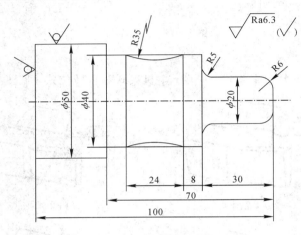

图 1-46　零件尺寸图

（1）数控车床圆弧插补指令 G02、G03 的应用；刀尖圆弧补偿指令 G41、G42、G40 的应用；刀尖圆弧半径补偿参数的输入；车刀的类型和用途；数控车刀的选用原则。

（2）阶梯轴圆弧面加工示例，综合运用各种 G、S、M、T 等功能指令进行编程。

任务四　阶梯轴螺纹加工

一、学习目标

知识目标

（1）掌握刀具控制 T 指令的应用；

（2）掌握 G32、G92 和 G76 等螺纹加工指令的应用；

（3）掌握螺纹切削用量的选择。

技能目标

（1）会使用 T 指令进行换刀；

（2）会使用螺纹切削指令编写加工程序；

（3）会输入刀具长度补偿参数；

（4）会使用数控车床进行阶梯轴螺纹加工。

二、工作任务

阶梯轴零件如图 1-47 所示，材料为 45 钢，毛坯为 φ50 mm×104 mm 棒料，编写加工程序，加工零件至尺寸要求。

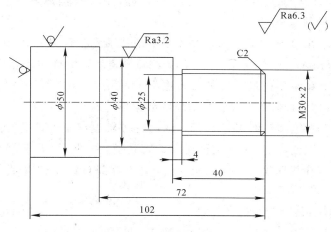

图 1-47 阶梯轴零件

三、相关知识

（一）刀具长度的补偿方法

数控车床多把刀具加工时，其各刀具安装位置在 X、Z 方向不同，必须进行刀具长度补偿，补偿包括 X、Z 两个方向的补偿，补偿值在刀补参数表中输入。

1. 刀具长度相对补偿

刀具长度相对补偿是先用一把基准刀具，通常选用不经常更换的精车刀对刀，用 G54 建立工件坐标系，基准刀具 X、Z 两个方向的刀具长度补偿值为零，其他刀具的长度补偿值是相对基准刀具在 X、Z 两个方向的偏置量，如图 1-48 所示，所有刀具与 G54 同一个工件坐标系。当更换或刃磨基准刀具后，其他所有刀具需进行对刀，重新输入长度补偿值；当非基准刀具更换或刃磨后，只需进行当前刀具的对刀，重新输入长度补偿值。

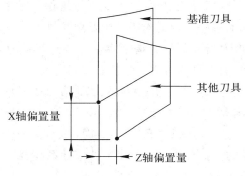

图 1-48 刀具长度相对补偿

例 1 假设基准刀具号及刀具补偿组号为 01，另外一把刀具号及刀具补偿组号为 02，在参数表中设置刀具长度相对补偿的步骤如下：

（1）按下 MDI 面板上的 OFFSET/SETTING 键，找到刀具参数设置页面，移动光标分别到补偿号为 01、02 对应的数据框中清零；在工件坐标系设置页面中找到 G54，移动光标到 X、Z 对应的数据框中清零。

（2）在 MDI 方式下输入 T0101，按启动按钮，换 01 号刀具。

（3）按下 MDI 面板上的 OFFSET/SETTING 键，在工件坐标系设置页面中找到 G54，移动光标到 Z 对应的数据框。

（4）启动主轴，用 01 号刀具对刀，将 Z 轴手动移动到工件坐标系 Z0 点（工件端面）试切，在 MDI 面板上输入 Z0，按下 CRT 下部的测量软键，系统自动计算刀具当前点在机床坐标系中的坐标值，并保存到 G54 下的 Z 数据框中，完成了 01 号刀的 Z 轴对刀。

（5）移动光标到 G54 工件坐标系 X 对应的数据框。

（6）将 X 轴手动移动到工件外圆试切，试切后 Z 轴退出工件，停主轴，测量试切处外圆直径，在 MDI 面板上输入 X 及实测试切处的直径值，按下 CRT 下部的测量软键，系统自动计算刀具当前点在机床坐标系中的坐标值，并保存到 G54 下的 X 数据框中，完成了 01 号刀的 X 轴对刀。

（7）移动 X 轴、Z 轴使刀具远离工件。

（8）在 MDI 方式下输入 T0202，按启动按钮，换 02 号刀具。

（9）按下 MDI 面板上的 OFFSET/SETTING 键，找到刀具参数设置页面，移动光标到补偿号为 02 对应的 Z 轴数据框中。

（10）用 02 号刀具对刀，将 Z 轴手动移动到工件坐标系 Z0 点，在 MDI 面板上输入 Z0，按下 CRT 下部的测量软键，系统自动计算 02 号刀具相对于 01 号刀具的 Z 轴偏置，并保存到 02 号刀具对应的 Z 轴数据框中，完成了 02 号刀具的 Z 轴相对补偿。

（11）移动光标到补偿号为 02 对应的 X 轴数据框中。

（12）将 X 轴手动移动到 01 号刀具试切的外圆上，在面板上输入 X 及实测的直径值，按下 CRT 下部的测量软键，系统自动计算 02 号刀具相对于 01 号刀具的 X 轴偏置，并保存到 02 号刀具对应的 X 轴数据框中，完成了 02 号刀具的 X 轴相对补偿。

2. 刀具长度绝对补偿

数控车床加工时，也可用 T 指令代替 G 指令进行工件坐标系的设置，此时，G54 参数表中的 X、Z 值始终为零，通过每把刀的对刀，在刀具参数表中分别输入该把刀在机床坐标系中的相应数值，调用换刀指令，用 T 指令建立对应于每把刀具的工件坐标系。当更换或刃磨刀具后，只需进行当前刀具的对刀，重新输入相应数值。

例 2 假设第一把刀具号及刀具补偿组号为 01，第二把刀具号及刀具补偿组号为 02，在参数表中设置刀具绝对补偿的步骤如下：

（1）按下 MDI 面板上的 OFFSET/SETTING 键，找到刀具参数设置页面，移动光标分别到补偿号为 01、02 对应的数据框中清零；在工件坐标系设置页面中找到 G54，移动光标到 X、Z 对应的数据框中清零。

（2）在 MDI 方式下输入 T0101，按启动按钮，换 01 号刀具。

（3）按下 MDI 面板上的 OFFSET/SETTING 键，找到刀具参数设置页面，移动光标到补偿号为 01 对应的 Z 轴数据框中。

（4）启动主轴，用 01 号刀具对刀，将 Z 轴手动移动到工件坐标系 Z0 点（工件端面）试切，在 MDI 面板上输入 Z0，按下 CRT 下部的测量软键，系统自动计算 01 号刀具在机床坐标系中的 Z 轴坐标，并保存到 01 号刀具对应的 Z 轴数据框中，完成了 01 号刀具的 Z 轴绝对补偿。

（5）移动光标到补偿号为 01 对应的 X 轴数据框中。

（6）将 X 轴手动移动到工件外圆试切，试切后 Z 轴退出工件，停主轴，测量试切处外圆直径，在 MDI 面板上输入 X 及实测试切处的直径值，按下 CRT 下部的测量软键，系统自动计算 01 号刀具在机床坐标系中的 X 轴坐标，并保存到 01 号刀具对应的 X 轴数据框中，完成了 01 号刀具的 X 轴绝对补偿。

（7）移动 X 轴、Z 轴使刀具远离工件。

（8）在 MDI 方式下输入 T0202，按启动按钮，换 02 号刀具。

（9）按下 MDI 面板上的 OFFSET/SETTING 键，找到刀具参数设置页面，移动光标到补偿号为 02 对应的 Z 轴数据框中。

（10）用 02 号刀具对刀，将 Z 轴手动移动到工件坐标系 Z0 点，在 MDI 面板上输入 Z0，按下 CRT 下部的测量软键，系统自动计算 02 号刀具在机床坐标系中的 Z 轴坐标，并保存到 02 号刀具对应的 Z 轴数据框中，完成了 02 号刀具的 Z 轴绝对补偿。

（11）移动光标到补偿号为 02 对应的 X 轴数据框中。

（12）将 X 轴手动移动到试切的外圆上，在面板上输入 X 及实测的直径值，按下 CRT 下部的测量软键，系统自动计算 02 号刀具在机床坐标系中的 X 轴坐标，并保存到 02 号刀具对应的 X 轴数据框中，完成了 02 号刀具的 X 轴绝对补偿。

（二）延时指令 G04

延时指令的格式为：

G04X___；或 G04 P___；

其中：X 后数值为延时的时间，单位为 s；P 后数值为延时的时间，单位为 ms。

该指令为非模态指令，即 G04 只在本段程序中有效。

（三）螺纹切削指令

1．螺纹基本切削指令 G32

G32 指令是用来完成单行程螺纹切削的，车刀进给运动严格根据输入的螺纹导程进行。但是切入、切出、返回均需编入相应程序。

G32 指令的格式为：

G32 X(U)___ Z(W)___ F___；

其中：X、Z 为螺纹切削的终点绝对坐标，X 值省略时为圆柱螺纹切削，Z 值省略时为端面螺纹切削，X、Z 均不省略时则为圆锥螺纹切削；U、W 为螺纹切削的终点相对于起点的增量坐标；F 为螺纹导程。

例 3 零件尺寸图如图 1-49 所示。

加工相关程序如下：

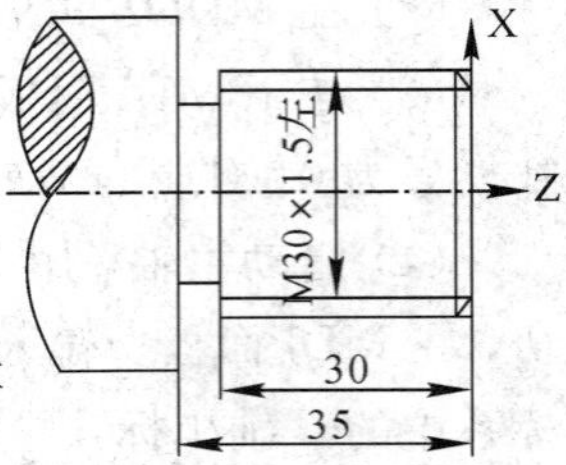

 ...

 N10 M03 S500；　　　　　　　　　　（主轴正转，转速为 500 r/min）

 N20 G99 G54 G00 X32 Z5；　　　　　（从起刀点快速定位到 X32 Z5）

 N30 X29.2；　　　　　　　　　　　　（X 快进到第一刀切削深度）

 N40 G32 Z－32 F1.5；　　　　　　　（第一刀切削螺纹，导程 1.5 mm，后置
 　　　　　　　　　　　　　　　　　　刀架从外向里车左旋螺纹）

 N50 G00 X32；　　　　　　　　　　　（X 快速退刀）

 N60 Z5；　　　　　　　　　　　　　　（Z 快速退刀）

 N70 X28.6；　　　　　　　　　　　　（X 快速到第二刀的径向尺寸）

 N80 G32 Z－32 F1.5；　　　　　　　（第二刀切削螺纹）

 N90 G00 X32；　　　　　　　　　　　（X 快速退刀）

 N100 Z5；　　　　　　　　　　　　　（Z 快速退刀）

 N110 X28.2；　　　　　　　　　　　（X 快速到第三刀的径向尺寸）

 N120 G32 Z－32 F1.5；　　　　　　（第三刀切削螺纹）

 N130 G00 X32；　　　　　　　　　　（X 快速退刀）

 N140 Z5；　　　　　　　　　　　　　（Z 快速退刀）

 N150 X28.04；　　　　　　　　　　　（X 快进到螺纹小径尺寸）

 N160 G32 Z－32 F1.5；　　　　　　（最后一刀切削螺纹）

 N170 G00 X32；　　　　　　　　　　（X 快速退刀）

 N180 Z5；　　　　　　　　　　　　　（Z 快速退刀）

 ...

图 1－49　零件尺寸图

2. 圆柱螺纹切削循环指令 G92

G92 指令的格式为：

  G92 X(U)＿ Z(W) ＿ F＿；

其中：X、Z 为螺纹终点（C 点）的坐标值；U、W 为螺纹终点坐标相对于循环起点的增量坐标；F 为螺纹导程。

  如图 1－50 所示，刀具从循环起点开始，按 A、B、C、D 进行自动循环，最后又回到循环起点 A。图中虚线表示按 R 快速移动，实线表示按 F 指定的工作进给速度移动。

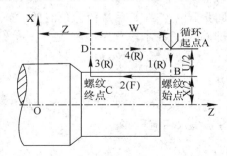

图 1－50　圆柱螺纹切削循环

例 4　零件尺寸图如图 1－49 所示，其加工相关程序如下：

 ...

 N10 M03 S500；　　　　　　　　　　（主轴正转，转速为 500 r/min）

 N20 G99 G54 G00 X32 Z5；　　　　　（从起刀点快速定位到 X32 Z5 螺纹循环起点）

N30 G92 X29.2 Z−32 F1.5；　　　　　（第一刀螺纹切削循环）

N40 X28.6；　　　　　　　　　　　　（第二刀螺纹切削循环）

N50 X28.2；　　　　　　　　　　　　（第三刀螺纹切削循环）

N60 X28.04；　　　　　　　　　　　　（最后一刀螺纹切削循环）

......

3. 圆锥螺纹切削循环指令 G92

G92 指令的格式为：

　　　　G92 X(U)__ Z(W)__ R__ F__；

其中：X、Z 为螺纹终点（C 点）的坐标值；U、W 为螺纹终点坐标相对于循环起点的增量坐标；R 为锥螺纹始点与终点的半径差，图示位置的 R 值为负；F 为螺纹导程。

如图 1-51 所示，刀具从循环始点开始，按 A、B、C、D 进行自动循环，最后又回到循环起点 A。

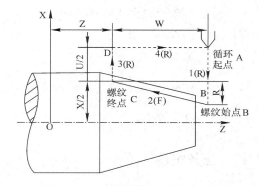

图 1-51 圆锥螺纹切削循环

4. 螺纹切削复合循环指令 G76

图 1-52 所示为螺纹切削复合循环的刀具轨迹。图 1-53 所示为螺纹切削复合循环的刀尖位置，刀具从循环起点开始，按图示轨迹进行自动循环，每次 Z 方向回退位置不同，由系统参数设定。

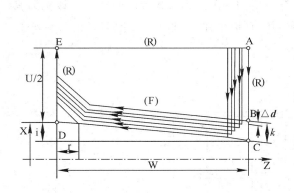

图 1-52 螺纹切削复合循环的刀具轨迹

图 1-53 螺纹切削复合循环的刀尖位置

螺纹切削复合循环指令格式如下：

　　　　G76 P(m)(r)(α) Q(Δdmin) R(d)；

　　　　G76 X(U)__ Z(W)__ R(i)__ P(k)__ Q(Δd)__ F(L)__；

其中：X、Z 为螺纹终点坐标值；m 为精加工重复次数，取值 01～99；r 为退尾长度，取值 00～99，对应实际值（00～99）×0.1L mm；α 为刀尖角度，可以选择数值 60、55 和 30，分别代表相应的角度；Δdmin 为最小进刀量（半径值，单位为 0.001 mm），取正值；d 为螺纹精车余量（半径值，单位为 mm），取正值；i 为锥螺纹始点与终点的半径差，i＝0 时表示加工圆柱螺纹（半径值，单位为 mm）；k 为螺纹牙型高度（半径值，单位为 0.001 mm），取正值；Δd 为第一刀切削深度（半径值，单位为 0.001 mm），取正值；L 为螺纹导程。

例 5 零件尺寸图如图 1-49 所示，其加工程序如下：

...

N10 M03 S500;　　　　　　　　　　（主轴正转，转速为 500r/min）

N20 G99 G54 G00 X32 Z5;　　　　　（从起刀点快速定位到螺纹循环起点 X32 Z5）

N30 G76 P011060 Q100 R0.1;　　　 （螺纹切削复合循环，1 次精加工，退尾长度

　　　　　　　　　　　　　　　　　　 1.5 mm，牙型角 60°，最小进刀量 0.1 mm，精车

　　　　　　　　　　　　　　　　　　 余量 0.1 mm）

N40 G76 X28.04 Z-32 P974 Q500 F1.5;　（螺纹小径 28.04 mm，螺纹牙型高度 0.974 mm，

　　　　　　　　　　　　　　　　　　　　 第一刀切削深度 0.5 mm，螺纹导程 1.5 mm）

...

四、任务实施

（一）刀具选择

该零件需要加工外圆、端面、切槽和螺纹等，共需要四把刀具。

T01——93°偏头外圆车刀（车 ϕ40 外圆、M30×2 螺纹外径、C2 倒角）

T02——45°偏头端面车刀（车右端面）

T03——4 mm 切槽车刀（切 4 mm 槽）

T04——60°外螺纹车刀（车 M30×2 螺纹）

如图 1-54 所示，右端面与轴中心线的交点设定为工件坐标系原点，采用刀具绝对补偿，G54 参数表中的 X、Z 值为零，四把刀具分别对刀，在刀具参数表中分别输入该把刀具在机械坐标系中的相应数值，调用换刀指令，用 T 指令建立对应于每把刀具的工件坐标系。换刀点远离毛坯，换刀时不能与工件发生干涉。

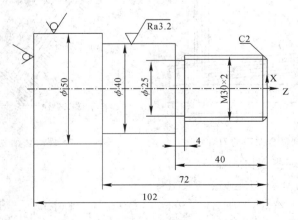

图 1-54　零件尺寸图

（二）编写加工程序

程序如下：

O1004;　　　　　　　　　　　（程序名，1004 号程序）

N10 G99 M03 S600;　　　　　（主轴正转，转速为 600 r/min）

N20 G54 G00 X100 Z100;　　　　　　（刀具快速定位到换刀点）

N30 T0202;　　　　　　　　　　　　（换 02 号刀，执行 02 组刀补）

N40 X52 Z5 M08;　　　　　　　　　　（开冷却，快速定位到车端面循环起点 X52 Z5）

N50 G94 X0 Z1 F0.15;　　　　　　　（端面切削循环，端面留余量 1 mm）

N60 Z0;　　　　　　　　　　　　　　（端面切削循环）

N70 G00 X100 Z100;　　　　　　　　（刀具快速退到换刀点）

N80 T0101;　　　　　　　　　　　　（换 01 号刀，执行 01 组刀补）

N90 X52 Z1;　　　　　　　　　　　　（刀具快速定位到车外圆循环起点 X52 Z1）

N100 G90 X45 Z－72 F0.3;　　　　　（车外圆单一循环指令，车至 ϕ45）

N110 X40;　　　　　　　　　　　　　（车 ϕ40 外圆）

N120 G00 X41;　　　　　　　　　　　（刀具快速定位到车外圆循环起点 X41）

N130 G90 X35 Z－40 F0.3;　　　　　（车外圆至 ϕ35）

N140 X29.9;　　　　　　　　　　　　（车 M30×2 螺纹外径至 ϕ29.9）

N150 G01 X23.9;　　　　　　　　　　（X 进刀）

N160 X29.9 W－3 F0.15;　　　　　　（倒角 C2）

N170 G00 X100 Z100;　　　　　　　　（刀具快速退到换刀点）

N180 S300 T0303;　　　　　　　　　　（改变速度为 300 r/min，换 03 号刀，执行 03 组刀补）

N190 X42 Z－40;　　　　　　　　　　（刀具快速定位，准备切槽）

N200 G01 X25 F0.15;　　　　　　　　（切槽至 ϕ25）

N210 G04 P100　　　　　　　　　　　（延时 100 ms）

N220 G01 X41 F0.3　　　　　　　　　（X 向退刀）

N230 G00 X100 Z100;　　　　　　　　（刀具快速退到换刀点）

N240 S500 T0404;　　　　　　　　　　（改变速度为 500 r/min，换 04 号刀，执行 04 组刀补）

N250 G00 X32 Z－38;　　　　　　　　（刀具快速定位到车外螺纹循环起点 X32 Z－38）

N260 G92 X29.1 Z3 F2;　　　　　　　（第一刀车螺纹，螺距为 2，后置刀架由里向外车右旋螺纹）

N270 X28.5;　　　　　　　　　　　　（第二刀车螺纹）

N280 X27.9;　　　　　　　　　　　　（第三刀车螺纹）

N290 X27.5;　　　　　　　　　　　　（第四刀车螺纹）

N300 X27.4;　　　　　　　　　　　　（第五刀车螺纹）

N310 G00 X100 Z100 M09;　　　　　　（关冷却，刀具快速退到换刀点）

N320 M05;　　　　　　　　　　　　　（主轴停止）

N330 M30;　　　　　　　　　　　　　（程序结束，光标返回到程序号处）

五、知识拓展

（一）螺纹车削加工工艺

1. 螺纹车削加工的方法

车削螺纹是数控车床常见的加工内容。螺纹车削加工是由刀具的直线运动和主轴按一定的转数旋转的合成运动。车削螺纹的刀具是成型刀具，刀刃与工件接触面较长，切削力较大，因此车削螺纹时通常需要多次进刀才能完成。螺距和尺寸精度受机床精度的影响，牙形精度由刀具的几何精度保证。

1）径向切入法

径向切入法又称为直进法。一般情况下，当螺距小于 3 mm 时可采用径向切入法，如图 1-55 所示。采用径向切入法车削螺纹时，由于两侧切削刃同时参与切削，切削力较大，而且排屑困难，因此在切削时，两侧切削刃容易磨损，故加工过程中要经常测量。径向切入法加工的牙形精度较高。FANUC 0i Mate-TB 系统的 G92 指令为径向切入法螺纹切削循环。

2）侧向切入法

侧向切入法又称为斜进法，如图 1-56 所示。侧向切入法由于车削时单侧切削刃参与切削，因此参与切削的切削刃容易磨损和损伤，使加工的螺纹面不直，刀尖角发生变化，牙形精度较差。但由于侧向切入法只有单侧切削刃参与切削，刀具切削负载较小，排屑容易，并且背吃刀量为递减式。因此，侧向切入法一般用于大螺距螺纹的车削加工，一般情况下，当螺距大于 3 mm 时采用侧向切入法。由于侧向切入法排屑容易、切削刃加工情况较好，在螺纹精度要求不高的情况下，此加工方法更为适用。FANUC 0i Mate-TB 系统的 G76 指令为侧向切入法螺纹切削循环。

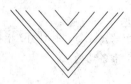 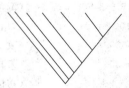

图 1-55　径向切入法　　　　图 1-56　侧向切入法

2. 车削螺纹时切入、切出路线

在数控车床上车削螺纹时，车刀沿螺纹方向的 Z 向进给应与车床主轴的旋转保持严格的速比关系。考虑到车刀从停止状态达到指定的进给速度或从指定的进给速度降至零，数控车床进给伺服系统有一个很短的过渡过程，因此，应避免在数控车床进给伺服系统加速或减速的过程中车削。在螺纹切削时要考虑足够的切入距离 δ_1（2～5 mm）和切出距 δ_2（1～2 mm），如图 1-57 所示。

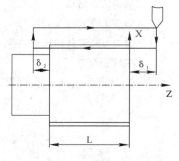

图 1-57　圆柱螺纹切削

3. 左、右旋螺纹的加工

1）主轴正反转的规定

前置刀架：沿 Z 轴正方向向负方向看，主轴逆时针旋转为正转（M03），顺时针旋转为反转（M04）。

后置刀架：沿 Z 轴正方向向负方向看，主轴顺时针旋转为正转（M03），逆时针旋转为反转（M04）。

2）左右手车刀的判断

沿刀头方向向刀杆看，刀尖在刀杆中心线右侧为右手车刀，在左侧为左手车刀。

3）左、右旋外螺纹的加工

图 1-58 所示为前置刀架，主轴正转，用右手车刀，从外向里车，加工右旋螺纹。

图 1-59 所示为前置刀架，主轴正转，用右手车刀，从里向外车，加工左旋螺纹。

图 1-60 所示为前置刀架，主轴反转，用左手车刀反装，从外向里车，加工左旋螺纹。

图 1-61 所示为前置刀架，主轴反转，用左手车刀反装，从里向外车，加工右旋螺纹。

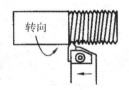 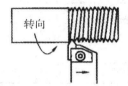

图 1-58 前置刀架，主轴正转，加工右旋螺纹　　图 1-59 前置刀架，主轴正转，加工左旋螺纹

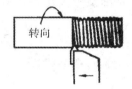 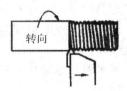

图 1-60 前置刀架，主轴反转，加工左旋螺纹　　图 1-61 前置刀架，主轴反转，加工右旋螺纹

图 1-62 所示为后置刀架，主轴正转，用左手车刀，从外向里车，加工左旋螺纹。

图 1-63 所示为后置刀架，主轴正转，用左手车刀，从里向外车，加工右旋螺纹。

图 1-64 所示为后置刀架，主轴反转，用右手车刀反装，从外向里车，加工右旋螺纹。

图 1-65 所示为后置刀架，主轴反转，用右手车刀反装，从里向外车，加工左旋螺纹。

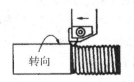 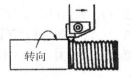

图 1-62 后置刀架，主轴正转，加工左旋螺纹　　图 1-63 后置刀架，主轴正转，加工右旋螺纹

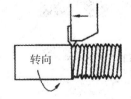 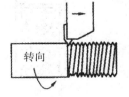

图 1-64 后置刀架，主轴反转，加工右旋螺纹　　图 1-65 后置刀架，主轴反转，加工左旋螺纹

注意以上车刀反装时刀尖的高度位置。

4. 车削螺纹时切削用量的确定

1) 背吃刀量的确定

常用公制螺纹切削的进给次数与背吃刀量(双边)见表 1-2。

表 1-2　常用公制螺纹切削的进给次数与背吃刀量(双边)　　　mm

螺　距		1.0	1.5	2.0	2.5	3.0
牙　深		0.649	0.974	1.299	1.624	1.949
进给次数与背吃刀量	1次	0.7	0.8	0.9	1.0	1.2
	2次	0.4	0.6	0.6	0.7	0.7
	3次	0.2	0.4	0.6	0.6	0.6
	4次	—	0.16	0.4	0.4	0.4
	5次	—	—	0.1	0.4	0.4
	6次	—	—	—	0.15	0.4
	7次	—	—	—	—	0.2

2) 进给量的确定

数控车床切削时的进给量往往是指每转进给量,因此车削螺纹的进给量就等于螺纹的导程,车削单头螺纹的进给量即为螺纹的螺距。

3) 主轴转速的确定

大多数普通型数控车床的数控系统推荐车削螺纹时的主轴转速公式为

$$n \leqslant \frac{1200}{P} - K$$

式中:n 为主轴转速(r/min);P 为工件螺纹的螺距或导程(mm);K 为保险系数,一般取 80。

(二)螺纹的测量与检验

(1) 检查螺纹的大径或小径。

(2) 检查螺纹的螺距、牙型和表面粗糙度。

(3) 检查螺纹中径。螺纹的中径测量方法有三针测量法、综合测量法等。通常用综合测量法对螺纹进行检查。外螺纹用螺纹环规,如图 1-66(a)所示,如果环规通端正好拧进去,而止端拧不进去,说明螺纹精度符合要求;内螺纹用螺纹塞规,如图 1-66(b)所示,如果塞规通端正好拧进去,而止端拧不进去,说明螺纹精度符合要求。

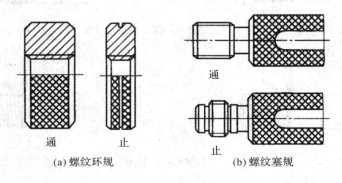

(a)螺纹环规　　　　　　(b)螺纹塞规

图 1-66　螺纹量具

1. 熟悉数控车床刀具长度补偿方法。

2. 编写如图 1-67 所示零件的加工程序,材料为 45 钢,毛坯尺寸为 $\phi50$ mm×104 mm 棒料,加工至图纸要求。

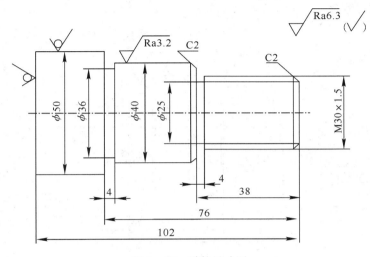

图 1-67 零件尺寸图

(1) 数控车床刀具控制 T 指令的应用;螺纹切削指令 G32、G92、G76 等编程指令的应用;刀具长度补偿参数的输入;螺纹车削加工工艺;螺纹的测量与检验等相关知识。

(2) 阶梯轴螺纹加工示例,综合运用各种 G、S、M、T 等功能指令进行编程。

任务五 齿轮轴零件加工

一、学习目标

知识目标

(1) 掌握车削加工切削用量的选择;

(2) 掌握数控车削加工的工艺分析方法;

(3) 掌握复合循环指令 G71、G72 、G73、G70 等指令的应用。

技能目标

(1) 会使用复合循环指令编写加工程序;

（2）会根据零件图进行车削加工的工艺分析；

（3）会合理选择车削加工切削用量；

（4）会使用数控车床进行齿轮轴零件加工。

二、工作任务

齿轮轴零件图如图 1 - 68 所示，材料为 45 钢，毛坯为 ϕ50 mm×104 mm 圆钢，进行工艺分析，编写加工程序，加工零件至尺寸要求。

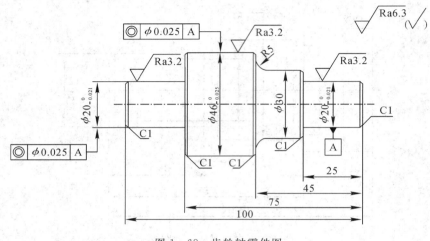

图 1 - 68　齿轮轴零件图

三、相关知识

（一）数控车床常用指令

目前数控车床的数控系统种类较多，同一指令其含义不完全相同。因此，编程前必须仔细阅读所使用的数控系统编程手册和机床操作说明书，掌握每个指令的确切含义，以免发生错误。

1. 准备功能 G 指令

准备功能也称为 G 功能，主要用来指令机床的动作方式。表 1 - 3 是 FANUC 0i Mate - TB 数控系统的部分 G 指令及功能。

表 1 - 3　FANUC 0i Mate - TB 系统常用准备 G 指令及功能

G 指令	组号	功　能	G 指令	组号	功　能
★G00	01	快速点定位	G70	00	精车循环
G01		直线插补	G71		外圆粗车复合循环
G02		顺时针圆弧插补	G72		端面粗车复合循环
G03		逆时针圆弧插补	G73		轮廓粗车复合循环
G04	00	暂停	G76		螺纹切削复合循环

G 指令	组号	功 能	G 指令	组号	功 能
G20	06	英制尺寸	G90	01	外圆/内圆切削循环
★G21		米制尺寸	G92		螺纹切削循环
G32	01	螺纹切削	G94		端面切削循环
★G40	07	取消刀尖圆弧半径补偿	G96	02	恒线速度切削控制
G41		刀尖圆弧半径左补偿	★G97		取消恒线速度切削控制
G42		刀尖圆弧半径右补偿	G98	05	每分钟进给
G50	00	设定工件坐标系；设定主轴最高转速	★G99		每转进给
★G54、G55、G56 G57、G58 G59	14	工件坐标系选择			

注：带★号的 G 指令为机床接通电源时的状态，00 组的 G 指令为非模态 G 指令。在编程时，G 指令中前面的 0 可省略，如 G00，G01，G02 可简写为 G0，G1，G2。

2. 辅助功能 M 指令

辅助功能 M 指令主要用于机床加工操作时的工艺性指令及辅助编程，一部分 M 指令是依靠继电器的通断来实现其控制过程。表 1-4 所示为 FANUC 0i Mate-TB 的辅助功能 M 指令及功能。

表 1-4　FANUC 0i-TB 系统常用辅助功能 M 指令及功能

M 指令	功 能	M 指令	功 能
M00	程序暂停	M08	切削液开
M01	选择停止	M09	切削液关
M02	程序结束	M30	程序结束
M03	主轴正转	M98	调用子程序
M04	主轴反转	M99	子程序结束
M05	主轴停转		

注：在编程时，M 指令中前面的 0 可以省略，如 M03，M05 可以简写为 M3，M5。

（二）复合循环指令

复合循环指令应用于粗车和多次走刀加工的情况。利用复合循环功能，只要编写出最终走刀路线，给出每次切除余量，机床即可以自动完成多重切削直至加工完毕。

1. 外圆粗车复合循环指令 G71

外圆粗车复合循环 G71 适用于切除棒料毛坯的大部分加工余量。图 1-69 所示为 G71

47

粗车外圆的走刀路线。图中 A 点为外圆粗车循环起点，一般 A 点离开毛坯外圆及端面 1～2 mm，粗车完后刀具回到循环起点 A，C 点为粗车循环时后退的位置，后退距离的径向 X 为 Δu/2，轴向 Z 为 Δw。

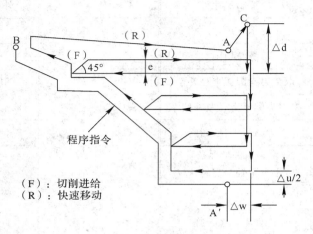

图 1-69 外圆粗车复合循环走刀路线

G71 指令的格式为：

G71 U（Δd）R（e）；

G71 P（ns）Q（nf）U（Δu）W（Δw）F＿ S＿ T＿；

其中：Δd 为每次径向吃刀深度（半径给定）；e 为径向退刀量（半径给定）；ns 为循环中的第一个程序段序号（精车程序中第一条程序段序号）；nf 为循环中的最后一个程序段号（精车程序中最后一条程序段序号）；Δu 为径向 X 的精车余量（直径给定）；Δw 为轴向 Z 的精车余量。

例 1 如图 1-70 所示，材料为 45 钢，毛坯为 φ50 mm×75 mm 圆钢。

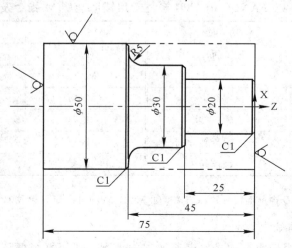

图 1-70 外圆粗车复合循环编程实例

加工相关程序如下：

...

N10 G99 G54 G00 X51 Z1;　　　　　（刀具快速定位到外圆粗车循环起点 X51 Z1）

48

N20 G71 U2 R1;　　　　　　　　　　（外圆粗车循环，每次径向吃刀深度 2 mm，径向退刀量 1 mm）

N30 G71 P40 Q120 U0.5 W0.2 F0.3;　　（径向留精车余量 0.5 mm，轴向留精车余量 0.2 mm）

N40 G00 X16;　　　　　　　　　　　（快速定位到 X16）

N50 G01 X20 Z−1 F0.15;　　　　　　（车倒角 C1，精车时进给量 0.15 mm/r）

N60 Z−25;　　　　　　　　　　　　（车 ϕ20 外圆）

N70 X28;　　　　　　　　　　　　　（车台阶面端面）

N80 X30 Z−26;　　　　　　　　　　（车倒角 C1）

N90 Z−40;　　　　　　　　　　　　（车 ϕ30 外圆）

N100 G02 X40 Z−45 R5;　　　　　　（车 R5 圆弧面）

N110 G01 X48;　　　　　　　　　　（车台阶面端面）

N120 X52 Z−47;　　　　　　　　　　（车倒角，刀具退到循环起点）

…

2. 端面粗车复合循环指令 G72

端面粗车复合循环 G72 适用于圆柱棒料毛坯端面方向的粗车，从外径方向往轴心方向车削端面循环。图 1-71 所示为 G72 粗车端面的走刀路线。图中 A 点为端面粗车循环起点，一般 A 点离开毛坯端面及外圆 1～2 mm，粗车完后刀具回到循环起点 A，C 点为粗车循环时后退的位置，后退距离的径向 X 为 △u/2，轴向 Z 为 △w。

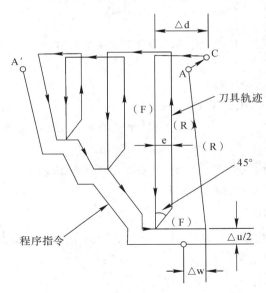

图 1-71　端面粗车复合循环走刀路线

G72 指令的格式为：

　　G72 W(△d) R(e);

　　G72 P(ns) Q(nf) U(△u) W(△w) F ____ S ____ T ____;

其中：△d 为每次轴向吃刀深度；e 为轴向退刀量；ns 为循环中的第一个程序段号（精车程序中第一条程序段序号）；nf 为循环中的最后一个程序段号（精车程序中最后一条程序段序号）；△u 为径向 X 的精车余量（直径给定）；△w 为轴向 Z 的精车余量。

3. 轮廓粗车复合循环指令 G73

轮廓粗车复合循环 G73 适用于毛坯轮廓形状与零件轮廓形状基本接近的铸、锻毛坯或已粗车成型的半成品工件，其走刀路线如图 1-72 所示。执行 G73 功能时，每一刀的切削路线的轨迹形状是相同的，只是位置不同。每走完一刀，就把切削轨迹向工件吃刀方向移动一个位置，这样就可以将铸、锻件待加工表面分层均匀地进行切削。图中 A 点为 G73 粗车循环起点，一般 A 点离开毛坯外圆及端面 3～5 mm，粗车完后刀具回到循环起点 A，D 点为粗车循环时第一刀后退的位置，后退距离的径向 X 为 Δi＋Δu/2，轴向 Z 为 Δk＋Δw。

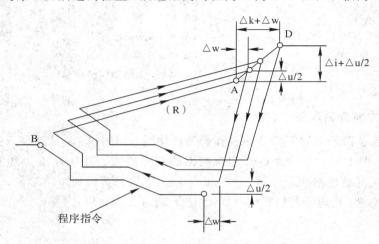

图 1-72　轮廓粗车复合循环走刀路线

G73 指令的格式为：

　　　　G73 U(Δi) W(Δk) R(d)；

　　　　G73 P(ns) Q(nf) U(Δu) W(Δw) F＿ S＿ T＿；

其中：Δi 为 X 方向退刀量，即粗车总加工量(半径给定)；Δk 为 Z 方向退刀量，即粗车总加工量；d 为粗车刀数；ns 为循环中的第一个程序段号(精车程序中第一条程序段序号)；nf 为循环中的最后一个程序段号(精车程序中最后一条程序段序号)；Δu 为径向 X 的精车余量(直径给定)；Δw 为轴向 Z 的精车余量。

4. 精车循环指令 G70

用 G71、G72、G73 粗车后，可用 G70 来指定精车循环，切除粗加工的余量，实现精加工。

G70 指令的格式为：

　　　　G70 P(ns) Q(nf)；

其中：ns 为精车加工循环的第一个程序段号；nf 为精车加工循环中的最后一个程序段号。

在(ns)至(nf)程序中指定的 F、S、T 对精车循环 G70 有效，但对 G71、G72、G73 无效；如果(ns)至(nf)精车加工程序中不指定 F、S、T 时，粗车循环中指定 F、S、T 有效。当 G70 精车循环结束时，刀具返回到循环起点。

例 2　如图 1-73 所示，毛坯为锻件，材料为 45 钢，外圆单边加工余量为 4 mm，端面加工余量为 3 mm，φ50 外圆及 75 两端面前道工序已加工至尺寸，本道工序不加工。

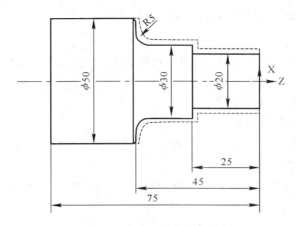

图 1-73　粗车、精车编程实例

加工相关程序如下：

...

N10 G54 G99 G00 X60 Z3；	（快速定位到轮廓粗车复合循环起点 X60 Z3）
N20 G73 U3.6 W2.7 R3；	（径向粗车单边总量 3.6 mm，轴向粗车总量 2.7 mm，粗车 3 次）
N30 G73 P40 Q90 U0.8 W0.3 F0.2；	（径向精车余量 0.8 mm，轴向精车余量 0.3 mm）
N40 G00 X20 Z1；	（快速定位到精车开始点 X20 Z1）
N50 G01 Z-25 F0.15；	（车 ϕ20 外圆，精车时，进给量 0.15 mm/r）
N60 X30；	（车台阶面端面）
N70 Z-40；	（车 ϕ30 外圆）
N80 G02 X40 Z-45 R5；	（车 R5 圆弧面）
N90 G01 X52；	（车台阶面端面）
N100 G70 P40 Q90；	（按精车路径从 N40 到 N90 进行精车，刀具最终退到循环起点）

...

四、任务实施

（一）零件工艺分析

1. 零件图分析

该零件为齿轮轴，两个 ϕ20 外圆为 7 级精度，同轴度为 0.025，粗糙度为 Ra3.2；ϕ46 外圆为 7 级精度，同轴度为 0.025，粗糙度为 Ra3.2；其余加工面，粗糙度为 Ra6.3，尺寸为自由公差。

2. 加工顺序的安排

（1）加工左端面、ϕ20 外圆、ϕ46 外圆、倒角等工步。

（2）工件调头，加工右端面、ϕ20 外圆、ϕ30 外圆、R5 圆弧、倒角等工步。

3. 工件的定位与夹紧

该零件需要两次装夹，第一次用三爪装夹，夹持外圆毛坯。第二次用软爪装夹，以已加

工的 $\phi46$ 外圆及端面定位，保证同轴度为 0.025。

4. 车刀的选择

该零件需要加工外圆、端面等，外圆有精度要求，需进行粗、精加工。根据零件图纸要求选用以下三把刀具进行加工。

T01：93°偏头外圆车刀（精车外圆）；

T02：90°偏头外圆车刀（粗车外圆）；

T03：45°偏头端面车刀（车左、右端面）。

（二）编写加工程序

（1）加工左端面、$\phi20$ 外圆、$\phi46$ 外圆、倒角等工步，G54 工件坐标系原点在左端面与主轴中心线交点。

程序如下：

O0005；	（程序名，5 号程序）
N10 G99 M03 S600；	（主轴正转，转速 600 r/min）
N20 G54 G00 X100 Z100；	（刀具快速定位到换刀点）
N30 T0303；	（换 03 号刀，执行 03 组刀补）
N40 X52 Z3 M08；	（开冷却，快速定位到车端面循环起点 X52 Z3）
N50 G94 X0 Z1 F0.15；	（端面切削循环，端面留余量 1 mm）
N60 Z0；	（端面切削循环）
N70 G00 X100 Z100；	（刀具快退到换刀点）
N80 T0202；	（换 02 号刀，执行 02 组刀补）
N90 X51 Z1；	（刀具快速定位到车外圆循环起点 X51 Z1）
N100 G71 U2 R1；	（外圆粗车循环，每次径向吃刀深度 2 mm，径向退刀量 1 mm）
N110 G71 P120 Q170 U0.5 W0.2 F0.3；	（径向留精车余量 0.5 mm，轴向留精车余量 0.2 mm）
N120 G00 X16 S800；	（精车时，转速为 800 r/min，快速定位到精车开始点 X16）
N130 G01 X20 Z−1 F0.15；	（车倒角 C1，精车时进给量 0.15 mm/r）
N140 Z−25；	（车 $\phi20$ 外圆）
N150 X44；	（车台阶面端面）
N160 X46 Z−26；	（车倒角 C1）
N170 Z−60；	（车 $\phi46$ 外圆）
N180 G00 X100 Z100；	（刀具快退到换刀点）
N190 T0101；	（换 01 号刀，执行 01 组刀补）
N200 X51 Z1；	（刀具快速定位到车外圆循环起点 X51 Z1）
N210 G70 P120 Q170；	（按精车路径从 N120 到 N170 进行精车，刀具退到循环起点）
N220 G00 X100 Z100 M09；	（关冷却，刀具快退到换刀点）
N230 M05；	（主轴停止）
N240 M30；	（程序结束）

（2）工件调头，用软爪装夹，以已加工的 $\phi46$ 外圆及端面定位，加工右端面、$\phi20$ 外圆、$\phi30$ 外圆、R5 圆弧、倒角等工步，G54 工件坐标系原点设在右端面与主轴中心线交点，这

时必须保证工件坐标系原点与软爪内端面的尺寸为75。

程序如下：

O1005；	（程序名，1005 号程序）
N10 G99 M03 S600；	（主轴正转，转速为 600 r/min）
N20 G54 G00 X100 Z100；	（刀具快速定位到换刀点）
N30 T0303；	（换 03 号刀，执行 03 组刀补）
N40 X52 Z3 M08；	（开冷却，快速定位到车端面循环起点 X52 Z3）
N50 G94 X0 Z1 F0.15；	（端面切削循环，端面留余量 1 mm）
N60 Z0；	（端面切削循环）
N70 G00 X100 Z100；	（刀具快退到换刀点）
N80 T0202；	（换 02 号刀，执行 02 组刀补）
N90 X51 Z1；	（刀具快速定位到车外圆循环起点 X51 Z1）
N100 G71 U2 R1；	（外圆粗车循环，每次径向吃刀深度 2 mm，径向退刀量 1 mm）
N110 G71 P120 Q200 U0.5 W0.2 F0.3；	（径向精车余量 0.5 mm，轴向精车余量 0.2 mm）
N120 G00 X16 S800；	（精车时转速为 800 r/min，快速定位到精车开始点 X16）
N130 G01 X20 Z−1 F0.15；	（车倒角 C1，精车时，进给量为 0.15 mm/r）
N140 Z−25；	（车 φ20 外圆）
N150 X28；	（车台阶面端面）
N160 X30 Z−26；	（车倒角 C1）
N170 Z−40；	（车 φ30 外圆）
N180 G02 X40 Z−45 R5；	（车 R5 圆弧）
N190 G01 X44；	（车台阶面端面）
N200 X48 Z−47；	（车倒角）
N210 G00 X100 Z100；	（刀具快退到换刀点）
N220 T0101；	（换 01 号刀，执行 01 组刀补）
N230 X51 Z1；	（刀具快速定位到车外圆循环起点 X51 Z1）
N240 G70 P120 Q200；	（按精车路径从 N120 到 N200 进行精车，刀具退到循环起点）
N250 G00 X100 Z100 M09；	（关冷却，刀具快退到换刀点）
N250 M05；	（主轴停止）
N260 M30；	（程序结束）

五、知识拓展

（一）数控车削加工的工艺分析

制订工艺是数控车削加工的前期准备工作，工艺制订得合理与否，对程序编制、机床的加工效率和零件的加工精度都有重要影响。因此，应遵循一般的工艺原则并结合数控车床的特点认真而详细地制订好零件的数控车削加工工艺。

制订工艺的主要内容包括零件图的分析、工件的定位与夹紧、车削加工顺序的安排和进给路线的确定。

1. 零件图的分析

零件图是编制加工程序、选择刀具及工件装夹的依据，制订车削工艺前必须对零件图进行认真的分析，其主要工作内容如下。

（1）零件图尺寸标注及轮廓几何要素的分析。

零件图上尺寸标注最好以同一基准引注或直接给出坐标尺寸，既便于编程又利于设计基准、工艺基准与工件坐标系原点的统一。在编制程序时，必须认真分析构成零件轮廓的几何要素及其关系。手工编程时，需要计算所有基点和节点的坐标，自动编程时，需要对构成零件轮廓的几何元素进行定义。因此，在分析零件图时，要分析给定的几何元素的条件是否充分。

（2）尺寸公差和表面粗糙度的分析。

分析零件图样的尺寸公差和表面粗糙度要求，是选择机床、刀具、切削用量以及确定零件尺寸精度的控制方法的重要依据。在数控车削加工中，常对零件要求的尺寸取其最大极限尺寸和最小极限尺寸的平均值，作为编程的尺寸依据，对表面粗糙度要求较小的表面，应采用恒线速度切削。此外，还要考虑本工序的数控车削加工精度能否达到图纸要求，若达不到要求，应给后道工序留有足够的加工余量。

（3）形状、位置公差及技术要求的分析。

零件图上给定的形状和位置公差是保证零件精度的重要要求，在工艺分析过程中，应按图样的形状和位置公差要求确定零件的定位基准和加工工艺，以满足公差要求。在数控车削加工中，工件的圆度误差主要与主轴的回转精度有关，圆柱度误差与主轴轴线与纵向导轨的平行度有关，同轴度误差与零件的装夹有关。车床机械精度的误差不得大于图样规定的形位公差要求，当机床精度达不到要求时，需在工艺准备中考虑进行技术性处理的相关方案，以便有效地控制其形状和位置误差。图样上有位置精度要求的表面，应尽量一次装夹加工完成。需要两次以上装夹的，必须采用相应的工装。

2. 工件的定位与夹紧

1）车床定位原则

定位是指工件在夹具中相对于机床和刀具有一个确定的正确位置。工件的定位是否正确、合理，直接影响工件的加工精度。定位基准有两种，一种是以未加工表面为定位基准，称为粗基准，另一种是以已加工表面为定位基准，称为精基准。数控车床上零件的安装方法与普通车床一样。合理选择定位基准和夹紧方案时应注意以下几点：

（1）力求设计基准、工艺基准与工件坐标系原点统一，这样可以减少基准不重合误差，也有利于数值计算及编程。

（2）选择粗基准时，应尽量选择不加工表面或能可靠装夹的表面，粗基准只能使用一次。

（3）选择精基准时，应尽可能以设计基准或装配基准为定位基准，并尽量与测量基准重合。精基准理论上可以重复使用，但为了减少定位误差，应尽量减少精基准的重复使用。

（4）尽量减少装夹次数，尽可能在一次装夹后，加工出全部或大部分待加工面，若需二次装夹时，应尽量采用同一定位基准，以减少装夹误差，提高加工表面间的位置精度。

（5）避免采用占机人工调整式方案，以免占机时间太多，影响加工效率。

2）车床夹具

车床夹具可分为通用夹具和专用夹具两大类。通用夹具是指能够装夹两种或两种以上工件的同一夹具，例如车床上的三爪卡盘、四爪卡盘、弹簧卡套等；专用夹具是专门为加工某一指定工件的某一工序而设计的夹具。数控车床的通用夹具、专用夹具与普通车床的基本相同，在大批量生产中常采用液压、电动及气动夹具。

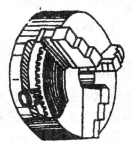 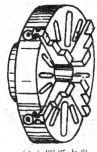

（a）三爪卡盘 （b）四爪卡盘

图 1-74 车床通用夹具

（1）三爪卡盘。图 1-74(a) 所示的三爪卡盘是最常用的车床通用夹具，三爪卡盘最大的优点是可以自动定心，夹持范围大，装夹方便，但定心精度存在误差，不适于同轴度要求高的工件的二次装夹。通常三爪卡盘为保证刚度和耐磨性要求进行了热处理，因此硬度较高，加紧力很大，容易夹伤工件。

三爪卡盘常见的种类有机械式和液压式两种。液压卡盘装夹迅速、方便，但夹持范围变化小，尺寸变化大时需重新调整卡爪位置。数控车床经常采用液压卡盘。液压卡盘特别适用于批量加工。

（2）软爪。当对同轴度要求高的工件二次装夹时，常常使用软爪。软爪是一种能够切削的夹爪，通常在装夹工件前要对软爪进行加工。当被夹工件以外圆定位时，软爪内圆直径应与工件外圆直径相同。其目的是软爪内圆与工件外径完全接触。当加工的软爪内径大于工件外径时，会导致软爪与工件形成三点接触，此种情况接触面积小，夹紧牢固程度差，应尽量避免。当加工的软爪内径过小时，夹持会形成六点接触，一方面会在被加工表面留下压痕，同时也使软爪接触面变形。

软爪克服了三爪卡盘定心精度不高的缺点，适合于以精基准外圆定位的工件加工，以达到同轴度要求。软爪的种类有机械式和液压式两种。

（3）弹簧夹套。弹簧夹套夹持工件的外径是标准系列，并非任意直径，其定心精度高，装夹工件快捷方便，常用于以精加工过的外圆表面定位的工件。

（4）四爪卡盘。如图 1-74(b) 所示，当加工有偏心距要求或工件的夹持部分为非圆柱面时，可采用四爪卡盘。

3. 车削加工顺序的安排

数控车削加工的顺序安排应遵循以下原则：

（1）上道工序的加工不能影响下道工序的定位与夹紧。

（2）先粗后精。在车削加工中，按照粗车→半精车→精车的顺序安排加工，逐步提高加工表面的精度和减小表面粗糙度。粗车在短时间内切除毛坯的大部分加工余量，以提高生产率，同时，尽量满足精加工的余量均匀性要求，为精车作好准备。粗加工完毕后，再进行半精加工及精加工。

（3）先近后远。离起刀点近的部位先加工，离起刀点远的部位后加工，这样可以缩短刀具移动距离，减少空行程时间，提高生产效率。此外，有利于保证坯件或半成品的刚性，改善切削条件。

（4）内外交叉。对既有内表面又有外表面的零件，安排加工顺序时，应先进行内外表面的粗加工，再进行内表面的精加工，然后进行外表面的精加工。

4. 进给路线的确定

数控车床进给加工路线是指车刀从起刀点开始运动起，直至结束加工程序所经过的路径，包括切削加工的路径及刀具切入、切出等非切削空行程路径。因精加工的进给路线基本上都是沿其零件轮廓顺序进行的，因此确定进给路线的工作重点是确定粗加工及空行程的进给路线。

在数控车床加工中，加工路线的确定应能保证被加工工件的精度和表面粗糙度，同时使切削进给路线最短，减少空行程时间，提高加工效率。

使加工程序具有最短的加工路线，不仅可以节省整个加工过程的执行时间，还能减少一些不必要的刀具消耗及机床进给机构滑动部件的磨损等。最短进给路线的类型及实现方法如下。

1）最短的切削进给路线

切削进给路线最短，可有效提高生产率，降低刀具损耗。安排最短切削进给路线时，要兼顾工件的刚性和加工工艺性等要求。

图 1-75 所示为粗加工的三种不同的切削进给路线，其中图（a）为车刀沿工件轮廓等距线循环的进给路线，图（b）为车刀沿工件轮廓按三角形等距线循环的进给路线，图（c）为车刀沿工件轮廓按矩形等距线循环的进给路线。比较可知，矩形循环进给路线的进给长度总合最短，因此，在同等切削条件下，其切削时间最短，刀具损耗最少。

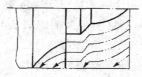
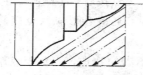
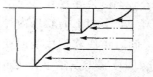

（a）工件轮廓等距线循环　　　（b）按三角形等距线循环　　　（c）按矩形等距线循环

图 1-75　粗车切削进给路线

2）最短的空行程路线

（1）巧用循环起点。

图 1-76（a）所示为采用矩形循环方式进行粗车的一般情况，其起刀点 A 的设定是考虑到加工过程中需方便的换刀，故设置在离工件较远的位置，同时，将起刀点与循环起点重合在一起，按三刀粗车的进给路线安排如下：

第一刀：A→B→C→D→A；

第二刀：A→E→F→G→A；

第三刀：A→H→I→J→A。

图 1-76(b)则巧妙地将循环加工的起点与起刀点分离，并设于图示 B 点位置，仍按相同的切削用量进行三刀粗车，其进给路线安排如下：

起刀点 A 与循环起点 B 分离的空行程 A→B；

第一刀：B→C→D→E→B；

第二刀：B→F→G→H→B；

第三刀：B→I→J→K→B。

很明显图 1-76(b)所走的路线较短，该方法也可用在其他循环加工中。

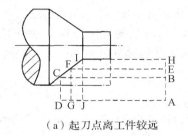
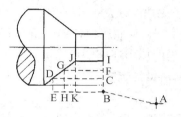

（a）起刀点离工件较远　　　　　　（b）加工起点与起刀点分离

图 1-76 巧用循环起点

（2）巧设换刀点。

出于安全考虑，有时将换刀点设置在离工件较远的位置，如图 1-76(a)中的 A 点，第一次换刀时考虑不能与工件毛坯发生干涉，当换第二把刀后，进行精车时的空行程较长。如果将第二把刀的换刀点设置在图 1-76(b)中 B 点附近的位置上，因工件已切掉一定的余量，只要换刀过程中不与粗加工后的轮廓发生干涉，尽量靠近工件，则可缩短空行程距离。

3）大余量毛坯的阶梯切削进给路线

图 1-77 中列出了两种大余量切削进给路线。在同样的背吃刀量下，图 1-77(a)阶梯切削后所留余量过多，是不合理的阶梯切削路线。图 1-77(b)按 1～5 的顺序切削，每次切削所留余量相等，是合理的阶梯切削进给路线。

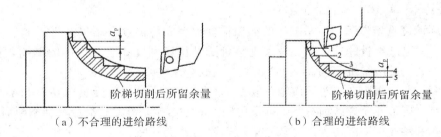

（a）不合理的进给路线　　　　　　（b）合理的进给路线

图 1-77 大余量毛坯的阶梯切削进给路线

（二）切削用量的选择

切削用量是指切削速度、进给量和切削深度三者的总称。在编制加工程序时，应使主轴转速、进给速度和切削深度三者能互相适应，形成最佳切削参数。

切削用量的选择关系到能否合理使用刀具与机床，对提高生产效率、提高加工精度及表面质量、提高效益、降低生产成本具有重要作用。合理选择切削用量是指在工件材料和刀具已确定的情况下，选择切削用量的最优组合进行切削加工，在保证加工质量的前提下，获得较高的生产率和较低的加工成本。

1. 切削用量的选择原则

切削用量的选择原则如下：

（1）保证安全，不发生人身、设备事故。

（2）保证工件加工质量。

（3）在满足上述要求的前提下，充分发挥机床的潜力和刀具的切削性能，在不超过机床的有效功率和工艺系统刚性所允许的极限负荷的条件下，尽量选用较大的切削用量。

（4）粗车时，应考虑尽可能提高生产效率和保证必要的刀具寿命，同时，也应考虑经济性和加工成本。首先选用较大的切削深度，然后再选择较大的进给量，最后考虑合适的切削速度。

（5）精车时，首先应保证加工精度和表面质量，同时又要考虑刀具寿命和生产效率。因此，选择较小的切削深度和进给量，选用切削性能良好的刀具材料，尽可能提高切削速度。

2. 切削用量的选择

1）切削深度

根据零件的加工余量，由机床、夹具、刀具和工件组成的工艺系统的刚性确定切削深度。在刚度允许的情况下，切削深度应尽可能大，如果不受加工精度的限制，可以使切削深度等于零件的加工余量，这样可以减少走刀次数，提高加工效率。因此，根据以上原则选择粗车切削用量对于提高生产效率、减少刀具消耗、降低加工成本是有利的。

粗车时，在保留半精车余量和精车余量的前提下，尽可能将粗车余量一次切去。当毛坯余量较大时，不能一次切除粗车余量，也应尽可能选取较大的切削深度，以减少进给次数。

半精车和精车时，切削深度是根据加工精度和表面粗糙度要求，由粗加工后留下的余量大小确定的。如果余量不大，可以一次进给车到所需尺寸。如果一次进给产生振动或切屑拉伤已加工表面（如车孔），不能保证加工质量时，应分成两次或多次进给车削，每次进给的切削深度按余量分配，依次减小。当使用硬质合金刀具时，因其切削刃在砂轮上不能磨得很锋利（刃口圆弧半径较大），最后一次的切削深度不宜太小，否则，很难达到工件表面质量的要求。

2）进给量（单位为 mm/min 或 mm/r）

在切削深度选定以后，根据工件的加工精度和表面粗糙度要求以及刀具和工件的材料进行选择，确定进给量的适当值。最大进给量受到机床刚度和进给性能的制约，不同的机床系统，其最大进给量也不同。

粗车时，由于作用在工艺系统上的切削力较大，进给量主要受机床功率和系统刚性等因素的限制。在条件允许的前提下，可选用较大的进给量，增大进给量有利于断屑。

半精车和精车时，因切削深度较小，切削阻力不会很大。为了保证加工精度和表面粗糙度的要求，一般选用较小的进给量。

车孔时，刀具刚性较差，应采用小一些的切削深度和进给量。在切断或用高速钢刀具加工时，宜选择较低的进给速度。

进给速度应与主轴转速和切削深度相适应。一般数控机床都有倍率开关，倍率开关能够控制数控机床的实际进给速度，因此，在数控编程时，可以给定一个理论的进给速度，而在实际加工时，可根据加工实际由倍率进给确定进给速度。

3）切削速度

切削速度对切削功率、刀具磨损和刀具寿命、表面加工质量和尺寸精度都有较大影响。

提高切削速度可以提高生产率和降低成本。但过分提高切削速度会使刀具寿命下降，迫使切削深度和进给量减小，结果反而使生产率降低，加工成本提高。所以，相对于最经济的刀具寿命，必有一个最佳的切削速度。这一最佳切削速度，可根据不同的加工条件选取。

粗车时，切削深度和进给量均较大，切削速度除受刀具寿命限制外，还受机床功率的限制，可根据生产实践经验和有关资料确定，一般选择较低的切削速度。

半精车和精车时，一般可根据刀具切削性能的限制来确定切削速度，可选择较高的切削速度，但要避开产生积屑瘤的切削速度区域。

工件材料的加工性较差时，应选择较低的切削速度。加工灰铸铁的切削速度应比加工中碳钢的低，加工铝合金和铜合金的切削速度比加工钢的高得多。

刀具材料的切削性能越好，切削速度可选得越高。因此，硬质合金刀具的切削速度可比高速钢的高几倍，而涂层硬质合金、陶瓷、金刚石和立方氮化硼刀具的切削速度又可比硬质合金刀具的高许多。

切削速度确定以后，需计算主轴转速，编制加工程序。

车削光轴时，可根据零件上被加工部位的直径，按零件和刀具的材料及加工性质等条件所允许的切削速度来确定主轴转速，计算公式为

$$n = \frac{1000v_c}{\pi D}$$

式中：v_c 为切削速度（m/min）；D 为工件切削部位回转直径；n 为主轴转速（r/min）。

数控车床的控制面板上一般备有主轴转速修调倍率开关，可在加工过程中对主轴转速进行修调。

1. 熟悉数控车床软爪的使用方法。

2. 齿轮轴零件图如图 1-78 所示，毛坯为锻件，材料为 45 钢，外圆单边加工余量为 5 mm，端面加工余量为 4 mm，进行工艺分析，编写加工程序。

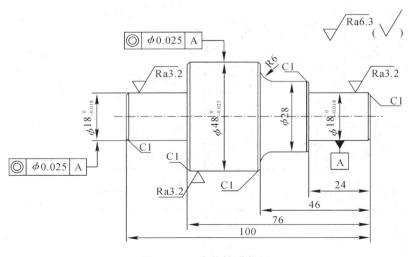

图 1-78　齿轮轴零件图

（1）数控车床常用的 G、M 指令的应用；复合循环 G71、G72 、G73、G70 等指令的应用；数控车削加工工艺；车削加工切削用量的选择等相关知识。

（2）齿轮轴零件加工示例，综合运用各种 G、S 、M、T 等功能指令进行编程。

任务六　轴套内孔、内螺纹加工

一、学习目标

知识目标

（1）掌握数控车床内孔加工程序的编制；

（2）掌握数控车床内螺纹加工程序的编制；

（3）掌握数控车床内孔及内螺纹加工刀具及切削用量的选择。

技能目标

（1）会根据零件图进行轴套加工的工艺分析；

（2）会编写内孔及内螺纹加工程序；

（3）会使用数控车床进行轴套零件加工。

二、工作任务

轴套零件图如图 1-79 所示，材料为 45 钢，毛坯为 $\phi45 \times 64$ 圆钢，进行工艺分析，编写加工程序，加工零件至尺寸要求。

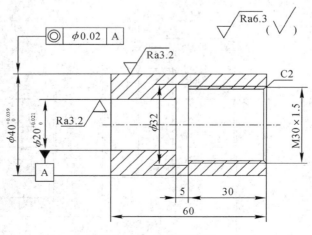

图 1-79　轴套零件图

三、相关知识

（一）钻孔刀具及钻夹头

1. 钻孔刀具

钻孔是利用钻头与工件之间的相互运动进行切削加工的。在数控车床上一般是将工件安装在主轴夹具上，钻头安装在尾座或回转刀架上，为了防止孔中心偏斜，一般要用中心钻预先打中心孔。

在孔加工中，除了钻孔外，有时还需要扩孔及锪孔。图1-80所示为几种锪孔加工示意图。

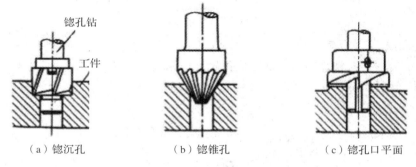

（a）锪沉孔　　　　　　　（b）锪锥孔　　　　　　　（c）锪孔口平面

图1-80　锪孔加工示意图

钻孔刀具的种类如图1-81所示，常见的钻孔刀具有锥柄麻花钻、直柄麻花钻、扁钻、中心钻、锪钻、扩孔钻等。

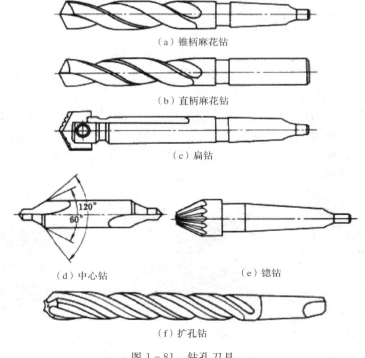

（a）锥柄麻花钻

（b）直柄麻花钻

（c）扁钻

（d）中心钻　　　　　　　　（e）锪钻

（f）扩孔钻

图1-81　钻孔刀具

2. 钻夹头

直柄麻花钻头一般用钻夹头夹持，钻夹头如图 1-82 所示，钻夹头刀柄可以用变径套、锥柄过渡套等与尾座或回转刀架相连。

（a）自紧式钻夹头　　　　　　　　　　（b）钻夹头刀柄

图 1-82　钻夹头及刀柄

（二）镗孔刀夹及刀具

钻削加工后的内孔精度不高，要提高孔的尺寸精度和表面质量，一般需要进行车内孔加工。在数控车床上加工内孔也称为镗内孔，所用内孔车刀也叫镗刀。图 1-83 所示为镗内孔加工示意图。

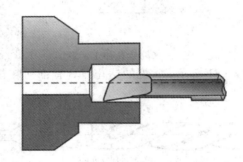

图 1-83　镗内孔加工示意图

前置刀架镗刀一般安装在四方刀架上，后置刀架镗刀一般用过渡套安装在回转刀架的工具孔内。

镗刀一般有左偏刀和右偏刀之分，根据机床主轴旋转的方向和刀具的走刀方向进行选用。图 1-84 所示为内孔镗刀外观图。

图 1-85 所示为内螺纹车削示意图。内螺纹加工时要注意主轴的旋转方向、刀具进给方向及刀具安装方位的配合。

  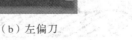 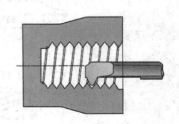

（a）右偏刀　　　　　（b）左偏刀

图 1-84　内孔镗刀外观图　　　　　图 1-85　内螺纹车削示意图

前置刀架，主轴正传，刀具正装，自右向左（从外向内）加工的是右旋螺纹；自左向右（从内向外）加工的是左旋螺纹。

后置刀架，主轴正传，刀具正装，自右向左（从外向内）加工的是左旋螺纹；自左向右（从内向外）加工的是右旋螺纹。

四、任务实施

（一）工艺分析

1. 零件图分析

该零件为轴套，$\phi20$ 内圆为 7 级精度，$\phi40$ 外圆为 8 级精度，外圆与内圆同轴度为 0.02，粗糙度为 Ra3.2；其余加工面的粗糙度为 Ra6.3，尺寸为自由公差。

2. 加工顺序的安排

（1）加工左端面、$\phi40$ 外圆等工步。

（2）工件调头，加工右端面、钻孔、$\phi40$ 外圆、车螺纹底孔、切槽、倒角、车内螺纹等工步。

3. 工件的定位与夹紧

该零件需要三次装夹，第一次用三爪装夹，夹持 $\phi40$ 外圆毛坯；第二次用三爪装夹，夹持已粗加工的 $\phi40$ 外圆；第三次用心轴装夹，以 $\phi20$ 内圆及端面定位，保证同轴度为 0.02。

4. 车刀的选择

该零件需要加工外圆、端面、内孔、内槽、内螺纹等。根据零件图纸要求选用以下 6 把刀具进行加工。

T01——90°偏头外圆车刀（车外圆）；

T02——45°偏头端面车刀（车左、右端面）；

T03——90°镗孔刀（镗孔）；

T04——3 mm 内切槽刀（切内槽）；

T05——60°内螺纹刀（车内螺纹）；

T06——$\phi18$ 钻头（钻孔）。

5. 编制零件加工工艺

（1）用三爪夹持工件毛坯外圆，车左端面见光。

（2）车 $\phi40$ 外圆至 $\phi40.6$ 长 40。

（3）掉头三爪夹持 $\phi40$ 外圆，车右端面至尺寸 60。

（4）钻 $\phi18$ 通孔。

（5）车 $\phi40$ 外圆至 $\phi40.6$ 接平。

（6）车 $\phi20$ 内圆至尺寸。

（7）车内螺纹底孔、切槽、倒角、内螺纹至尺寸要求。

（8）自制心轴以 $\phi20$ 内孔定位，车 $\phi40$ 外圆至尺寸要求。

（二）编写加工程序

车内螺纹底孔、切槽、倒角、内螺纹等工步，G54 工件坐标系原点在右端面与主轴中心线交点处。

程序如下：

O1079；	（程序名，1079 号程序）
N10 G54 G99 G97 G00 X100 Z100；	（刀具快速定位到换刀点）
N20 T0303 M03 S500；	（换 3 号刀，主轴正转，转速 500 r/min）
N30 G00 X19 Z1 M08；	（开冷却，快速定位到内孔加工循环起点）
N40 G71 U1 R0.5；	（内孔粗车循环，径向吃刀深度 1 mm，径向退刀量 0.5 mm）
N50 G71 P60 Q90 U−0.5 W0.1 F0.2；	（径向留精车余量 0.5 mm，取负值，轴向留精车余量 0.1 mm）
N60 G00 X34.5；	（此段必须单轴进给，X 轴定位）
N70 G01 X28.5 Z−2 F0.1；	（倒角 C2）
N80 Z−35；	（加工螺纹底孔 ϕ28.5）
N90 X19；	（X 轴退刀）
N100 G70 P60 Q90 S700；	（内孔精加工）
N110 G00 X100 Z100；	（快退至换刀点）
N120 T0404 M03 S300；	（换 4 号刀，主轴正转，转速 300 r/min）
N130 G00 X17 Z5；	（快速定位到内孔外安全点）
N140 Z−35；	（快速定位到内孔加工点）
N150 G01 X32 F0.1；	（切槽第一刀）
N160 G00 X17；	（X 轴快退）
N170 Z−33；	（Z 轴右移）
N180 G01 X32 F0.1；	（切槽第二刀）
N190 G00 X17；	（X 轴快退）
N200 Z200；	（Z 轴快退）
N210 T0505 M03 S600；	（换 5 号刀，主轴正转，转速 600 r/min）
N220 G00 X27 Z5；	（快速定位到内孔外安全点）
N230 Z−32；	（快速定位到内螺纹加工循环起点，后置刀架自左向右加工右旋螺纹）
N240 G92 X29.2 Z5 F1.5；	（单一螺纹加工循环，第一刀车螺纹）
N250 X29.6；	（第二刀车螺纹）
N260 X29.9；	（第三刀车螺纹）
N270 X30.1；	（第四刀车螺纹）
N280 X30.2；	（第五刀车螺纹）
N290 G00 Z100 M09；	（关冷却，Z 轴快退）
N300 X100；	（X 轴快退）
N310 M05；	（主轴停止）
N320 M30；	（程序结束）

其余工步的加工程序略。

五、知识拓展

(一)内孔检测

内孔检测可采用游标卡尺、内径千分尺、内径百分表、塞规等工具。

图 1-86 所示为两种常见的内径千分尺,其使用方法见图 1-87。

(a)三爪内径千分尺

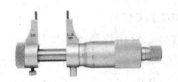
(b)两点内径千分尺

图 1-86 内径千分尺

(a)三爪内径千分尺测量

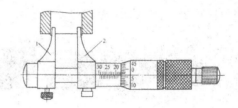
(b)两点内径千分尺测量

图 1-87 内径千分尺的使用方法

图 1-88 所示为内径百分表,其调整与测量方法见图 1-89。

图 1-88 内径百分表

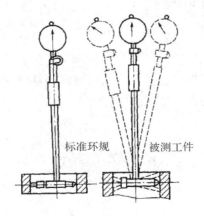

图 1-89 内径百分表的调整与测量方法

图 1-90 所示为塞规,塞规的两头各有一个圆柱体,长圆柱体一端为通端,短圆柱体一

端为止端。检查内孔时，合格的孔应当能通过通端而不能通过止端。

图1-90 塞规

（二）内螺纹检测

内螺纹检测常用螺纹塞规，如图1-91所示。螺纹塞规是综合测量内螺纹尺寸的测量工具，塞规模拟被测螺纹的最大实体牙型，检验被测螺纹的作用中径是否超过其最大实体牙型的中径，并同时检验底径实际尺寸是否超过其最大实体尺寸。

螺纹塞规的两头各有一段螺纹，长螺纹一端为通端，短螺纹一端为止端。检查螺纹时，合格的螺纹应当能通过通端而不能通过止端。使用时应注意被测螺纹公差等级及偏差代号与螺纹塞规标识公差等级、偏差代号相同。

图1-91 螺纹塞规

图1-92所示为牙型规，一组牙型规包括了常用的牙型：0.5、0.6、0.7、0.75、0.8、0.9、1.0、1.25、1.5、1.75等螺距（单位为mm），可用目测判断螺纹牙型角与牙型规的吻合程度。

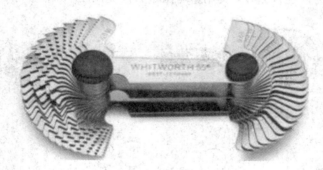

图1-92 牙型规

量具应轻拿轻放，摆放在指定位置以防止磕碰而损坏测量表面。严禁将螺纹塞规作为切削工具强制旋入螺纹，以防止磨损或损坏。

能力测试

1. 熟悉车床心轴夹具的使用方法。

2. 轴套零件图如图1-93所示，材料为45钢，毛坯为φ50×68圆钢，编写加工工艺及加工程序，加工零件至尺寸要求。

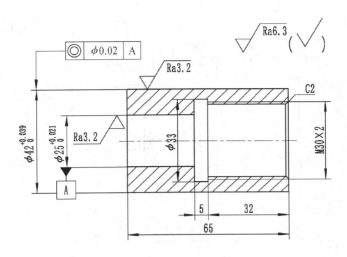

图 1-93 轴套零件图

（1）数控车床内孔加工 G71 指令应用；内螺纹加工 G92 指令应用；内孔及内螺纹编程；内孔及内螺纹检测；内径千分尺、内径百分表、塞规、螺纹塞规等的使用方法。

（2）轴套内孔、内螺纹加工示例，综合运用各种 G、S、M、T 等功能指令进行编程。

任务七　组合件车削加工

一、学习目标

知识目标

（1）掌握组合件数控加工的工艺编制；

（2）掌握组合件数控车削加工程序的编制；

（3）掌握组合件加工刀具及切削用量的选择。

技能目标

（1）会根据组合件零件图进行工艺分析；

（2）会编写组合件加工程序；

（3）会使用数控车床进行组合件的加工。

二、工作任务

组合件由三个零件组成，图 1-94 所示为工件 1，图 1-95 所示为工件 2，图 1-96 所示为工件 3，材料均为 45 钢，共 2 个毛坯，毛坯 1 为 φ50×92 圆钢，加工工件 1，毛坯 2 为 φ50×80 圆钢，加工工件 2 和工件 3，进行工艺分析，编写加工程序，加工零件至尺寸要求。

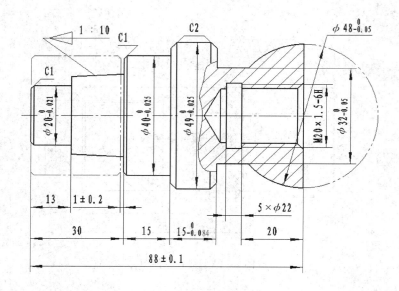

图 1-94　工件 1

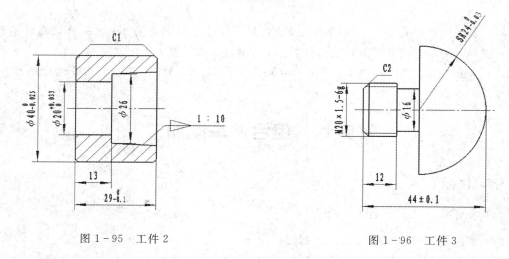

图 1-95　工件 2　　　　　　　　　　图 1-96　工件 3

三、相关知识

（一）组合件加工工艺的分析

1. 组合件零件图的分析

组合件一般由若干个不同的零件加工后，按图样组合（装配）达到一定的技术要求。不管组合件的件数多少，复杂程度如何，组合件的组合类型有圆柱配合、圆锥配合、螺纹配合等。

组合件零件图的分析应从影响组合件配合的因素着手，针对各个因素在加工过程中提出具体的应对措施，减少各个因素对配合的影响，使加工更加容易快捷，并保证工件满足精度要求及配合要求，从而实现组合件的装配并满足装配精度。

2. 组合件加工顺序的安排

组合件一般有配合精度要求，选择配合零件加工顺序时，既要考虑定位基准，又要考虑安装、测量方便。

圆柱配合一般先加工孔，再加工轴，以轴配孔来满足配合要求；圆锥配合一般先加工锥孔，再加工锥轴，以锥轴配锥孔来满足配合要求；螺纹配合一般先加工外螺纹，再加工内螺纹，以内螺纹配外螺纹来满足配合要求。

本任务是三个工件的组合件，应分清毛坯与零件的对应关系，毛坯1用来加工工件1，毛坯2用来加工工件2和工件3。加工工件1的左端圆柱、圆锥时要用工件2进行测量，所以必须先加工工件2，再加工工件1。加工工件1的右端外形要和工件3组合后再加工，这样才能解决装夹问题，也能保证两个零件外形一致，所以必须先加工工件3的外螺纹，再加工工件1的内螺纹，将工件3与工件1组合后加工球面。用毛坯2加工工件2和工件3时，要注意顺序的安排，交替加工。

3. 组合件加工方案的确定

（1）以毛坯2外圆表面作为装夹表面，车削毛坯2端面。

（2）加工工件2的 $\phi40$ 外圆（长度约为30），同时完成工件2左端外圆倒角。

（3）以已加工的 $\phi40$ 外圆作为装夹面，加工工件3左端的槽及外螺纹。

（4）不卸工件，切下工件3总长45，长度留1 mm余量，工件3与工件2分离。

（5）不卸工件，加工工件2端面，保证总长、钻孔、镗内圆及内锥至尺寸要求。

（6）以毛坯1外圆表面作为装夹面，车削工件1左端面，车外圆及外锥，用工件2测量，保证配合要求。

（7）以毛坯1已加工的外圆作为装夹面，车削工件1右端面，钻孔，切内槽，车内螺纹，用工件3进行螺纹测量，保证螺纹配合要求。

（8）工件1和工件3采用螺纹旋合，组合加工圆弧外轮廓及 $\phi32$ 外圆。

（9）拆下工件3与工件1后分离。

（二）组合件的检测

圆柱配合在满足公差配合的前提下，一般孔加工靠上偏差，轴靠下偏差；圆锥配合在满足尺寸配合的前提下，靠着色对研检查锥面配合程度；螺纹配合在满足螺纹精度的前提下，内外螺纹配合的间隙尽可能大一些。

组合件同时有圆柱配合和圆锥配合时，在加工时要考虑同轴度误差，尽量一次装夹完成。组合件图上有组合后尺寸要求的，加工时要进行尺寸链计算，以满足组合（装配）后的尺寸要求。

四、任务实施

（一）工艺分析

1. 组合件零件图的分析

该组合件由三个零件组成，工件1由外圆、外锥、外球面、内槽、内螺纹及倒角等组成；工件2由外圆、内圆、内锥及倒角等组成；工件3由外螺纹、外槽、外圆弧面及倒角等组成。

（1）工件 2 与工件 1 左端配合。工件 2 内锥 1∶10 与工件 1 外锥 1∶10 配合，工件 2 内圆 φ20 与工件 1 外圆 φ20 间隙配合。工件 2 与工件 1 左端相配合，同时保证与工件 1 锥体大端面尺寸 1±0.2 的要求。

（2）工件 3 与工件 1 右端配合。工件 3 外螺纹 M20×1.5-6g 与工件 1 内螺纹 M20×1.5-6H 配合，同时工件 3 外球面 SR24 与工件 1 外圆弧面 φ48 相吻合。

2. 加工顺序的安排

根据零件组合要求，先加工工件 2，同时加工工件 3 的一部分尺寸，再加工工件 1，同时加工工件 3 剩余部分的尺寸。工件 2 与工件 3 为同一毛坯，两件需同时交替加工。

3. 车刀的选择

该组合件零件需要加工外圆、端面、外锥、外槽、外螺纹、外球面、钻孔、内圆、内锥、内槽、内螺纹等。根据零件图纸的要求选用以下刀具进行加工。

93°偏头外圆车刀（车外圆）；

45°偏头端面车刀（车端面）；

3 mm 切断刀（切断、切外槽）；

60°外螺纹刀（车外螺纹）；

φ18 钻头（钻孔）；

90°镗孔刀（镗孔）；

3 mm 内切槽刀（切内槽）；

60°内螺纹刀（车内螺纹）；

35°菱形车刀（车球面）。

4. 编制组合件零件加工工艺

（1）用三爪夹持毛坯 2 外圆，车工件 2 左端面，车 φ40 外圆至尺寸要求（长度约为 30），车 φ40 外圆倒角。

（2）用软爪夹持毛坯 2 的 φ40 已加工外圆，车工件 3 左端面，总长约为 29＋44＋3（切断刀宽度）＋2（端面余量）＝78；车工件 3 螺纹 M20×1.5-6g 外径、倒角；切槽 φ16 至尺寸要求；车 M20 螺纹至尺寸要求；切下工件 3 总长 45，长度留 1 mm 余量；车工件 2 右端面，保证总长尺寸为 29、倒角；钻孔 φ18 底孔；镗 φ20 孔至尺寸要求；镗 1∶10 内锥孔至尺寸要求（完成工件 2 的加工）。

（3）用三爪夹持毛坯 1 外圆，车工件 1 左端面；车 φ20 外圆、φ40 外圆、φ49 外圆、倒角及 1∶10 锥体至尺寸要求（用工件 1 检查锥度，同时保证与工件 1 锥体大端面尺寸 1±0.2 的要求）。

（4）用软爪夹持毛坯 1 的 φ40 外圆（端面靠紧 φ49 外圆左端面），车工件 1 右端面，保证总长为 88；钻内螺纹 M20×1.5-6H 底孔至 φ18；镗螺纹底孔至 φ18.5、倒角；切槽 5×φ22 至尺寸要求；车螺纹 M20×1.5-6H 至尺寸要求（用工件 3 检查螺纹，保证配合精度）。

（5）将工件 3 旋入工件 1 组合加工，车工件 3 的 SR24 球面及工件 1 的 φ48 圆弧面；车工件 1 的 φ32 外圆至尺寸要求、倒角（完成工件 1 及工件 3 的加工）。

（二）编写加工程序

（1）车工件2左端面，车 $\phi40$ 外圆至尺寸（长度约为30），车 $\phi40$ 外圆倒角。G54 工件坐标系原点设在工件2左端面与主轴中心线的交点处。

车刀选择如下：

T01——93°偏头外圆车刀（车外圆）；

T02——45°偏头端面车刀（车端面）。

参考加工程序如下：

O1001；	（程序名，1001 号程序）
N10 G97 G99 M03 S600；	（取消恒线速，每转进给，主轴正转 600 r/min）
N20 G54 G00 X100 Z100；	（刀具快速定位到换刀点）
N30 T0202；	（换 02 号端面车刀，执行 02 组刀补）
N40 X52 Z2 M08；	（开冷却，快速定位到车端面循环起点 X52 Z2）
N50 G94 X0 Z0.5 F0.15；	（端面切削循环，端面留余量 0.5 mm）
N60 Z0；	（端面切削循环）
N70 G00 X100 Z100；	（刀具快速退到换刀点）
N80 T0101；	（换 01 号外圆车刀，执行 01 组刀补）
N90 X51 Z1；	（刀具快速定位到车外圆循环起点 X51 Z1）
N100 G71 U1.5 R0.5；	（外圆粗车循环，每次径向吃刀深度 1.5 mm，径向退刀量 0.5 mm）
N110 G71 P120 Q150 U0.5 W0.05 F0.2；	（径向留精车余量 0.5 mm，轴向留精车余量 0.05 mm）
N120 G00 X36；	（精车路径开始，X轴定位，此段须单轴移动）
N130 G01 X40 Z−1 F0.1；	（倒角 C1）
N140 Z−30；	（车 $\phi40$ 外圆）
N150 X51；	（X轴退刀，精车路径结束）
N160 G70 P120 Q150 S800；	（精车，转速 800 r/min）
N170 G00 X100 Z100 M09；	（关冷却，刀具快速退到换刀点）
N180 M05；	（主轴停止）
N190 M30；	（程序结束）

（2）车工件3左端面，总长约为78；车工件3螺纹 M20×1.5 − 6g 外径、倒角；切槽 $\phi16$ 至尺寸；车 M20 螺纹至尺寸要求；切下工件3，总长为45；车工件2右端面，保证总长尺寸为29、倒角；钻孔 $\phi18$ 底孔；镗 $\phi20$ 孔至尺寸要求；镗1:10 内锥孔至尺寸要求。G54 工件坐标系原点设在工件2左端面（软爪内端面）与主轴中心线的交点处。

车刀选择如下：

T01——93°偏头外圆车刀（车外圆）；

T02——45°偏头端面车刀（车端面）；

T03——3 mm 切断刀（切断、切外槽）；

T04——60°外螺纹刀（车外螺纹）；

T05——$\phi18$ 钻头（钻孔）；

T06——90°镗孔刀（镗孔）。

参考加工程序如下：

O1002；	（程序名，1002 号程序）
N10 G97 G99 M03 S600；	（取消恒线速，每转进给，主轴正转 600 r/min）
N20 G54 G00 X100 Z178；	（刀具快速定位到换刀点）
N30 T0202；	（换 02 号端面车刀，执行 02 组刀补）
N40 X52 Z80 M08；	（开冷却，快速定位到车端面循环起点 X52 Z80）
N50 G94 X0 Z78.5 F0.15；	（端面切削循环，端面留余量 0.5 mm）
N60 Z78；	（端面切削循环）
N70 G00 X100 Z178；	（刀具快速退到换刀点）
N80 T0101；	（换 01 号外圆车刀，执行 01 组刀补）
N90 X51 Z79；	（刀具快速定位到车外圆循环起点 X51 Z79）
N100 G71 U2 R0.5；	（外圆粗车循环，径向吃刀深度 2 mm，径向退刀量 0.5 mm）
N110 G71 P120 Q150 U0.5 W0.05 F0.2；	（径向留精车余量 0.5 mm，轴向留精车余量 0.05 mm）
N120 G00 X13.85；	（精车路径开始，X 轴定位，此段须单轴移动）
N130 G01 X19.85 Z76 F0.1；	（倒角 C2）
N140 Z58；	（车 M20 螺纹外圆）
N150 X51；	（X 轴退刀，精车路径结束）
N160 G70 P120 Q150 S800；	（精车，转速 800 r/min）
N170 G00 X100 Z178；	（刀具快速退到换刀点）
N180 T0303 S300；	（换 03 号切断刀，主轴正转 300 r/min）
N190 G00 X51 Z58；	（快速定位到切槽点，刀具左刀尖为刀位点）
N200 G01 X16 F0.1；	（切槽 ϕ16 第一刀）
N210 X21 F0.3；	（X 轴退出）
N220 W2.5；	（Z 轴右移 2.5 mm）
N230 X16 F0.1；	（切槽 ϕ16 第二刀）
N240 X21 F0.3；	（X 轴退出）
N250 W2.5；	（Z 轴右移 2.5）
N260 X16 F0.1；	（切槽 ϕ16 第三刀）
N270 G00 X100；	（X 轴快退到换刀点）
N280 Z178；	（Z 轴快退到换刀点）
N290 T0404 S500；	（换 04 号螺纹刀，主轴正转 500 r/min）
N300 G00 X21 Z62；	（定位到螺纹循环起点，从里向外加工右旋螺纹）
N310 G92 X19.2 Z82 F1.5；	（单一螺纹加工循环，螺距 1.5 mm，第一刀）
N320 X18.6；	（单一螺纹加工循环，第二刀）
N330 X18.2；	（单一螺纹加工循环，第三刀）
N340 X18.04；	（单一螺纹加工循环，第四刀）
N350 G00 X100 Z178；	（刀具快速退到换刀点）
N360 T0303 S300；	（换 03 号切断刀，主轴正转 300 r/min）
N370 G00 X51 Z30；	（快速定位到切断点，刀具左刀尖为刀位点）
N380 G01 X0 F0.1；	（切断，分离工件 3）

N390 G00 X100 Z129；　　　　　　　　　（刀具快速退到换刀点）

N400 T0202 S800；　　　　　　　　　　　（换 02 号端面车刀，主轴正转 800 r/min）

N410 G00 X0 Z32；　　　　　　　　　　　（刀具快速定位）

N420 G01 Z29 F0.2；　　　　　　　　　　（Z 轴工进）

N430 X38；　　　　　　　　　　　　　　　（车端面）

N440 G01 X42 W－2 F0.1；　　　　　　　　（倒角 C1）

N450 G00 X100 Z129 M05；　　　　　　　　（刀具快速退到换刀点，主轴停止）

N460 T0505 M04 S200；　　　　　　　　　（换 05 号刀钻头，主轴反转 200 r/min）

N470 G00 X0 Z32；　　　　　　　　　　　（刀具快速定位）

N480 G01 Z－8 F0.1；　　　　　　　　　（Z 轴工进，钻孔）

N490 Z32 F3；　　　　　　　　　　　　　（Z 轴退出孔口）

N500 G00 X100 Z129 M05；　　　　　　　　（刀具快速退到换刀点，主轴停止）

N510 T0606 M03 S600；　　　　　　　　　（换 06 号镗孔刀，主轴正转 600 r/min）

N520 G00 X17 Z30；　　　　　　　　　　　（快速定位到内孔加工循环起点）

N530 G71 U1 R0.5；　　　　　　　　　　　（内圆粗车循环，径向吃刀深度 1 mm，径向退刀量 0.5 mm）

N540 G71 P550 Q600 U－0.5 W0.05 F0.2；　（径向留精车余量 0.5 mm，取负值，轴向留精车余量 0.05 mm）

N550 G00 X27.6；　　　　　　　　　　　　（精车路径开始，X 轴定位到锥体大径）

N560 G01 Z29 F0.1；　　　　　　　　　　（Z 轴进刀到锥体大端面）

N570 X26 Z13；　　　　　　　　　　　　　（加工内锥面）

N580 X20；　　　　　　　　　　　　　　　（加工内锥小端面）

N590 Z－1；　　　　　　　　　　　　　　（加工 φ20 内圆）

N600 X18；　　　　　　　　　　　　　　　（X 轴退刀，精车路径结束）

N610 G70 P550 Q600 S800；　　　　　　　　（精加工内孔，转速 800 r/min）

N620 G00 X100 Z129 M09；　　　　　　　　（关冷却，刀具快速退到换刀点）

N630 M05；　　　　　　　　　　　　　　　（主轴停止）

N640 M30；　　　　　　　　　　　　　　　（程序结束）

（3）车工件 1 左端面；车 φ20 外圆、φ40 外圆、φ49 外圆、倒角及 1：10 锥体至尺寸要求（用工件 1 检查锥度，保证配合精度）。G54 工件坐标系原点设在工件 1 左端面与主轴中心线的交点处。

车刀选择如下：

T01——93°偏头外圆车刀（车外圆）；

T02——45°偏头端面车刀（车端面）。

参考加工程序如下：

O1003；　　　　　　　　　　　　　　　　（程序名，1003 号程序）

N10 G97 G99 M03 S600；　　　　　　　　　（取消恒线速，每转进给，主轴正转 600 r/min）

N20 G54 G00 X100 Z100；　　　　　　　　（刀具快速定位到换刀点）

N30 T0202；　　　　　　　　　　　　　　（换 02 号端面车刀，执行 02 组刀补）

N40 X52 Z3 M08；　　　　　　　　　　　　（开冷却，快速定位到车端面循环起点 X52 Z3）

N50 G94 X0 Z1 F0.15；　　　　　　　　　（端面切削循环，端面留余量 1 mm）

N60 Z0;	（端面切削循环）
N70 G00 X100 Z100;	（刀具快速退到换刀点）
N80 T0101;	（换 01 号外圆车刀，执行 01 组刀补）
N90 X51 Z1;	（刀具快速定位到车外圆循环起点 X51 Z1）
N100 G71 U2 R0.5;	（外圆粗车循环，径向吃刀深度 2 mm，径向退刀量 0.5 mm）
N110 G71 P120 Q230 U0.5 W0.05 F0.2;	（径向留精车余量 0.5 mm，轴向留精车余量 0.05 mm）
N120 G00 X16;	（精车路径开始，X 轴定位，此段须单轴移动）
N130 G01 X20 Z−1 F0.1;	（倒角 C1）
N140 Z−13;	（车 ϕ20 外圆）
N150 X26;	（X 轴退刀至锥体小段）
N160 X27.7 Z−30;	（锥面加工）
N170 X38;	（轴肩加工）
N180 X40 Z−31;	（倒角 C1）
N190 Z−45;	（车 ϕ40 外圆）
N200 X45;	（轴肩加工）
N210 X49 Z−47;	（倒角 C2）
N220 Z−61;	（车 ϕ49 外圆）
N230 X51;	（精车路径结束）
N240 G70 P120 Q230 S800;	（精车，转速 800 r/min）
N250 G00 X100 Z100 M09;	（关冷却，刀具快速退到换刀点）
N260 M05;	（主轴停止）
N270 M30;	（程序结束）

（4）用软爪夹持毛坯 1 的 ϕ40 外圆（软爪端面靠紧 ϕ49 外圆左端面），车工件 1 右端面，保证总长为 88；钻内螺纹 M20×1.5 − 6H 底孔至 ϕ18；镗螺纹底孔至 ϕ18.5、倒角；切槽 5×ϕ22 至尺寸要求；车螺纹 M20×1.5 − 6H 至尺寸要求（用工件 3 检查螺纹，保证配合精度）。G54 工件坐标系原点设在工件 1 的 ϕ49 外圆左端面与主轴中心线的交点处。

车刀选择如下：

T01——93°偏头外圆车刀（车外圆）；

T02——45°偏头端面车刀（车端面）；

T03——3 mm 内切槽刀（切内槽）；

T04——60°内螺纹刀（车内螺纹）；

T05——ϕ18 钻头（钻孔）；

T06——90°镗孔刀（镗孔）。

参考加工程序如下：

O1004;	（程序名，1004 号程序）
N10 G97 G99 M03 S600;	（取消恒线速，每转进给，主轴正转，转速 600 r/min）
N20 G54 G00 X100 Z143;	（刀具快速定位到换刀点）
N30 T0202;	（换 02 号端面车刀，执行 02 组刀补）
N40 X52 Z46 M08;	（开冷却，快速定位到车端面循环起点 X52 Z46）
N50 G94 X0 Z44 F0.15;	（端面切削循环，端面留余量 1 mm）

N60 Z43;   （端面切削循环）

N70 G00 X100 Z143 M05;   （刀具快速退到换刀点，主轴停止）

N80 T0505 M04 S200;   （换 05 号刀钻头，主轴反转，转速 200 r/min）

N90 G00 X0 Z46;   （刀具快速定位）

N100 G01 Z11 F0.1;   （Z 轴工进，钻孔）

N110 Z46 F3;   （Z 轴退出孔口）

N120 G00 X100 Z143 M05;   （刀具快速退到换刀点，主轴停止）

N130 T0606 M03 S600;   （换 06 号镗孔刀，主轴正转，转速 600 r/min）

N140 G00 X24.5 Z44;   （快速定位，接近内孔加工点）

N150 G01 X18.5 Z41 F0.1;   （孔口倒角 C2）

N160 Z22;   （加工螺纹底孔 ϕ18.5）

N170 X17;   （X 轴退刀）

N180 G00 Z143;   （Z 轴快退到换刀点）

N190 X100;   （X 轴快退到换刀点）

N200 T0303 S300;   （换 03 号内切槽刀，主轴正转，转速 300 r/min）

N210 G00 X17 Z46;   （快速定位到内孔外安全点）

N220 Z18;   （刀具左刀尖为刀位点，定位到切内槽位置）

N230 G01 X22 F0.1;   （切槽第一刀）

N240 X17;   （X 轴退出）

N250 W2;   （Z 轴右移 2 mm）

N260 X22 F0.1;   （切槽第二刀）

N270 X17;   （X 轴退出）

N280 G00 Z143;   （Z 轴快退到换刀点）

N290 X100;   （X 轴快退到换刀点）

N300 T0404 S500;   （换 04 号内螺纹刀，主轴正转，转速 500 r/min）

N310 G00 X17 Z46;   （快速定位到内孔外安全点）

N320 Z20.5;   （定位到内螺纹加工循环起点，从里向外加工右旋螺纹）

N330 G92 X19.2 Z46 F1.5;   （单一螺纹加工循环，第一刀车螺纹）

N340 X19.6;   （第二刀车螺纹）

N350 X19.9;   （第三刀车螺纹）

N360 X20.1;   （第四刀车螺纹）

N370 X20.2;   （第五刀车螺纹）

N380 G00 Z143 M09;   （关冷却，Z 轴快退）

N390 X100;   （X 轴快退）

N400 M05;   （主轴停止）

N410 M30;   （程序结束）

（5）将工件 3 旋入工件 1 组合加工，车工件 3 的 SR24 球面及工件 1 的 ϕ48 圆弧面；车工件 1 的 ϕ32 圆柱面至所需尺寸、倒角（完成工件 1 及工件 3 的加工）。本工步应注意刀具须反装，主轴反转，否则加工时螺纹会松开，不能保证加工正常进行。G54 工件坐标系原点设在工件 1 的 ϕ49 外圆左端面与主轴中心线的交点处。

车刀选择如下：

T01——93°偏头外圆车刀，右手车刀（车外圆）；

T02——35°菱形车刀，右手车刀（车球面）。

参考加工程序如下：

O1005；	（程序名，1005 号程序）
N10 G97 G99 M04 S600；	（取消恒线速，每转进给，主轴反转，转速 600 r/min）
N20 G54 G00 X100 Z167；	（刀具快速定位到换刀点）
N30 T0101；	（换 01 号外圆车刀，执行 01 组刀补）
N40 X51 Z69 M08；	（开冷却，刀具快速定位到车外圆循环起点 X51 Z69）
N50 G71 U1 R0.5；	（外圆粗车循环，每次径向吃刀深度 1 mm，径向退刀量 0.5 mm）
N60 G71 P70 Q110 U0.8 W0.4 F0.2；	（径向留精车余量 0.8 mm，轴向留精车余量 0.4 mm）
N70 G00 X0；	（精车路径开始，X 轴定位，此段须单轴移动）
N80 G01 Z67 F0.1；	（Z 轴进工至圆弧起点，此段须单轴移动）
N90 G03 X48 Z43 R24；	（车圆弧 R24）
N100 G01 Z15；	（车外圆 φ48）
N110 X51；	（X 轴退刀，精车路径结束）
N120 G00 X100 Z167；	（刀具快速定位到换刀点）
N130 T0202；	（换 02 号菱形刀，执行 02 组刀补）
N140 G00 X51 Z68；	（快速定位到轮廓粗车复合循环点 X51 Z68）
N150 G73 U8.2 W0.2 R8；	（径向粗车单边总量 8.2 mm，轴向粗车总量 0.2 mm，粗车 8 次）
N160 G73 P170 Q220 U0.4 W0.2 F0.2；	（径向精车余量 0.4 mm，轴向精车余量 0.2 mm）
N170 G00 X0；	（精车路径开始，X 轴定位）
N180 G01 Z67 F0.1；	（Z 轴进工至圆弧起点）
N190 G03 X32 Z25.111 R24；	（车圆弧面 R24）
N200 G01 Z15；	（车 φ32 圆柱面）
N210 X45；	（车 φ49 端面）
N220 X51 W−3；	（倒角 C2）
N230 G70 P170 Q220 S800；	（精车加工，主轴转速 800 r/min）
N240 G00 X100 Z167 M08；	（关冷却，快速返回换刀点）
N250 M05；	（主轴停止）
N260 M30；	（程序结束）

五、知识拓展

（一）加工精度与加工误差

1. 加工精度与加工误差的概念

机械加工误差是指零件加工后的实际几何参数（尺寸、形状和位置）与理想几何参数之间的偏离程度。零件加工后的实际几何参数与理想几何参数之间的符合程度即为加工精度。加工误差越小，符合程度越高，加工精度就越高。加工精度在数值上通过加工误差的大小来表示，加工误差的大小反映了加工精度的高低。

零件的几何参数包括几何形状、尺寸和相互位置三个方面，故加工精度包括尺寸精度、几何形状精度和相互位置精度。在相同的生产条件下所加工出来的一批零件，由于加工中的各种因素的影响，其尺寸、形状和表面相互位置不会绝对准确和完全一致，总是存在一定的加工误差。同时，在满足产品工作要求的公差范围的前提下，要采取合理的经济加工方法，来提高机械加工的生产率和经济性。

2. 影响加工精度的误差

零件的机械加工是在由机床、刀具、夹具和工件组成的工艺系统内完成的。零件加工表面的几何尺寸、几何形状和加工表面之间的相互位置关系取决于工艺系统间的相对运动关系。因此，工艺系统中各种误差就会以不同的程度和方式反映为零件的加工误差。在完成任意一个加工过程中，由于工艺系统各种原始误差的存在，如机床、夹具、刀具的制造误差及磨损，工件的装夹误差，测量误差，工艺系统的调整误差以及加工中的各种力和热所引起的误差等，使工艺系统间正确的几何关系遭到破坏而产生加工误差。这些原始误差，其中一部分与工艺系统原始状态有关，一部分与切削过程有关。这些误差的产生原因可以归纳为以下几个方面。

1）工艺系统的几何误差

由于工艺系统中各组成环节的实际几何参数和位置相对于理想几何参数和位置发生偏离而引起的误差，统称为工艺系统几何误差。工艺系统几何误差包括原理误差、定位误差、调整误差、刀具误差、夹具误差、机床误差等。

2）工艺系统受力变形引起的误差

由机床、夹具、刀具和工件组成的工艺系统，在切削力和传动力、惯性力等外力的作用下，会产生弹性变形及塑性变形。这种变形将破坏工艺系统间已调整好的正确位置关系，从而产生加工误差。

3）工艺系统受热变形引起的误差

在机械加工过程中，由于各种热源的影响，工艺系统将因温度的变化而产生变形，从而引起加工误差。据统计，在某些精密加工中，由于热变形引起的加工误差约占总加工误差的 $40\%\sim70\%$，因而严重影响加工精度。

工艺系统的热源大致可分为内部热源和外部热源两大类。内部热源包括切削热和摩擦热，是工艺系统的主要热源；外部热源包括环境温度和辐射热。

4）工件内残余应力引起的加工误差

零件在没有外加载荷的情况下，仍然残存在工件内部的应力称为内应力或残余应力。内应力是由金属内部的相邻宏观或微观组织发生了不均匀的体积变化而产生的，促使这种变化的因素主要来自热加工或冷加工。零件内应力的重新分布不仅影响零件的加工精度，而且对装配精度也有很大的影响。

5）测量误差

每一个物理量都是客观存在的，在一定的条件下具有不以人的意志为转移的客观大小，通常将这个客观存在的值称为该物理量的真值。对工件进行测量是想获得实际几何参数的真值。然而测量要依据一定的理论或方法，使用一定的量具和仪器，在一定的环境中，由具体的人进行操作。由于理论上存在着近似性，方法上难以很完善，量具和仪器的灵敏度和分辨能力有局限性，周围环境不稳定等因素的影响，工件实际几何参数的真值是不可能测得的，测量结果和被测量真值之间总会存在或多或少的偏差，这种偏差就叫做测量误差。

测量误差产生的原因可归结为以下几方面：测量装置误差、环境误差、测量方法误差和人员误差。

（二）切削液

1. 切削液的作用

（1）冷却作用。切削液能将产生的热量从切削区带走，使刀具的切削部分和工件的表面及其总体的温度降低，从而有利于延长刀具耐用度和减小工件的热变形以提高加工精度。

（2）润滑作用。通过切削液的渗入，可在刀具、切屑、工件表面之间，形成润滑性能较好的油膜，起到润滑作用。

（3）清洗作用。可消除黏附在机床、刀具、夹具和工件上的切屑，以防止划伤已加工表面和机床导轨等。

（4）防锈作用。在切削液中加入防锈添加剂，能在金属表面形成保护膜，起防锈作用。

2. 切削液的种类

常用的切削液可分为水溶液、乳化液和切削油三大类。

（1）水溶液。水是热容量很大而又最容易得到的液体，它的冷却作用最好。为了防止水对钢铁的锈蚀作用，常常添加易溶于水的硝酸钠、碳酸钠等防锈剂。水溶液广泛用于磨削和粗加工。

（2）乳化液。由矿物油加乳化剂配制而成乳化油，乳化剂的分子具有亲水亲油性，它能使水和油均匀混合，既具有良好的冷却作用，又有一定的润滑作用。低浓度乳化液主要起冷却作用，高浓度乳化液主要起润滑作用。乳化液主要用于车削、钻削和攻螺纹的加工。

（3）切削油。切削油的主要成分是矿物油（机油、轻柴油、煤油），生产中用得最多的是矿物油，它与水相比热容量较小，冷却作用不如水好。切削油一般用于滚齿、插齿、铣削、车螺纹及一般材料的精加工。

3. 切削液的合理选择

切削液必须根据工件材料、刀具材料、加工方法和技术要求等具体情况确定。如高速钢刀具耐热性差，需采用切削液。粗加工时，主要以冷却为主，同时若需要减少切削力和降低功率消耗，可采用 3％～5％ 的乳化液；精加工时，其主要目的是改善加工表面质量，降低刀具磨损，减少积屑瘤，可以采用 15％～20％ 的乳化液。而硬质合金刀具耐热性高，一般不用切削液。若要用切削液，必须连续、充分地使用，否则因骤冷骤热产生的内应力易导致刀片产生裂纹。

能力测试

如图 1-100 所示，组合件由工件 1（见图 1-97）、工件 2（见图 1-98）和工件 3（见图 1-99）组成，材料均为 45 号钢，共 2 个毛坯，毛坯 1 为 φ60×132 圆钢，毛坯 2 为 φ60×62

圆钢，进行工艺分析，编写加工程序，加工零件至尺寸要求，按图 1-100 进行组装。

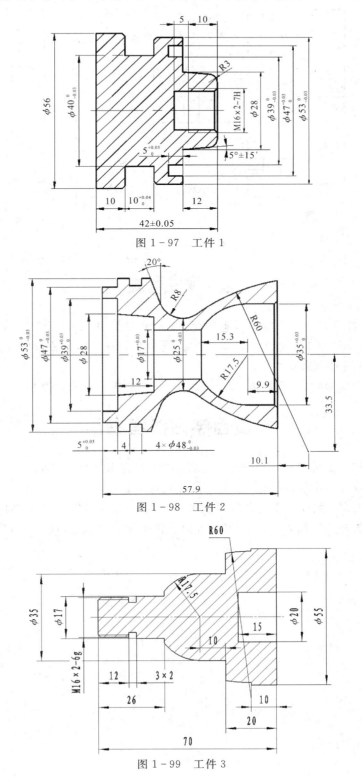

图 1-97 工件 1

图 1-98 工件 2

图 1-99 工件 3

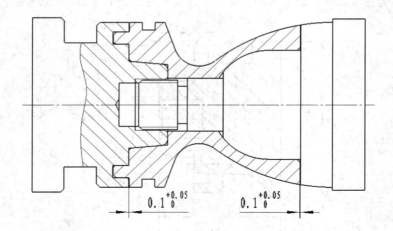

图 1-100　组装图

（1）本任务主要讲述组合件加工工艺分析；组合件检测；加工精度与加工误差；切削液的合理选择。组合件加工是数控车削加工的提高阶段，通过本任务的学习，使操作者可以达到较高的数控编程及操作水平。

（2）组合件加工示例，综合运用 G、S、M、T 等功能指令进行编程。

本项目学习参考书目

［1］　嵇宁. 数控加工编程与操作［M］. 北京：高等教育出版社，2008.

［2］　周保牛. 数控车削技术［M］. 北京：高等教育出版社，2007.

［3］　马金平，冯利. 数控加工工艺项目化教程［M］. 大连：大连理工大学出版社，2012.

［4］　卢万强. 数控加工技术［M］. 2 版. 北京：北京理工大学出版社，2011.

任务一　长方体零件外轮廓加工

一、学习目标

知识目标

（1）了解数控铣床各部分系统组成及主要技术参数；

（2）掌握数控铣床加工程序的一般格式；

（3）掌握绝对坐标与增量坐标编程；

（4）掌握数控铣削编程最基本的指令。

技能目标

（1）会使用手动及手摇方式进行机床调整；

（2）会正确对刀，用 G92 指令建立工件坐标系；

（3）会输入程序并进行图形模拟；

（4）会使用数控铣床进行长方体零件外轮廓加工。

二、工作任务

长方体零件如图 2-1 所示，材料为 2A12 铝合金，毛坯尺寸为 85 mm×85 mm× 35 mm，编写加工程序，用自动运行方式加工零件至要求的尺寸。

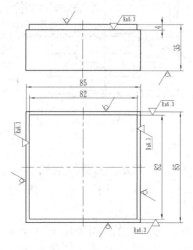

图 2-1　长方体零件图

三、相关知识

（一）DXK45 立式数控床身铣床操作面板说明及各功能按钮的操作

1. CRT/MDI 单元

图 2-2 所示为 FANUC 0i Mate - MB 系统的 CRT/MDI 单元示意图。CRT 右侧为
MDI 键盘，CRT 下部为软键，根据不同的画面，软键有不同的功能，其功能显示在 CRT 屏
幕的底端。

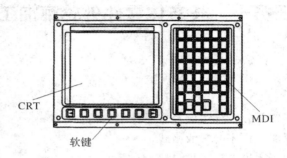

CRT

软键

MDI

图 2-2　CRT/MDI 单元图

图 2-3 所示为 MDI 键盘，其各键功能与 FANUC 0i Mate - TB 系统基本相同，键盘各
键的功能在项目一的任务一中已列举。

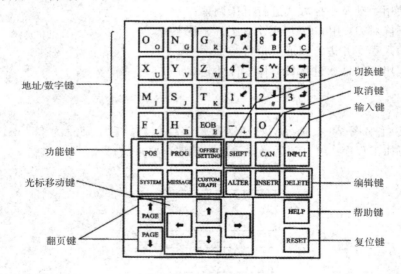

地址/数字键

功能键

光标移动键

翻页键

切换键

取消键

输入键

编辑键

帮助键

复位键

图 2-3　MDI 键盘的布局图

2. 主操作面板

主操作面板位于 CRT/MDI 面板下方，主要包括机床操作的各个旋钮开关、倍率开关、
急停按钮、机床状态指示灯等功能，面板布局因生产厂家不同而不同。

1）方式选择开关

（1）手轮方式：按手摇脉冲发生器上的指定轴，以手轮进给方式移动。

（2）手动方式：按"＋"或"－"按钮，可使被选择轴按面板倍率开关对应的速度移动。

（3）手动快速方式：按"＋"或"－"按钮，可使被选择轴按规定速度快速移动。

（4）手动返回参考点方式：先选择返回参考点的轴，按"＋"按钮，可使被选择的轴按规定速度自动返回参考点，相应的指示灯被点亮。

（5）MDI 方式：手动输入几段程序指令，启动运行输入的程序。

（6）程序编辑方式：用于输入或编辑零件加工程序。

（7）自动运行方式：用于执行零件加工程序。

2）手动操作开关

（1）手动轴选择开关：用于手动方式、手动快速方式、手动返回参考点方式下被选择的手动轴 X、Y、Z。

（2）超程解除按钮：用于当机床任意一轴超出行程范围时，该轴的硬件超程开关动作。按下该按钮，机床便进入紧急停止状态，此时（按下超程解除按钮的同时），反方向手动可将这一轴移出超程区域。

3）倍率开关

（1）进给倍率开关：在自动方式下进给速度的倍率为 0％～150％。在手动方式下进给速度的倍率为 0％～100％。

（2）快速倍率开关：用于给定 G00 和手动快速倍率，有 LOW、50％、100％三挡。

（3）主轴倍率开关：用于主轴转速的调节，挡位有 50％、60％、70％、80％、90％、100％、110％、120％。

4）选择功能开关及指示灯

（1）单程序段：将该开关打开，相应的指示灯被点亮。自动方式下按循环启动按钮，程序被一段一段地执行。

（2）选择跳段：将该开关打开，相应的指示灯被点亮。自动方式下加工程序中有"/"符号的程序段将被跳过，不执行。

（3）选择停止：将该开关打开，相应的指示灯被点亮。自动方式下加工程序中的 M01 被认为具有和 M00 同样的功能。

（4）试运行：将该开关打开，相应的指示灯被点亮。自动方式下加工程序中不同的进给速度 F 将以同样的速度快速运行，运行速度可由进给倍率开关调节。

（5）机床闭锁：将该开关打开，相应的指示灯被点亮。在自动方式下，各轴的运动都被锁住，显示的坐标位置正常变化，主轴开、停及变速按程序进行。

（6）Z 轴闭锁：将该开关打开，相应的指示灯被点亮。在自动方式下，Z 轴的运动被锁住，显示的坐标位置正常变化，X、Y 轴运行，主轴开、停及变速按程序进行。

（7）循环启动按钮：按下此按钮，相应的指示灯被点亮，在编辑或 MDI 方式下输入的程序被自动执行，当程序执行完时，指示灯熄灭。

（8）进给保持按钮：在循环启动执行中，按下该按钮，相应的指示灯被点亮。此时暂停程序的执行并保持 NC 系统当前的状态。再按下该按钮，相应的指示灯熄灭，系统则继续执行程序。

5）主轴操作

（1）主轴正转：在手动方式下使主轴按被 S 指定的速度正转。

（2）主轴反转：在手动方式下使主轴按被 S 指定的速度反转。

（3）主轴停止：在任何方式下使主轴立即减速停止。

6）紧急停止

在紧急情况下，按该按钮可以使机床的全部动作立即停止。

（二）数控铣床的坐标系

1. 机床坐标系

在数控机床中，为了确定机床的运动，使机床移动部件能够精确定位，需要在机床上建立坐标系。为了简化程序的编制，保证数据的规范性、互换性和通用性，数控机床的坐标和运动方向已标准化，符合 ISO 国际标准。

数控机床的坐标运动，不管是刀具运动，还是工件运动，都假定工件静止不动，刀具相对于工件运动，并且规定增大工件与刀具之间距离的方向为某一轴的正方向。

图 2-4 所示为立式数控床身铣床 DXK45 机床坐标系示意图，O 为机床坐标系原点，该机床坐标原点及参考点在同一位置，该点是机床的一个固定点，在出厂前已经预调好，不允许用户随意改动。一般情况下，数控铣床坐标原点设在 X、Y、Z 轴正方向极限位置附近，其位置由 X、Y、Z 轴的行程开关位置及编码器零位确定，当发出回零点指令时，装在 X、Y、Z 轴上的挡块碰到相应的行程开关后，由数控系统控制 X、Y、Z 轴减速，相对编码器找零位，完成回零点的操作。CRT 面板显示器上 X、Y 机械坐标值为主轴回转中心（即刀具中心）的坐标、Z 机械坐标值为主轴端面的坐标。

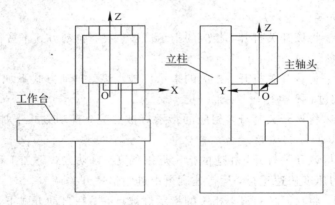

图 2-4　机床坐标系示意图

2. 工件坐标系

在数控编程时，为了简化编程，首先要确定工件坐标系和工件原点。工件原点也叫编程原点，是人为设定的，应便于坐标计算及编程。工件坐标系是指由工件原点与 X、Y、Z 轴组成的工件坐标系，当建立起工件坐标系后，显示器上绝对坐标显示的是刀位点在工件坐标系中的位置。

编制数控程序时，首先要建立一个工件坐标系，程序中的坐标值均以此坐标系为编程依据。工件坐标系的原点选择要尽量满足编程简单、尺寸换算少、引起的加工误差小等条件。有专用夹具时，一般工件坐标系原点设在基准面上。平口虎钳装夹时，一般工件坐标系 X、Y 原点设在工件对称中心上，Z 轴原点设在工件顶面上。加工时，工件坐标系的建立通过对刀来实现，而且必须保证与编程时的坐标系一致。

（三）绝对坐标与增量坐标编程

1. 绝对坐标编程 G90

绝对尺寸值依据工件坐标系原点来确定，它与工件坐标系的建立位置有关，如图 2 - 5 所示，O 点为工件坐标系原点，B 点 X、Y 的绝对坐标为(47，25)。

例：刀具从 A 点移动到 B 点的程序为 G90 G01 X47 Y25 F100；

2. 增量坐标编程 G91

增量尺寸是指机床运动部件的坐标尺寸值相对于前一位置来确定，它与工件坐标系的建立位置无关，如图 2 - 6 所示，从 A 点到 B 点，X、Y 的增量坐标为(38，15)。

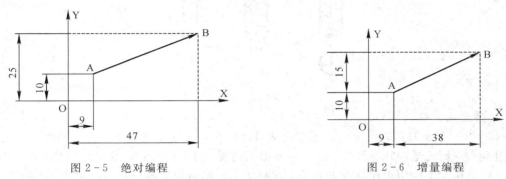

图 2 - 5   绝对编程   图 2 - 6   增量编程

例：刀具从 A 点移动到 B 点的程序为 G91 G01 X38 Y15 F100；

数控铣床编程时，可采用绝对坐标 G90 及增量坐标 G91 编程。G90、G91 为同一组指令，均为模态指令。系统开机状态为 G90 状态，只有执行 G91 指令后，G90 指令才被取消。在一个程序段中只能采用 G90 或 G91 其中一个指令。

（四）数控铣床常用指令

数控铣床加工中的动作在加工程序中用指令的方式事先予以规定，这类指令有准备功能 G、辅助功能 M、主轴转速功能 S 和进给功能 F 等。由于目前数控机床、数控系统的种类较多，同一指令其含义不完全相同。因此，编程前必须仔细阅读编程手册，掌握每个指令的确切含义，以免发生错误。FANUC 0i Mate - MB 系统与 TB 系统加工程序的一般格式相同。

1. 准备功能 G 指令

准备功能也称 G 功能，它是由地址字 G 及其后面的两位数字组成的，主要用来指令机床的动作方式。

1）工件坐标系设定 G92

加工零件之前，需根据零件图样进行编程，就要在图样上建立一个工件坐标系。在程序中 G92 之后指定一个值来设定工件坐标系，该指令用来规定刀具起刀点在工件坐标系中的位置。G92 指令的格式为：

      G92 X ___ Y ___ Z ___；

其中：X、Y、Z 为刀位点在工件坐标系中的坐标。

该指令是一个非运动指令，只起预置寄存作用，一般作为第一条指令放在整个程序的前面，程序结束后，刀具必须回到起刀点的位置，才能再次加工。用该指令设定工件坐标系后，刀具的起刀点到工件坐标系原点之间的距离就是一个确定的绝对坐标值。刀具起刀点的坐标应以刀具的刀位点位置来确定,该条指令是在零件图样上设置的,但还必须让数控系统记忆该指令,所以在零件开始加工前,先要进行对刀,然后通过调整,将刀位点放在程序所要求的起刀点上,也就是 G92 后面的坐标点上,方可加工。

刀位点是表示刀具尺寸的特征点,由于刀具的几何形状不同,其刀位点的位置不同。图 2-7 所示为常用刀具的刀位点。刀位点是编程的基准点,刀位点的运动轨迹在面板上可通过图形显示。

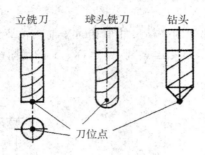

图 2-7 刀位点

2)快速点定位指令 G00

G00 指令命令刀具以点定位控制方式从刀具所在点快速运动到下一个目标位置。它只是快速定位,而无运动轨迹要求,也无切削加工过程。刀具的实际运动路线不是直线,而是折线,移动速度不能用程序指令 F 设定,在机床出厂前由数控系统参数设定。

G00 指令的格式为:

G00 X __ Y __ Z __;

3)直线插补指令 G01

G01 指令是直线运动的命令,规定刀具在两坐标或三坐标间以插补联动方式按指定的 F 进给速度直线运动到工件坐标系 X、Y、Z 点。

G01 指令的格式为:

G01 X __ Y __ Z __ F __;

2. 辅助功能 M 指令

辅助功能是由地址 M 及后面两位数字组成的,主要用于机床加工操作时的工艺性指令。

M03——主轴正转(由 Z 轴正向朝负向看,顺时针旋转)

M04——主轴反转(由 Z 轴正向朝负向看,逆时针旋转)

M05——主轴停转

M08——冷却开

M09——冷却关

M30——程序结束

3. 功能指令 F、S

1)功能指令 F

指令 F 指定进给速度,由地址 F 和其后面的数字组成。

(1)每分钟进给 G94。用 G94 指令设定进给速度 F,单位为 mm/min。如 G94 F200,表示进给速度为 200 mm/min。

（2）每转进给 G95。用 G95 指令设定进给速度 F，单位为 mm/r。如 G95 F0.2，表示进给速度为 0.2 mm/r。

G94、G95 为同一组指令，均为模态指令，系统开机状态为 G94 状态。

2）功能指令 S

S 指令的格式为：

　　　M ＿ S ＿；

S 后指定主轴转速，一个程序段只能包含一个 S 代码。例如 M03 S600，表示主轴正转速度为 600 r/min。

（五）数控铣床操作步骤

1．开机准备工作

（1）打开机床总电源开关，置于"ON"位置。

（2）按下 CNC 面板电源按钮。

2．回机床参考点

（1）将方式选择旋钮转至手动返回参考点。

（2）按下轴向选择键"＋Z"，则 Z 轴回参考点，待 Z 轴的参考点指示灯亮起，即表示 Z 轴已回参考点。

（3）按下轴向选择键"＋X"，则 X 轴回参考点，待 X 轴的参考点指示灯亮起，即表示 X 轴已回参考点。

（4）按下轴向选择键"＋Y"，则 Y 轴回参考点，待 Y 轴的参考点指示灯亮起，即表示 Y 轴已回参考点。

3．手动控制

手动操作时，可完成进给运动、主轴旋转、冷却液开或关等动作。

1）进给运动操作

进给运动操作包括手动方式的选择，进给速度、进给方向的控制。进给运动中，按下坐标进给键，进给部件连续移动，直到松开坐标进给键为止。

2）主轴及冷却操作

在手动状态下，可启动主轴正、反转和停转，冷却液开、关等动作。

四、任务实施

（一）数控铣床对刀

用 G92 设定工件坐标系的步骤如下：

（1）按下 MDI 面板上的 POS 显示坐标位置键，在页面中找到 X、Y、Z 相对坐标。

（2）启动主轴，将 Z 轴手动移动到工件坐标系 Z0 点试切，按地址数字键 Z，再按下 CRT 下部起源软键，刀具当前点相对坐标 Z 变为零，完成 Z 轴对刀。

（3）将 X 轴手动移动到工件坐标系原点，按 X 键，再按下 CRT 下部起源软键，刀具当前点相对坐标 X 变为零，完成 X 轴对刀。

（4）将 Y 轴手动移动到工件坐标系原点，按 Y 键，再按下 CRT 下部起源软键，刀具当前点相对坐标 Y 变为零，完成 Y 轴对刀。

（5）查看相对坐标，分别移动 Z 轴、X 轴、Y 轴至 G92 设定的起刀点位置。如图 2－8

所示,通过对刀使刀具刀位点移动到起刀点位置(60,60,30)。

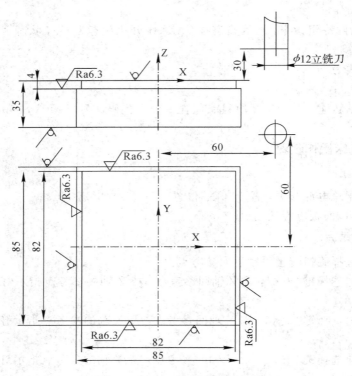

图 2-8 对刀建立工件坐标系

(二)编制加工程序

程序如下:

O2001;	(程序名,2001号程序)
N10 G90 M03 S800;	(主轴正转,转速 800 r/min,绝对坐标编程)
N20 G92 X60 Y60 Z30;	(设定工件坐标系,刀具起刀点为 X60 Y60 Z30)
N30 G00 Z1;	(刀具快速定位,接近毛坯)
N40 G01 Z−4 F500;	(刀具在毛坯外下刀深度 4 mm,进给速度 500 mm/min)
N50 Y47;	(刀具 Y 向定位,按 ϕ12 刀具中心轨迹编程)
N60 X−47 F100;	(刀具 X 向进给,加工 82 尺寸后台面)
N70 Y−47;	(刀具 Y 向进给,加工 82 尺寸左台面)
N80 X47;	(刀具 X 向进给,加工 82 尺寸前台面)
N90 Y48;	(刀具 Y 向进给,加工 82 尺寸右台面,退出毛坯)
N100 G00 Z30;	(刀具快速退刀到 Z 向起刀点)
N110 X60 Y60;	(刀具快速退刀到 X、Y 向起刀点)
N120 M05;	(主轴停止)
N130 M30;	(程序结束,光标返回到程序号处)

(三)自动加工

1. 机床试运行

(1) 按下编辑键,调出需要执行的程序号 O2001,将光标移动到 O2001 位置。

(2) 按下 AUTO 自动运行按钮键。

（3）按下 PROG 键，按下"检视"软键，使屏幕显示正在执行的程序及坐标。

（4）按下"机床锁住"键。

（5）按下"循环启动"键，机床试运行执行程序，刀具不进给，这时可检查输入的程序是否正确、程序有无编写格式错误等。机床试运行主要用于检查刀具轨迹是否与要求相符。

（6）按 GRAPH 键，显示动态图形画面，检查刀具运动轨迹。

2．机床自动运行

（1）分别移动 X 轴、Y 轴、Z 轴至 G92 设定的起刀点位置。如图 2-8 所示，使刀具刀位点在工件坐标系下的(60，60，30)位置。

（2）按下编辑键，调出需要执行的程序号 O2001，将光标移动到 O2001 位置。

（3）按下 AUTO 自动方式选择键。

（4）按下 PROG 键，按下"检视"软键，使屏幕显示正在执行的程序及坐标。

（5）按下"循环启动"键，自动循环执行加工程序。

（6）根据实际需要调整主轴转速和刀具进给量。在机床运行过程中，可以用"主轴倍率"旋钮进行主轴转速的修调，用"进给倍率"旋钮可进行刀具进给速度的修调。

五、知识拓展

（一）数控铣床坐标轴的命名

（1）Z 轴。一般选取产生切削力的主轴轴线为 Z 轴，刀具远离工件的方向为正方向。

（2）X 轴。立式数控铣床操作者面对机床，由主轴头看向机床立柱，水平向右方向为 X 轴正方向。

（3）Y 轴。根据已确定的 X、Z 轴，如图 2-9 所示，按右手笛卡儿直角坐标系规则来确定 Y 轴。

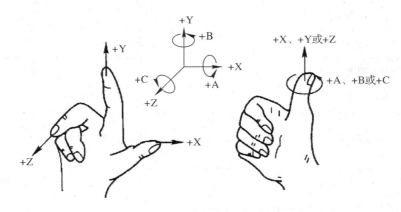

图 2-9 右手笛卡儿直角坐标系

（4）A、B、C 轴。根据已确定的 X、Y、Z 轴，如图 2-9 所示，用右手螺旋法则分别确定 A、B、C 三个回转坐标轴，螺旋前进方向为其正方向。

（5）附加坐标轴。平行于 X、Y、Z 轴的第二组坐标轴用 U、V、W 表示。第二组回转坐标轴用 D、E、F 表示。

如果假定刀具不动、工件运动，这时确定的机床坐标系的表示字母右上角带"'"，如 X'、Y'、Z'、A'、B'、C'，如图 2-10 所示。

带"'"与不带"'"的机床坐标轴方向正好相反,操作者必须对同一问题的两种坐标表示方式都要熟悉。

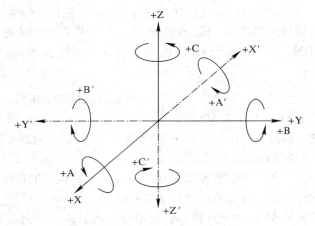

图 2-10 带"'"与不带"'"坐标系的关系

(二) DXK45 数控铣床主要技术参数及各部分组成

1. DXK45 数控铣床主要技术参数

DXK45 数控铣床主要技术参数见表 2-1。

表 2-1 DXK45 数控铣床主要技术参数

项 目	技 术 参 数
工作台左右移动行程(X 轴)	750 mm
工作台前后移动行程(Y 轴)	400 mm
主轴箱上下移动行程(Z 轴)	470 mm
工作台面尺寸(长×宽)	1200×450 mm
工作台 T 型槽宽×槽数	18 mm×3
主轴端面至工作台面距离	180～650 mm
主轴锥孔	BT40
主轴转速	30～3000 r/min
主轴驱动电机(FANUC 交流主轴电机)	5.5/7.5 kW
进给驱动电机(FANUC 交流伺服电机 X、Y、Z 轴)	1.4 kW
快速移动速度(X、Y 轴)	15 m/min
Z 轴速度	10 m/min
进给速度(X、Y、Z 轴)	1～4000 mm /min
数控系统	FANUC 0i Mate - MB

2. DXK45 数控铣床各部分组成

1）主传动系统

主传动系统由 FANUC 交流主轴电机通过皮带传动到主轴，传动比为 1∶2。

2）进给系统

进给系统由 FANUC 交流伺服电机 X、Y、Z 轴通过弹性联轴节与进给滚珠丝杠直连。

3）刀柄自动夹紧及换刀系统

自动夹紧刀具机构，由拉杆、碟形弹簧、松刀油缸和卡爪等部分组成。夹紧状态时，碟形弹簧通过拉杆拉住刀柄尾部拉钉，拉力为 1000 kg 左右。松刀时，松刀油缸活塞在压力油的作用下，推动拉杆，压缩碟形弹簧向前移动，将刀柄推出主轴孔，松刀结束，松刀力为 1300 kg 左右。机床换刀时，松开主轴是靠一套单独的液压系统完成的，液压系统换刀时启动工作，换刀完成后停止工作。系统的工作压力为 3.5～4.0 MPa，可通过液流阀进行调整。

4）自动润滑系统

机床导轨及滚珠丝杠的润滑由 CNC 系统控制定量齿轮润滑泵，定时给运动部件导轨及滚珠丝杠供油，油箱配有液位开关，CNC 系统可对油箱内液位进行监控报警，也可对润滑周期进行设定和调整。

5）冷却系统

机床配有冷却箱，根据加工要求选用合理的切削液，由阀门控制流量大小，手动或通过程序指令进行开、关控制。

（三）DXK45 立式数控铣床安全操作规程及维护保养

（1）操作机床前，应熟悉机床的结构及技术参数，按照上电顺序启动机床。

（2）机床上电后，检查各开关、按钮和按键是否正常，有无报警及其他异常现象。

（3）机床手动回零，按照先回 Z 轴，再回 X、Y 轴的顺序进行。

（4）输入并严格检查程序的正确性，并在机床锁定或 Z 轴锁定的情况下，单段执行程序进行图形模拟，确认走刀轨迹是否正确。

（5）检查所选择的切削参数 S、F 是否合理，刀具和工件是否装夹可靠，定位是否准确。

（6）在工作台上安装工件和夹具时，应考虑重力平衡，合理利用台面。

（7）正确对刀，建立工件坐标系，手动移动坐标系各轴，确认对刀的准确性。

（8）机床自动运行加工时，必须关闭防护罩。

（9）禁止戴手套操作机床，留长发者，要将头发盘起来并戴好工作帽。

（10）不要触摸正在加工的工件，运转的刀具、主轴或进行工件测量。

（11）机床加工中，禁止清扫切屑，等待机床停止运转后，用毛刷清除切屑。

（12）禁止在主轴上敲击夹紧刀具，应在刀具安装台上装夹刀具。换刀时，必须擦净刀柄锥部和主轴锥孔部分，再进行换刀。

（13）不能随意改变数控系统出厂设置好的机床参数。

（14）每天检查润滑油箱，油量不足时，增添 32 号液压导轨润滑油。

（15）每天检查液压站油液位置，油液低于正常位置时，增添 30 号液压油。

（16）每天检查液压站压力，正常值为 3.5～4.0 MPa，不在正常值时调整液流阀。

（17）下班前应清扫机床，保持清洁，将工作台移至中间位置并切断电源。

1. 熟悉操作面板上每个按钮及按键的作用。

2. 如图 2-11 所示的长方体零件，材料为 2A12 铝合金，毛坯尺寸为 85 mm×85 mm× 35 mm，编写零件加工程序，加工至图纸要求。

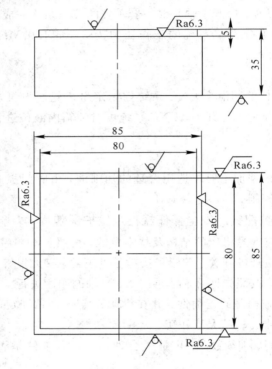

图 2-11 长方体零件图

（1）数控铣床的机床坐标系由厂家设定，工件坐标系原点由编程人员设定；数控铣床基本指令的应用；F、M、S 指令功能；数控铣床对刀方法；面板操作；程序输入、编辑；手动控制机床；自动运行加工；数控铣床各部分的组成。

（2）长方体零件外轮廓加工示例，综合运用各种 G、F、M、S 等指令进行编程。

任务二 长方体六面及外轮廓铣削加工

一、学习目标

知识目标

（1）掌握铣平面及外轮廓的编程方法；

（2）掌握圆弧插补 G02、G03 指令的应用；

（3）掌握刀具半径补偿 G41、G42、G40 指令的应用。

技能目标

（1）会用 G54～G59 设定工件坐标系，正确对刀；

（2）会编写平面及外轮廓加工程序；

（3）会使用数控铣床进行平面及外轮廓加工。

二、工作任务

零件图如图 2-12 所示，材料为 2A12 铝合金，毛坯尺寸为 85 mm×85 mm×35 mm，编写加工程序，按图加工至尺寸要求。

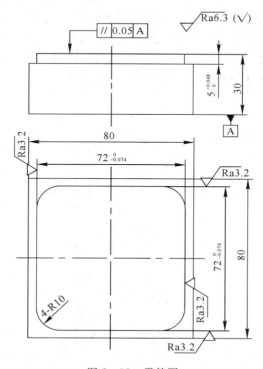

图 2-12 零件图

三、相关知识

(一)设定工件坐标系 G54~G59

数控铣床设定工件坐标系常用两种方式,一种是用 G92 设定,另一种是用 G54~G59 设定。G54~G59 是数控系统中预存的工件坐标系的代码,加工前必须通过对刀来确定要选择的工件坐标系,对刀数据通过 CRT/MDI 方式输入到 G54~G59 对应的 X、Y、Z 参数中,编程时可以从 6 个工件坐标系中选择一个。X、Y、Z 参数值表示设定的 G54~G59 工件坐标系原点在机床坐标系中的位置。

用 CRT/MDI 在参数表中设置 G54 工件坐标系的步骤如下:

(1)按下 MDI 面板上的 OFFSET/SETTING 键,在工件坐标系设置页面中找到 G54,移动光标到 Z 对应的数据框。

(2)启动主轴,按图 2-13 所示将 Z 轴手动移动到工件坐标系 Z0 点(工件顶面),用 φ12 立铣刀试切,在 MDI 面板上输入 Z0,按下 CRT 下部测量软键,系统自动计算刀具当前点在机床坐标系中的坐标值,并保存到 G54 下的 Z 数据框中,完成 Z 轴对刀。

(3)移动光标到 X 对应的数据框,按图 2-14 所示将 X 轴手动移动到右侧工件外轮廓 A 点试切,在 MDI 面板上输入刀具中心当前点在欲建立的工件坐标系下的坐标 X48.5(85/2+12/2),按下 CRT 下部测量软键,系统自动计算刀具中心当前点在机床坐标系中的坐标值,并保存到 G54 下的 X 数据框中,完成 X 轴对刀;或将 X 轴手动移动到左侧工件外轮廓 B 点试切,在 MDI 面板上输入 X−48.5(85/2+12/2),按下 CRT 下部测量软键,系统自动计算刀具中心当前点在机床坐标系中的坐标值,并保存到 G54 下的 X 数据框中,完成 X 轴对刀。

(4)移动光标到 Y 对应的数据框,按图 2-14 所示将 Y 轴手动移动到前侧工件外轮廓 C 点试切,在 MDI 面板上输入 Y−48.5(85/2+12/2),按下 CRT 下部测量软键,系统自动计算刀具中心当前点在机床坐标系中的坐标值,并保存到 G54 下的 Y 数据框中,完成 Y 轴对刀。

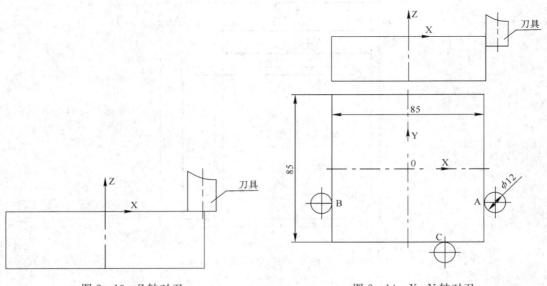

图 2-13　Z 轴对刀　　　　　　　　　　图 2-14　X、Y 轴对刀

（5）执行 G54 后，CRT 显示器上的绝对坐标 X、Y、Z 值表示当前刀具刀位点在 G54 工件坐标系中的坐标位置，这样就完成了 G54 的设置。

采用此种方法设置工件坐标系时，刀具的起始点可放在任意位置上起刀。工件坐标系是在通电后执行返回参考点操作时建立的，机床上电时默认 G54 坐标系。G54～G59 对应 1～6 号工件坐标系。对应关系如下：

G54——工件坐标系 1；

G55——工件坐标系 2；

G56——工件坐标系 3；

G57——工件坐标系 4；

G58——工件坐标系 5；

G59——工件坐标系 6。

（二）坐标平面选择指令 G17、G18、G19

在进行圆弧插补时，必须选择插补平面，用 G17 选择 XY 平面，用 G18 选择 ZX 平面，用 G19 选择 YZ 平面，各插补平面如图 2-15 所示。G17、G18、G19 为同一组指令，均为模态指令。系统在开机状态时，数控铣床默认为 G17，数控车床默认为 G18。

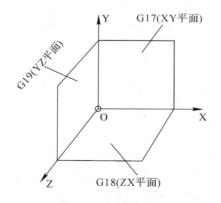

图 2-15 插补平面

（三）圆弧插补指令 G02、G03

圆弧插补指令可命令刀具在指定平面内按给定的 F 进给速度作圆弧运动，切削出圆弧轮廓。圆弧插补指令分为顺时针圆弧插补指令 G02 和逆时针圆弧插补指令 G03。如图 2-16 所示，圆弧运动的判定方向为从非插补平面的第三坐标正向朝负向看，顺时针方向为 G02，逆时针方向为 G03。

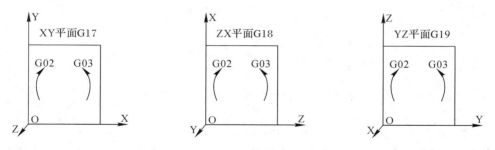

图 2-16 圆弧插补方向与平面选择的关系

1. 用插补参数 I、J、K 编程

指令格式为：

G17 G02(G03)X __ Y __ I __ J __ F __ ;

G18 G02(G03)X __ Z __ I __ K __ F __ ;

G19 G02(G03)Y __ Z __ J __ K __ F __ ;

其中：X、Y、Z 为圆弧终点坐标；F 为圆弧进给速度；I、J、K 分别为圆心相对圆弧起点的坐标，即圆弧起点到圆心的矢量在 X、Y、Z 方向的分量，如图 2-17 所示，插补参数等于圆心坐标减去起点坐标，这与 G90、G91 无关。当插补参数为零时，可以省略不写。用插补参数可以编制任意大小的圆弧插补程序，也包括整圆。

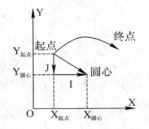 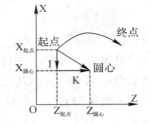 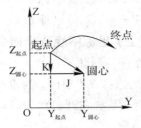

图 2-17 用插补参数 I、J、K 编程

2. 用圆弧半径 R 编程

指令格式为：

G17 G02(G03)X __ Y __ R __ F __ ;

G18 G02(G03)X __ Z __ R __ F __ ;

G19 G02(G03)Y __ Z __ R __ F __ ;

其中：X、Y、Z 为圆弧终点坐标；F 为圆弧进给速度；R 为圆弧半径，如图 2-18 所示，从起点 A 到终点 B，在相同的半径下，圆心在 C 点及 D 点的两种情况分别用 R 的正、负值来区别。当圆弧的起点到终点所对应的圆心角小于等于 180°时，R 取正值；当圆心角大于180°时，R 取负值。圆弧半径 R 与 G90、G91 没有关系，整圆不能用 R 圆弧半径编程。

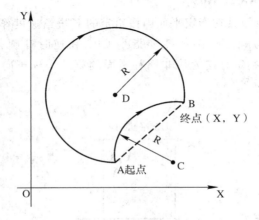

图 2-18 圆弧半径编程

例 1 如图 2-19 所示，刀具当前位置在 A 点，刀具轨迹为 A→B→C，分别用绝对坐

标 G90 编程；增量坐标 G91 编程；插补参数 I、J 编程；圆弧半径 R 编程。

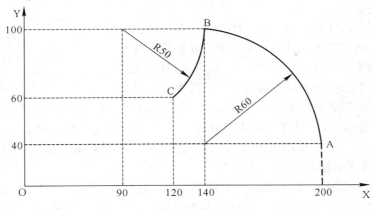

图 2-19 圆弧插补

采用绝对坐标 G90 及插补参数 I、J 编程，其加工相关程序如下：

```
...
N20 G90 G17 G03 X140 Y100 I—60 J0 F100;        （从 A→B，逆时针圆弧插补）
N30 G02 X120 Y60 I—50 J0;                      （从 B→C，顺时针圆弧插补）
...
```

采用绝对坐标 G90 及圆弧半径 R 编程，其加工相关程序如下：

```
...
N20 G90 G17 G03 X140 Y100 R60 F100;            （从 A→B，逆时针圆弧插补）
N30 G02 X120 Y60 R50;                          （从 B→C，顺时针圆弧插补）
...
```

采用增量坐标 G91 及插补参数 I、J 编程，其加工相关程序如下：

```
...
N20 G91 G17 G03 X—60 Y60 I—60 J0 F100;         （从 A→B，逆时针圆弧插补）
N30 G02 X—20 Y—40 I—50 J0;                     （从 B→C，顺时针圆弧插补）
...
```

采用增量坐标 G91 及圆弧半径 R 编程，其加工相关程序如下：

```
...
N20 G91 G17 G03 X—60 Y60 R60 F100;             （从 A→B，逆时针圆弧插补）
N30 G02 X—20 Y—40 R50;                         （从 B→C，顺时针圆弧插补）
...
```

（四）刀具半径补偿指令 G41、G42、G40

刀具半径补偿又称为刀具半径偏置，利用数控系统的刀具半径补偿功能，编程时不需要考虑刀具的实际半径，而只需按照零件的轮廓编程，有效地简化了数控加工程序的编制。在实际加工前，将刀具的半径尺寸输入到数控系统的刀具半径补偿寄存器中，在程序执行过程中，数控系统根据加工程序调用这些补偿值并自动计算实际的刀具中心运动轨迹，控制刀具完成零件的加工。当刀具半径发生变化时，无须修改加工程序，只需修改刀具补偿寄存器中的补偿值即可。刀具半径补偿只能在一个给定的坐标平面中进行，包括建立、执行及撤销三个过程。

1. 刀具半径补偿的建立

指令格式为：

G00(或 G01) G41(或 G42)D＿ X ＿ Y ＿；

其中：G41 为左侧刀具半径补偿，如图 2-20 所示，沿着
刀具的前进方向看，刀具在加工面的左侧；G42 为右侧刀
具半径补偿，沿着刀具的前进方向看，刀具在加工面的右

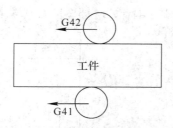

侧；D 为刀具半径补偿寄存器地址，后跟两位数字表示补　图 2-20　刀具半径左补偿及右补偿
偿寄存器号，补偿值可由 CRT/ MDI 面板输入；X、Y 为刀具半径补偿起始点。

为了保证刀具从无半径补偿运动到所希望的刀具半径补偿起始点，必须用一直线程序
段 G00 或 G01 指令来建立刀具半径补偿。

直线情况时，如图 2-21 所示，用 G41 指令时，刀具欲从起点 A 移至终点 B，当执行有
刀具半径补偿指令的程序段后，将在终点 B 处形成一个与直线 BF 相垂直的矢量 BC，刀具
中心由 A 点移至 C 点，形成的矢量 BC 在直线 BF 左边，刀具中心偏向编程轨迹左边。用
G42 指令时，矢量 BC 与直线 BD 垂直，刀具中心偏向编程轨迹右边。

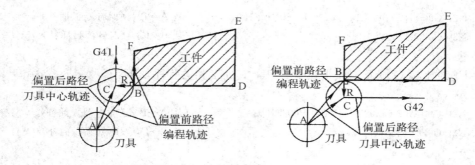

图 2-21　直线情况

圆弧情况时，如图 2-22 所示，B 点的偏移矢量 BC 垂直于过 B 点的切线。圆弧上每一
点的偏移矢量方向总是变化的。

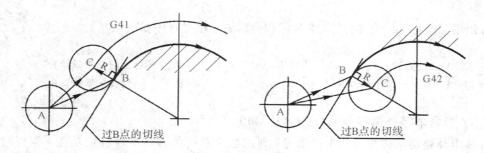

图 2-22　圆弧情况

2. 刀具半径补偿的执行

刀具半径补偿建立后，刀具中心轨迹始终偏离编程轨迹一个刀具半径补偿值，如图 2-23
所示,细实线表示刀具中心轨迹，粗实线表示编程轨迹。在 P 点下刀，PA 段建立刀具半径
左补偿，ABCDEFGHIJK 执行刀补加工工件轮廓，KP 段取消刀具半径补偿。

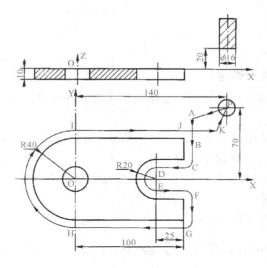

图 2-23　刀具半径补偿的执行

3．刀具半径补偿的撤销

最后一段刀具半径补偿轨迹加工完成后，与建立刀具半径补偿类似，也应有一直线程序段 G00 或 G01 指令取消刀具半径补偿，以保证刀具从刀具半径补偿终点运动到取消刀具半径补偿点。指令中有 X、Y 时，X、Y 表示编程轨迹取消刀补点位置的坐标值。

例 2　零件图如图 2-23 所示，其加工程序如下：

O223；	（程序名，223 号程序）
N10 G90 G17 G54 G00 X140 Y70 Z20；	（刀具快速定位到 G54 设定的工件坐标系 X140 Y70 Z20）
N20 M03 S800；	（主轴正转，转速 800 r/min）
N30 Z1；	（刀具快速定位，接近毛坯）
N40 G01 Z−12 F500；	（刀具在毛坯外下刀，下刀深度 12 mm，进给速度 500 mm/min）
N50 G41 D01 X100 Y50；	（刀具左补偿，补偿号 01，补偿值 R8，从 P→A 建立刀补）
N60 Y20 F100；	（从 A→B→C）
N70 X75；	（从 C→D）
N80 G03 X75 Y−20 R20；	（从 D→E，逆时针圆弧插补）
N90 G01 X100；	（从 E→F）
N100 Y−40；	（从 F→G）
N110 X0；	（从 G→H）
N120 G02 X0 Y40 R40；	（从 H→I，顺时针圆弧插补）
N130 G01 X120；	（从 I→J→K）
N140 G40 G00 X140 Y70；	（从 K→P，取消刀补）
N150 Z20；	（刀具快速 Z 向退刀）
N160 M05；	（主轴停止）

N170 M30;   (程序结束)

四、任务实施

（一）零件加工方案的确定

根据如图 2-12 所示的零件图，长方体六个面及顶面的外轮廓的加工需要两次装夹才能完成。

第一次装夹，用平口虎钳，以毛坯面为粗基准，厚度方向夹持 7 mm，侧面伸出虎钳钳口 28 mm，加工底面及长方体四个侧面。

第二次装夹，用平口虎钳，以已加工过的侧面及底面为精基准定位，加工顶面及外轮廓。

（二）编写加工程序

1. 加工底面的程序

选用 ϕ100 盘铣刀，用 G54 设定工件坐标系，Z 轴原点设在毛坯表面，X、Y 轴原点设在工件对称中心。

O2102;   （程序名，2102 号程序）

N10 G90 G54 G00 X100 Y0 Z100;   （快速定位到 G54 设定的工件坐标系 X100 Y0 Z100）

N20 M03 S300;   （主轴正转，转速 300 r/min）

N30 Z1;   （刀具快速定位，接近毛坯）

N40 G01 Z-1 F100;   （在毛坯外下刀，下刀深度 1 mm，进给速度 100 mm/min）

N50 X-100;   （加工底面）

N60 G00 Z300;   （刀具快速 Z 向退刀）

N70 M05;   （主轴停止）

N80 M30;   （程序结束）

2. 加工长方体四个侧面的程序

选用 ϕ20 立铣刀，用 G54 设定工件坐标系，Z 轴原点设在工件表面，X、Y 轴原点设在工件对称中心。

O2202;   （程序名，2202 号程序）

N10 G90 G54 G00 X70 Y60 Z20;   （快速定位到 G54 设定的工件坐标系 X70 Y60 Z20）

N20 M03 S800;   （主轴正转，转速 800 r/min）

N30 Z1;   （刀具快速定位，接近工件表面）

N40 G01 Z-26 F500;   （在毛坯外下刀，下刀深度 26 mm，进给速度 500 mm/min）

N50 G42 D01 X50 Y40;   （刀具右补偿，补偿号 01，补偿值 R10）

N60 X-40 F100;   （加工 80 尺寸上侧面）

N70 Y-40;   （加工 80 尺寸左侧面）

N80 X40;   （加工 80 尺寸下侧面）

N90 Y45;   （加工 80 尺寸右侧面）

N100 G00 Z300;   （刀具快速 Z 向退刀）

N110 G40 X70 Y60;   （取消刀补，退刀至 X70 Y60）

N120 M05;   （主轴停止）

N130 M30;   （程序结束）

3．加工顶面程序

选用 φ100 盘铣刀，用 G54 设定工件坐标系，Z 轴原点设在工件底面，X、Y 轴原点设在工件对称中心。

O2302；	（程序名，2302 号程序）
N10 G90 G54 G00 X100 Y0 Z100；	（快速定位到 G54 设定的工件坐标系 X100 Y0 Z100）
N20 M03 S300；	（主轴正转，转速 300 r/min）
N30 Z31；	（刀具快速定位，接近工件顶面）
N40 G01 Z30 F100；	（刀具在毛坯外下刀，保证厚度 30 mm）
N50 X−100；	（加工顶面）
N60 G00 Z300；	（刀具快速 Z 向退刀）
N70 M05；	（主轴停止）
N80 M30；	（程序结束）

4．加工外轮廓面程序

选用 φ20 立铣刀，用 G54 设定工件坐标系，Z 轴原点设在工件顶面，X、Y 轴原点设在工件对称中心。

O2402；	（程序名，2402 号程序）
N10 G90 G17 G54 G00 X60 Y70 Z20；	（快速定位到 G54 设定的工件坐标系 X60 Y70 Z20）
N20 M03 S800；	（主轴正转，转速 800 r/min）
N30 Z1；	（刀具快速定位，接近工件顶面）
N40 G01 Z−5 F500；	（在毛坯外下刀，下刀深度 5 mm，进给速度 500 mm/min）
N50 G41 D01 X36 Y50；	（刀具左补偿，补偿号 01，补偿值 R10）
N60 Y−26 F100；	（加工 72 尺寸右侧面）
N70 G02 X26 Y−36 R10；	（顺时针加工 R10 圆弧面）
N80 G01 X−26；	（加工 72 尺寸下侧面）
N90 G02 X−36 Y−26 R10；	（顺时针加工 R10 圆弧面）
N100 G01 Y26；	（加工 72 尺寸左侧面）
N110 G02 X−26 Y36 R10；	（顺时针加工 R10 圆弧面）
N120 G01 X26；	（加工 72 尺寸上侧面）
N130 G02 X36 Y26 R10；	（顺时针加工 R10 圆弧面）
N140 G03 X56 Y6 R20；	（刀具沿 R20 圆弧切出退刀）
N150 G00 G40 X60 Y70；	（取消刀补，退刀至 X60 Y70）
N160 Z300；	（刀具快速 Z 向退刀）
N170 M05；	（主轴停止）
N180 M30；	（程序结束）

五、知识拓展

（一）分析铣平面及外轮廓加工工艺，确定走刀路线

1．拟定工艺路线

在数控铣床上加工零件时，一般按工序集中的原则划分工序。加工工步按照基面先行、先粗后精、先主后次、先面后孔、刀具集中的方法。

2. 确定走刀路线

平面加工一般采用面铣刀加工。

轮廓铣削加工路线的确定，一般采用立铣刀侧刃切削。刀具切入工件时，防止在切入处产生刀具痕迹，应避免沿零件外轮廓法向切入，沿切削起始点的切线延长线方向逐渐切入工件，保证零件曲线的平滑过渡。同样，在切离工件时，应避免在切削终点处直接抬刀，要沿着切削终点切线延长线方向逐渐切离工件。

3. 逆铣和顺铣

铣削有逆铣和顺铣两种方式，如图2-24所示。铣刀旋转切入工件的方向与工件的进给方向相反时称为逆铣，相同时称为顺铣。

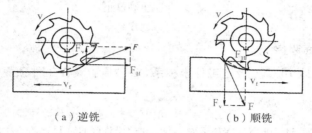

（a）逆铣　　　　　　　（b）顺铣

图2-24　逆铣与顺铣

逆铣时，刀齿的切削厚度由零逐渐增大，切入瞬时，切削刃钝圆半径大于瞬时切削厚度，刀齿在工件表面上要挤压和滑行一段后才能切入工件，使已加工表面产生冷硬层，加剧了刀齿的磨损，同时使工件表面粗糙不平。逆铣时，刀齿从切削层内部开始工作，当工件表面有硬皮时，对刀齿没有直接影响。

顺铣时，刀齿的切削厚度从最大开始逐渐减小，避免了挤压、滑行现象，可提高铣刀寿命和加工表面质量。与逆铣相反，顺铣加工要求工件表面没有硬皮，否则刀齿很容易磨损。

对于铝镁合金、钛合金和耐热合金等材料来说，建议采用顺铣加工，这对降低表面粗糙度值和提高刀具寿命都有利。但如果零件毛坯为黑色金属锻件或铸件，表皮硬且余量一般较大，则采用逆铣较为有利。

（二）平口虎钳的使用

1. 平口虎钳的结构

常用平口虎钳有回转式和非回转式两种。回转式的钳体能在底座上任意扳转角度，如图2-25所示，非回转式不能在底座上扳转角度。

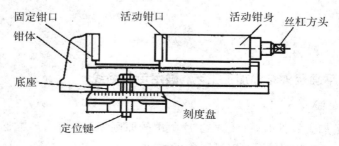

图2-25　回转式平口虎钳的结构

2．平口虎钳的用途与规格

铣削长方体零件的平面、台阶面及斜面时常用平口虎钳装夹。平口虎钳的规格用钳口开口宽度来表示，有 100 mm、120 mm、150 mm 等规格。

3．平口虎钳的安装

（1）将平口虎钳底面和数控铣床工作台面清理干净，必要时用油石打磨，不能有毛刺，如图 2-26 所示把虎钳放在工作台面上，前后推拉几下，让二者间无污尘，充分接触。

（2）推动或转动虎钳，目测使固定钳口与机床坐标轴平行且螺栓 U 形槽对准工作台 T 形槽后，从工作台侧面插入 T 形块或 T 形螺栓。

（3）用垫圈、螺母或垫块、压板轻微压紧虎钳，拧紧平口钳转盘螺钉，张大钳口。

（4）把装有杠杆百分表或普通百分表的磁性表座吸在主轴箱上。

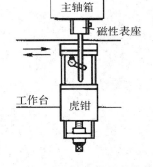

图 2-26 平口虎钳的安装找正

（5）用手摇方式手动调整 X、Y、Z 轴的位置，使百分表的触头与虎钳固定钳口的光滑侧面尽可能垂直接触压表。

（6）用手轮移动 X 轴，观察百分表指针的晃动情况，用弹性榔头轻敲虎钳，直到将表针晃动量调整到要求的精度为止。

（7）用扳手紧固螺母，压紧虎钳。

（8）移动 X 轴，再观察一下表针的晃动情况，如超出规定，用弹性榔头敲击虎钳的某些部位作微量调整，直至满足要求为止，最后彻底拧紧螺母，取下磁性表座。

（三）工件装夹

如图 2-27 所示，根据工件的高度情况，在虎钳的钳口内放入垫铁（比工件窄），然后放入工件，用弹性榔头敲击工件的上表面，使工件与垫铁完全接触，拧紧虎钳钳口。

（1）工件安装时，基准面应紧贴固定钳口面。

（2）虎钳上安装工件时，工件位置要适当，不要靠一端，以提高铣削时的稳定性。

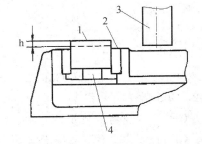

1—工件；2—钳口；3—立铣刀；4—垫铁
图 2-27 工件装夹

（3）工件的加工面应高于钳口，如工件低于钳口平面时，可在工件下垫放适当厚度的平行垫铁，装夹时应使工件紧贴在平行垫铁上。

（四）手动换刀

（1）按下松刀按钮。

（2）将刀柄组合体装入主轴锥孔，注意主轴端面键与刀柄键槽的位置。

（3）松开按钮，刀柄组合体被固定在主轴上。

　　如图 2-28 所示的长方体零件，材料为 2A12 铝合金，毛坯尺寸为 85 mm×85 mm× 35 mm，制订零件加工方案，编写零件加工程序，加工至图纸要求。

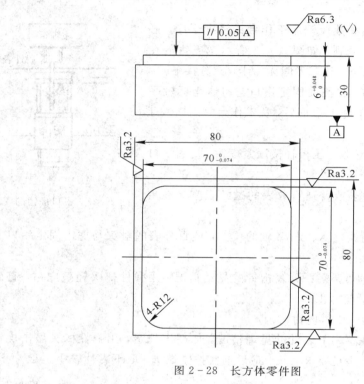

图 2-28　长方体零件图

　　(1) 数控铣床 G54～G59 工件坐标系的设定；G17、G18、G19 坐标平面选择指令应用；G02、G03 圆弧插补指令应用；G41、G42、G40 刀具半径补偿指令应用。

　　(2) 平口虎钳的使用；工件装夹；刀具装夹；手动换刀。

　　(3) 长方体零件六面及外轮廓加工示例，综合运用各种 G、F、M、S 等指令进行编程。

任务三　平面型腔类零件铣削加工

一、学习目标

> **知识目标**

　　(1) 掌握铣内凹平面及内轮廓的编程方法；

（2）掌握子程序指令 M98、M99 的应用。

技能目标

（1）会编写内凹平面及内轮廓加工程序；

（2）会使用数控铣床进行平面型腔类零件铣削加工。

二、工作任务

零件图如图 2-29 所示，材料为 2A12 铝合金，六面尺寸为 80 mm×80 mm×30 mm，外轮廓尺寸为 72 mm×72 mm×5 mm，前道工序已加工至尺寸要求，按图编写内轮廓加工程序，加工至尺寸要求。

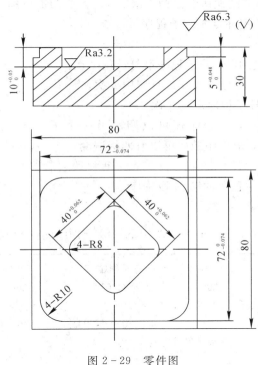

图 2-29　零件图

三、相关知识

（一）子程序指令 M98、M99

在一个加工程序中，如果其中有些加工内容完全相同，为了简化程序，可以把这些重复的程序段单独列出，并按一定的格式编写成一个程序，该程序称为子程序。主程序在执行过程中如果需要某一子程序，则可通过调用指令来调用该子程序，子程序执行完后又返回到主程序，继续执行后面的主程序段。

1. 子程序的格式

子程序的格式为：

    O××××；

　　…

　　M99；

其中，O××××为子程序名，子程序名位于子程序主体之前，由英文字母O和1～4位正整数组成，前导零可以省略，单列一段。

　　M99为子程序结束指令。

2．子程序的调用

　　调用子程序的格式为：

　　　　M98 P△△△××××；

其中：△△△为重复调用的次数，系统允许重复调用的最大次数为999次，前导零可以省略，如果省略了重复次数，则默认次数为1次；××××为被调用的子程序号，如果调用次数多于1次时，须用前导零补足4位子程序号。

　　例如：

　　M98 P21000；表示把1000号子程序重复调用2次。

　　M98 P20001；表示把1号子程序重复调用2次。

　　M98 P3；表示把3号子程序调用1次。

　　为了进一步简化程序，子程序还可以调用另一个子程序，这称为子程序嵌套。在FANUC 0i Mate系统中，子程序最多可以有四级嵌套。

　　M99；返回到主程序M98 P△△△××××程序段之后。

　　M99 P(N)；返回到主程序的第N段程序。

3．子程序的执行

　　从主程序中调用子程序或由子程序调用下一级子程序的执行顺序如图2-30所示。

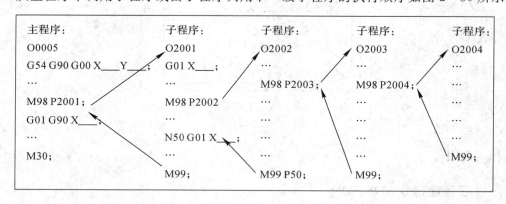

图2-30　子程序执行顺序图

（二）型腔加工下刀方式及走刀路线设计

1．铣削凹平面及内轮廓工艺分析

　　铣削凹平面及内轮廓时，一般要根据内轮廓深度及圆角半径选择刀具，刀具半径应小于或等于内轮廓圆角半径，刀具刃长应大于内轮廓深度。

2．确定走刀路线

　　内轮廓铣削加工路线的确定，一般是采用键槽铣刀或立铣刀侧刃切削。刀具切入工件时，防止在切入处产生刀具痕迹，应避免沿零件内轮廓法向切入，应沿切削起始点的圆弧切线方向逐渐切入工件，保证零件曲线的平滑过渡。同样，在切离工件时，应避免在切削终点处直接抬刀，要沿着切削终点的圆弧切线方向逐渐切离工件。

四、任务实施

（一）零件加工方案的确定

根据零件图 2-29，六面尺寸为 80 mm×80 mm×30 mm，外轮廓尺寸为 72 mm×72 mm×5 mm，前道工序已加工至尺寸要求，内轮廓（40 mm×40 mm×10 mm）需要加工，要求一次装夹就能完成。

用平口虎钳，以已加工过的 80 尺寸两侧面及底面为精基准定位加工内轮廓。选用 ϕ14 键槽铣刀，分粗、精加工，深度方向第一次吃刀 6 mm，第二次吃刀 4 mm。

（二）编写加工程序

选用 ϕ14 键槽铣刀，用 G54 设定工件坐标系，Z 轴原点设在工件顶面，X、Y 轴原点设在工件对称中心。

主程序如下：

O2801；	（主程序名，2801 号程序）
N10 G90 G17 G54 G00 X0 Y0 Z100；	（快速定位到 G54 设定的工件坐标系 X0 Y0 Z100）
N20 M03 S800；	（主轴正转，转速 800 r/min）
N30 Z20；	（刀具快速定位，接近工件顶面 20 mm）
N40 G01 Z1 F500；	（接近工件顶面 1 mm，进给速度为 500 mm/min）
N50 Z－6 F60；	（刀具垂直进入工件 6 mm）
N60 M98 P2802；	（调用 2802 号子程序加工内轮廓）
N70 G01 Z－10 F60；	（刀具垂直进入工件 10 mm）
N80 M98 P2802；	（调用 2802 号子程序加工内轮廓）
N90 G00 Z300；	（刀具快速 Z 向退刀）
N100 M05；	（主轴停止）
N110 M30；	（程序结束）

子程序如下：

O2802；	（子程序名，2802 号子程序）
N10 G01 X12 F100；	（X 轴移动到圆弧插补起点）
N20 G03 X12 Y0 I－12 J0；	（逆时针插补 R12 整圆，取余量）
N30 G01 G41 D01 X5.657 Y22.627；	（刀具左补偿，补偿号 01，补偿半径值 R7）
N40 G03 X－5.657 Y22.627 R8；	（逆时针加工上边 R8 内圆弧面）
N50 G01 X－22.627 Y5.657；	（加工 40 尺寸内侧面）
N60 G03 X－22.627 Y－5.657 R8；	（逆时针加工左边 R8 内圆弧面）
N70 G01 X－5.657 Y－22.627；	（加工 40 尺寸内侧面）
N80 G03 X5.657 Y－22.627 R8；	（逆时针加工下边 R8 内圆弧面）
N90 G01 X22.627 Y－5.657；	（加工 40 尺寸内侧面）
N100 G03 X22.627 Y5.657 R8；	（逆时针加工右边 R8 内圆弧面）
N110 G01 X5.657 Y22.627；	（加工 40 尺寸内侧面）

N120 G03 X−4.95 Y22.627 R7.5；　　　　（逆时针沿 R7.5 圆弧退出 R8 内圆弧面）

N130 G40 G01 X0 Y0；　　　　（取消刀补，退刀到工件坐标系原点）

N140 M99；　　　　（子程序结束）

五、知识拓展

（一）刀具及刀柄的合理选择

1. 数控铣床的刀柄标准

数控铣床的刀柄一般采用 7∶24 锥面与主轴锥孔配合定位，刀柄及其尾部的拉钉已实现标准化，常用的刀柄规格有 BT30、BT40、BT50。

2. 数控铣床的刀柄

（1）钻夹头刀柄：配自紧式钻夹头，夹持 13 mm 以下的直柄钻头、中心钻、铰刀等。

（2）弹簧夹头刀柄：配不同系列的弹性夹套，可夹持各种直柄刀具进行铣、铰切削加工。夹套的规格有 6、8、10、12、14、16、18、20 等（单位为 mm）。

（3）面铣刀刀柄：配不同系列的面铣刀盘，可进行较大平面的切削加工。面铣刀盘的规格有 63、80、100 等（单位为 mm）。

（4）带扁尾莫氏圆锥孔刀柄：与锥柄钻头配合，进行钻、扩孔加工。规格有莫氏 1 号、莫氏 2 号、莫氏 3 号、莫氏 4 号等。

（5）不带扁尾莫氏圆锥孔刀柄：用专用拉钉与锥柄立铣刀配合，进行铣削加工。规格有莫氏 1 号、莫氏 2 号、莫氏 3 号、莫氏 4 号等。

（6）攻丝夹头刀柄：配有丝锥套，丝锥套与丝锥配合，进行螺纹加工。丝锥套的规格有 4、5、6、8、10、12 等（单位为 mm）。

（7）镗孔刀柄：可径向微调，保证加工孔的直径。

（8）万能镗头：加工 5～50 mm 孔。

（二）刀具装夹

1. 拉钉与刀柄的连接

拉钉与刀柄连接，刀柄与主轴锥孔配合，选用的拉钉和刀柄必须与机床的主轴锥孔和拉刀机构相匹配，具体参看机床使用说明书。拉钉和刀柄有多种规格，都已标准化，连接时将刀柄放置在装卸座上，用扳手将拉钉旋入刀柄尾部拧紧。

2. 刀具与刀柄的连接

将刀柄放置在装卸座上，用专用扳手将刀具装入或卸下，不同刀柄与刀具的连接方式不同。

（三）切削用量的选择

铣削用量包括吃刀量、进给速度和切削速度。对铣削加工而言，从刀具耐用度出发，先选择吃刀量，其次确定进给速度及切削速度。

1. 吃刀量的选择

当加工余量不大时，尽量一次进给铣去全部加工余量；当工件加工精度或表面粗糙度要求较高时，可分粗铣、精铣进行。具体数值可参考表 2 - 2。

表 2 - 2 铣削吃刀量的选择　　　　　　　　　　mm

工件材料	高速钢铣刀		硬质合金铣刀	
	粗铣	精铣	粗铣	精铣
钢	<5	0.5～1	<12	1～2
铸铁	5～7	0.5～1	10～18	1～2

2. 切削速度

切削速度的选取主要取决于工件材料、刀具材料、刀具的耐用度等因素。具体数值可参考表 2 - 3。

表 2 - 3 铣削速度的选择　　　　　　　　　　m/min

工件材料	高速钢铣刀	硬质合金铣刀
钢	12～36	54～120
铸铁	9～18	45～90

主轴转速 n 的单位是 r/min，一般根据切削速度 v_c、刀具直径 D 来选定。其关系为

$$n = \frac{v_c \times 1000}{\pi \times D}$$

3. 进给速度 F

进给速度 F 是单位时间内工件与铣刀沿进给方向的相对位移，单位为 mm/min。它与铣刀转速 n、铣刀齿数 z 及每齿进给量 f_z 的关系为

$$F = f_z \times z \times n$$

每齿进给量 f_z 的选取主要取决于工件材料、刀具材料、表面粗糙度等因素。具体数值可参考表 2 - 4。

表 2 - 4 铣刀每齿进给量 f_z 的选择　　　　　　　　mm/z

工件材料	高速钢铣刀		硬质合金铣刀	
	粗铣	精铣	粗铣	精铣
钢	0.10～0.15	0.02～0.05	0.10～0.25	0.1～0.15
铸铁	0.12～0.20	0.02～0.05	0.15～0.30	0.1—0.15

能力测试

零件图如图 2 - 31 所示，材料为 2A12 铝合金，六面尺寸为 80 mm×80 mm×30 mm，前道工序已加工至尺寸要求，按图编写内轮廓加工程序，加工至尺寸要求。

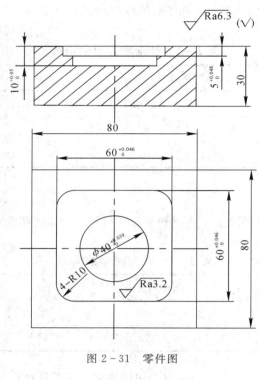

图 2-31 零件图

（1）数控铣床子程序 M98、M99 指令应用；铣内轮廓 G41、G42、G40 刀具半径补偿指令应用。型腔加工下刀方式及走刀路线设计；刀具及刀柄的合理选择；切削用量的合理选择。

（2）平面型腔类零件铣削加工示例，综合运用各种 G、F、M、S 等指令进行编程。

任务四　盘类零件钻孔、扩孔、铰孔、镗孔加工

一、学习目标

知识目标

（1）掌握孔加工固定循环 G81、G82、G83、G73、G85、G86、G80 等指令的应用；

（2）掌握孔加工固定循环的六个基本动作；

（3）掌握钻孔、扩孔、铰孔及镗孔切削用量的合理选择。

技能目标

（1）会使用各种固定循环指令编写孔加工程序；

（2）会使用数控铣床进行盘类零件钻孔、扩孔、铰孔及镗孔加工。

二、工作任务

零件图如图 2-32 所示，材料为 2A12 铝合金，六面 80 mm×80 mm×30 mm、外轮廓 72 mm×72 mm×5 mm 及内轮廓 40 mm×40 mm×10 mm，前道工序已加工至尺寸要求，按图编写 $\phi25$ 及 2×$\phi10$ 孔加工程序，加工至尺寸要求。

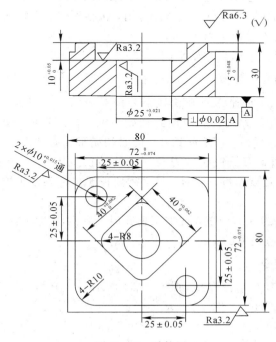

图 2-32　零件图

三、相关知识

（一）孔加工固定循环动作

孔加工过程中有许多固定不变的动作，将这些动作顺序用钻（镗）孔的固定循环指令来代替，可大大简化编程，一个指令可以控制 6 个顺序动作，如图 2-33 所示。

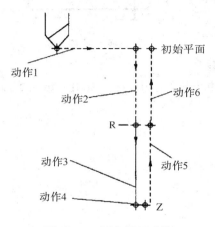

图 2-33　固定循环动作

111

1. 固定循环动作

(1) 动作1: X、Y 轴快速移动定位, 使刀具中心移到孔的中心位置。

(2) 动作2: 快速下刀进至 R 平面, 刀具从初始位置快速进到 R 平面后转换为工进, 即切削进给。若刀具已在 R 平面, 则不动。

(3) 动作3: 刀具以工进速度进到 Z 平面, 深孔加工时可多次抬刀。

(4) 动作4: 孔底动作, 锪孔点窝、镗孔时用, 包括暂停、主轴准停、刀具移动等动作。

(5) 动作5: 快速退刀返回到 R 平面。

(6) 动作6: 快速退刀返回到初始平面。

2. 固定循环动作的几个位置

(1) 初始平面。初始平面是刀具在快速下刀前设定的一个平面, 它的高度必须是保证刀具安全的高度, 钻完孔后刀具快速返回到初始平面。若刀具要继续钻孔, 当平面上有障碍物时, 必须先返回初始平面, 再平移钻孔, 此时初始平面必须高于障碍物。

(2) R 平面。R 平面是刀具快速进刀与工进的转换位置。R 平面一般距工件表面 2~5 mm, R 平面坐标值一定要给准、算对, 且必须要位于工件表面上方。否则将会造成打刀、碰撞等严重后果。

(3) Z 平面。Z 平面为孔底位置, 在加工盲孔时为孔的深度, 在加工通孔时为钻头等孔的加工工具伸出孔底相应距离的坐标。

3. 返回平面模式指令

返回平面模式指令有 G98、G99, 如图 2-34 所示。

G98——返回初始平面。

G99——返回 R 平面。

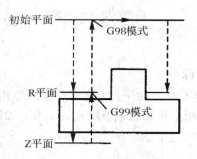

图 2-34 返回平面模式指令

（二）孔加工固定循环指令

固定循环指令中, 一个指令执行多个动作, 钻孔、镗孔等加工指令执行以下循环:

G81——钻孔循环;

G82——锪孔循环;

G83——钻深孔循环;

G73——高速钻深孔循环;

G85——镗孔循环;

G86——镗孔循环;

G84——攻右旋螺纹;

G74——攻左旋螺纹；

G80——取消孔加工固定循环。

1. G81 钻孔循环指令

G81 指令主要用于钻孔、扩孔、铰孔等加工方法，如图 2-35 所示。

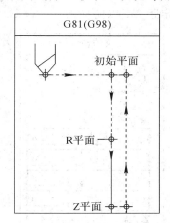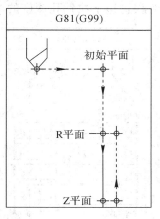

图 2-35 G81 钻孔循环指令

G81 指令的格式为：

G81 X __ Y __ Z __ R __ F __ K __；

其中：X、Y 为孔中心坐标；Z 为 Z 平面的 Z 轴坐标；R 为 R 平面的 Z 轴坐标；F 为进给量；K 为重复 G81 的动作次数，这个参数只是在增量坐标模式下有用，可用 X、Y 的增量坐标加工排孔，K1 可以省略。

2. G82 锪孔循环指令

G82 指令主要用于点窝和锪台阶孔，动作与 G81 指令近似，但刀具在孔底要暂停一下，无 Z 向进给时转几圈，以保证孔底被锪平，如图 2-36 所示。

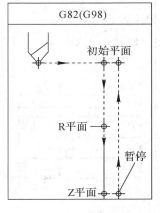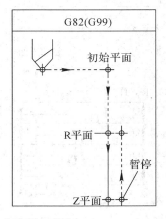

图 2-36 G82 锪孔循环指令

G82 指令的格式为：

G82 X __ Y __ Z __ R __ P __ F __ K __；

其中，P 为暂停时间（ms）。其他参数含义与 G81 相同。

3. G83 钻深孔循环指令

G83 指令用于加工深孔，动作是每次进刀一定深度后快退抬刀至孔口，将切屑带出孔外，再进刀，循环往复，使加工继续进行，可避免刀具折断，如图 2-37 所示。图中 d 由系统内部参数设定，为快进至上次钻孔深度的一定距离，以防撞刀。

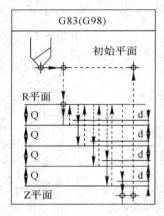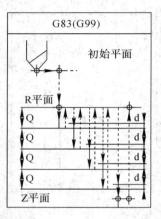

图 2-37　G83 钻深孔循环指令

G83 指令的格式为：

G83 X __ Y __ Z __ R __ Q __ F __ K __;

其中，Q 为每次进刀深度。其他参数含义与 G81 相同。

4. G73 高速钻深孔循环指令

G73 指令是为了加工深孔设置的，对于一些工件材料塑性较好，容易产生带状切屑，缠绕钻头而影响加工，为了断屑，钻孔时须进一下刀，抬一下刀断屑，如图 2-38 所示。图中 d 由系统内部参数设定，为每次抬刀距离。

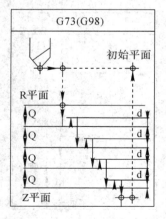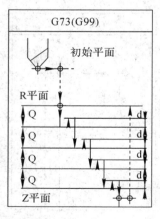

图 2-38　G73 高速钻深孔循环指令

G73 指令的格式为：

G73 X __ Y __ Z __ R __ Q __ F __ K __;

其中，Q 为每次进刀深度。其他参数含义与 G81 相同。

5. G85镗孔循环指令

G85指令是镗孔指令，为了防止退刀时划伤孔表面，采用工进速度退刀，如图2-39所示。

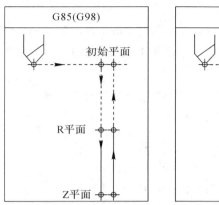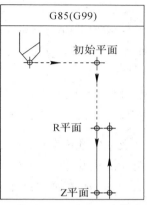

图2-39 G85镗孔循环指令

G85指令的格式为：

G85 X__ Y__ Z__ R__ F__ K__；

其中，X、Y、Z、R、F、K参数的含义与G81相同。

6. G86镗孔循环指令

G86与G85的区别为G86指令在退刀时在孔底主轴停止，然后快速退刀。这样可防止以工进速度退刀时将孔镗大，不易控制精度，但刀具容易在孔壁划出刀痕，如图2-40所示。

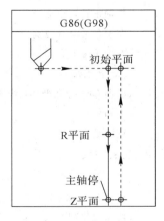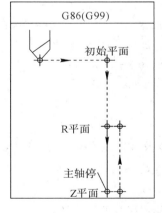

图2-40 G86镗孔循环指令

G86指令的格式为：

G86 X__ Y__ Z__ R__ F__ K__；

其中，X、Y、Z、R、F、K参数的含义与G81相同。

四、任务实施

(一)工艺分析

1. 工件定位

根据零件图 2－32，六面 80 mm×80 mm×30 mm、外轮廓 72 mm×72 mm×5 mm 及内轮廓 40 mm×40 mm×10 mm，前道工序已加工至尺寸要求，$\phi25$ 及 2×$\phi10$ 孔需要加工，要求一次装夹完成。

用平口虎钳装夹，以已加工过的 80 尺寸两侧面及底面为精基准定位。

2. 加工工步

(1) 点窝 2×$\phi10$ 及 $\phi25$ 孔中心(A2.5 中心钻)。

(2) 钻 2×$\phi10$ 及 $\phi25$ 底孔至尺寸 $\phi9.9$($\phi9.9$ 钻头)。

(3) 扩 $\phi25$ 底孔，由 $\phi9.9$ 孔扩至尺寸 $\phi23$($\phi23$ 钻头)。

(4) 铰 2×$\phi10$ 孔至尺寸要求($\phi10$ 铰刀)。

(5) 粗镗 $\phi25$ 底孔，由 $\phi23$ 镗至尺寸 $\phi24.8$(镗刀)。

(6) 精镗 $\phi25$ 孔至尺寸要求(镗刀)。

(二)编写加工程序

选用 G54 设定工件坐标系，Z 轴原点设在工件顶面，X、Y 轴原点设在工件对称中心。

(1) 点窝 2×$\phi10$ 及 $\phi25$ 孔中心，选用 A2.5 中心钻。

加工程序如下：

O2301；	(程序名，2301 号程序)
N10 G90 G80 G54 G00 X0 Y0 Z100；	(快速定位到 G54 坐标系 X0 Y0 Z100)
N20 M03 S1800；	(主轴正转，转速 1800 r/min)
N30 G99 G82 X－25 Y25 Z－5 R3 P100 F80；	(左上角 $\phi10$ 孔点窝)
N40 X25 Y－25；	(右下角 $\phi10$ 孔点窝)
N50 G98 X0 Y0 Z－15 R－7；	($\phi25$ 孔点窝)
N60 G80 G00 Z300；	(取消 G82 钻孔循环，快速 Z 向退刀)
N70 M05；	(主轴停止)
N80 M30；	(程序结束)

(2) 钻 2×$\phi10$ 及 $\phi25$ 底孔至尺寸 $\phi9.9$，选用 $\phi9.9$ 钻头。

加工程序如下：

O2302；	(程序名，2302 号程序)
N10 G90 G80 G54 G00 X0 Y0 Z100；	(快速定位到 G54 坐标系 X0 Y0 Z100)
N20 M03 S1000；	(主轴正转，转速 1000 r/min)
N30 G99 G83 X－25 Y25 Z－35 Q10 R3 F200；	(钻左上角 $\phi10$ 底孔)
N40 X25 Y－25；	(钻右下角 $\phi10$ 底孔)
N50 G98 G73 X0 Y0 Z－35 Q8 R－7；	(钻 $\phi25$ 底孔)
N60 G80 G00 Z300；	(取消 G73 钻孔循环，快速 Z 向退刀)

N70 M05;　　　　　　　　　　　　　　　　（主轴停止）

N80 M30;　　　　　　　　　　　　　　　　（程序结束）

（3）扩 ϕ25 底孔，由 ϕ9.9 孔扩至尺寸 ϕ23，选用 ϕ23 钻头。

加工程序如下：

　　O2303;　　　　　　　　　　　　　　　　（程序名，2303 号程序）

　　N10 G90 G80 G54 G00 X0 Y0 Z100;　　　（快速定位到 G54 坐标系 X0 Y0 Z100）

　　N20 M03 S500;　　　　　　　　　　　　（主轴正转，转速 500 r/min）

　　N30 G98 G81 X0 Y0 Z−40 R−7 F120;　　（扩 ϕ25 底孔）

　　N40 G80 G00 Z300;　　　　　　　　　　（取消 G81 钻孔循环，快速 Z 向退刀）

　　N50 M05;　　　　　　　　　　　　　　（主轴停止）

　　N60 M30;　　　　　　　　　　　　　　（程序结束）

（4）铰 $2 \times \phi$10 孔至尺寸要求，选用 ϕ10H7 铰刀。

加工程序如下：

　　O2304;　　　　　　　　　　　　　　　　（程序名，2304 号程序）

　　N10 G90 G80 G54 G00 X0 Y0 Z100;　　　（快速定位到 G54 坐标系 X0 Y0 Z100）

　　N20 M03 S150;　　　　　　　　　　　　（主轴正转，转速 150 r/min）

　　N30 G99 G85 X−25 Y25 Z−35 R3 F200;　（铰左上角 ϕ10H7 孔）

　　N40 X25 Y−25;　　　　　　　　　　　　（铰右下角 ϕ10H7 孔）

　　N50 G80 G00 Z300;　　　　　　　　　　（取消 G85 固定循环，快速 Z 向退刀）

　　N60 M05;　　　　　　　　　　　　　　（主轴停止）

　　N70 M30;　　　　　　　　　　　　　　（程序结束）

（5）粗镗 ϕ25 底孔，由 ϕ23 镗至尺寸 ϕ24.8，选用镗刀，尺寸调整为 ϕ24.8。

加工程序如下：

　　O2305;　　　　　　　　　　　　　　　　（程序名，2305 号程序）

　　N10 G90 G80 G54 G00 X0 Y0 Z100;　　　（快速定位到 G54 坐标系 X0 Y0 Z100）

　　N20 M03 S800;　　　　　　　　　　　　（主轴正转，转速 800 r/min）

　　N30 G98 G85 X0 Y0 Z−32 R−7 F150;　　（粗镗 ϕ25 底孔）

　　N40 G80 G00 Z300;　　　　　　　　　　（取消 G85 镗孔循环，快速 Z 向退刀）

　　N50 M05;　　　　　　　　　　　　　　（主轴停止）

　　N60 M30;　　　　　　　　　　　　　　（程序结束）

（6）精镗 ϕ25 孔至尺寸要求，选用精镗刀，尺寸调整为 ϕ25。

加工程序如下：

　　O2306;　　　　　　　　　　　　　　　　（程序名，2306 号程序）

　　N10 G90 G80 G54 G00 X0 Y0 Z100;　　　（快速定位到 G54 坐标系 X0 Y0 Z100）

　　N20 M03 S1000;　　　　　　　　　　　（主轴正转，转速 1000 r/min）

　　N30 G98 G86 X0 Y0 Z−32 R−7 F120;　　（精镗 ϕ25H7 孔）

　　N40 G80 G00 Z300;　　　　　　　　　　（取消 G86 镗孔循环，快速 Z 向退刀）

　　N50 M05;　　　　　　　　　　　　　　（主轴停止）

　　N60 M30;　　　　　　　　　　　　　　（程序结束）

五、知识拓展

(一)中心钻、钻头、铰刀、丝锥及镗刀等刀位点

各种孔加工方法,其刀具的回转中心都是与主轴同心,对于不同的刀具,其刀位点都位于刀具顶端的回转中心上,如图2-41所示。对于这些刀具加工孔,刀具中心和孔中心同轴,孔中心主要是在 XY 平面内确定。

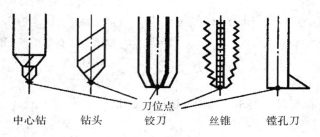

中心钻　　钻头　　铰刀　　丝锥　　镗孔刀

图2-41　刀位点

(二)钻孔切削用量的选择

1. 钻中心孔切削用量

中心钻切削用量的选择表见表2-5。

表2-5　中心钻切削用量选择表

刀具名称	钻中心孔公称直径/mm	钻中心孔的切削进给量/(mm/r)	钻中心孔的切削速度/(m/min)
中心钻	1	0.02	8～15
	1.6	0.02	8～15
	2	0.04	8～15
	2.5	0.05	8～15
	3.15	0.06	8～15
	4	0.08	8～15
	5	0.1	8～15

2. 钻孔切削速度

加工不同材料的切削速度见表2-6。

表 2-6　加工不同材料的切削速度

加工材料	硬度 HB	切削速度/(m/min)
铝及铝合金	45～105	105
镁及镁合金	50～90	45～120
锌合金	80～100	75
低碳钢	125～175	24
中碳钢	175～225	20
高碳钢	175～225	17
合金低碳钢	175～225	21
合金中碳钢	175～225	15～18
工具钢(软)	196	18
工具钢(硬)	241	15
灰铸铁(软)	120～150	43～46
灰铸铁(硬)	160～220	24～34
可锻铸铁	112～126	27～37
球墨铸铁	190～225	18

3. 钻孔切削用量

高速钢钻头切削用量选择表见表 2-7。

表 2-7　高速钢钻头切削用量选择表

钻头直径 d_0/mm	钻孔的进给量/(mm/r)				
	钢 σ_b(MPa) <800	钢 σ_b(MPa) 800～1000	钢 σ_b(MPa) >1000	铸铁、铜及铝合金 HB≤200	铸铁、铜及铝合金 HB>200
≤2	0.05～0.06	0.04～0.05	0.03～0.04	0.09～0.11	0.05～0.07
2～4	0.08～0.10	0.06～0.08	0.04～0.06	0.18～0.22	0.11～0.13
4～6	0.14～0.18	0.10～0.12	0.08～0.10	0.27～0.33	0.18～0.22
6～8	0.18～0.22	0.13～0.15	0.11～0.13	0.36～0.44	0.22～0.26
8～10	0.22～0.28	0.17～0.21	0.13～0.17	0.47～0.57	0.28～0.34
10～13	0.25～0.31	0.19～0.23	0.15～0.19	0.52～0.64	0.31～0.39
13～16	0.31～0.37	0.22～0.28	0.18～0.22	0.61～0.75	0.37～0.45
16～20	0.35～0.43	0.26～0.32	0.21～0.25	0.70～0.86	0.43～0.53

（三）孔加工切削用量的选择

数控铣床孔加工中的切削用量包括背吃刀量 a_p、切削速度 v_c 和进给量 f，这些参数均应在机床给定的允许范围内选取。

1. 孔的加工方法

孔的加工方法比较多，有钻、扩、铰、镗和攻丝等，大直径孔还可采用圆弧插补方式进行铣削加工。孔的加工方式及所能达到的精度如表 2－8 所示。

表 2－8　H7～H13 孔的加工方案

孔的精度	孔的毛坯性质	
	在实体材料上加工孔	预先铸出或热冲出的孔
H13、H12	一次钻孔	用扩孔钻钻孔或镗刀镗孔
H11	孔径≤10 mm：一次钻孔； 孔径＞10～30 mm：钻孔及扩孔； 孔径＞30～80 mm：钻孔、扩孔或钻孔、扩孔、镗孔	孔径≤80 mm：粗扩、精扩；或用镗刀粗镗、精镗；或根据余量一次镗孔或扩孔
H10、H9	孔径≤10 mm：钻孔及铰孔； 孔径＞10～30 mm：钻孔、扩孔及铰孔； 孔径＞30～80 mm：钻孔、扩孔、铰孔或钻孔、扩孔、镗孔（或铣孔）	孔径≤80 mm：用镗刀粗镗（一次或两次，根据余量而定）及铰孔（或精镗孔）
H8、H7	孔径≤10 mm：钻孔、扩孔及铰孔； 孔径＞10～30 mm：钻孔、扩孔及一次或两次铰孔； 孔径＞30～80 mm：钻孔、扩孔（或用镗刀分几次粗镗）、一次或两次铰孔（或精镗孔）	孔径≤80 mm：用镗刀粗镗（一次或两次，根据余量而定）及半精镗、精镗（或精铰）

孔的具体加工方案可按下述方法制定：

（1）所有孔系一般先完成全部粗加工后，再进行精加工。

（2）对于直径大于 $\phi30$ mm 的已铸出或锻出毛坯孔的加工，一般先进行毛坯的预加工，直径上留 4～6 mm 的余量，然后再按"粗镗—半精镗—精镗"三个工步的加工方案完成加工。有空刀槽时可用锯片铣刀在半精镗之后、精镗之前用圆弧插补方式铣削完成，也可用单刃镗刀镗削加工，但加工效率较低。孔径较大时可用立铣刀以圆弧插补方式通过粗铣—精铣加工方案完成加工。

（3）对于直径小于 $\phi30$ mm 的孔，毛坯上一般不铸出或锻出预制孔。为提高孔的位置精度，在钻孔前必须钻出中心孔作导向孔，即通常采用钻中心孔—钻—扩—孔口倒角—铰的加工方案。对于有同轴度要求的孔，须采用钻中心孔—钻—半精镗—孔口倒角—精镗（或铰）的加工方案。孔口倒角安排在半精加工后、精加工之前进行，以防孔内产生毛刺。在实体材料上的孔加工方式及加工余量如表 2－9 所示。

表 2 - 9　在实体材料上的孔加工方式及加工余量　　　　　　　mm

加工孔的直径	直　径							
	钻		粗加工		半精加工		精加工（H7、H8）	
	第一次	第二次	粗镗	扩孔	粗铰	半精镗	精铰	精镗
3	2.9	—	—	—	—	—	3	—
4	3.9	—	—	—	—	—	4	—
5	4.8	—	—	—	—	—	5	—
6	5.0	—	—	5.85	—	—	6	—
8	7.0	—	—	7.85	—	—	8	—
10	9.0	—	—	9.85	—	—	10	—
12	11.0	—	—	11.85	11.95	—	12	—
13	12.0	—	—	12.85	12.95	—	13	—
14	13.0	—	—	13.85	13.95	—	14	—
15	14.0	—	—	14.85	14.95	—	15	—
16	15.0	—	—	15.85	15.95	—	16	—
18	17.0	—	—	17.85	17.95	—	18	—
20	18.0	—	19.8	19.8	19.95	19.90	20	20
22	20.0	—	21.8	21.8	21.95	21.90	22	22
24	22.0	—	23.8	23.8	23.95	23.90	24	24
25	23.0	—	24.8	24.8	24.95	24.90	25	25
26	24.0	—	25.8	25.8	25.95	25.90	26	26
28	26.0	—	27.8	27.8	27.95	27.90	28	28
30	15.0	28.0	29.8	29.8	29.95	29.90	30	30
32	15.0	30.0	31.7	31.75	31.93	31.90	32	32
35	20.0	33.0	34.7	34.75	34.93	34.90	35	35
38	20.0	36.0	37.7	37.75	37.93	37.90	38	38
40	25.0	38.0	39.7	39.75	39.93	39.90	40	40
42	25.0	40.0	41.7	41.75	41.93	41.90	42	42
45	30.0	43.0	44.7	47.75	44.93	44.90	45	45
48	36.0	46.0	44.7	47.75	47.93	47.90	48	48
50	36.0	48.0	49.7	49.75	49.93	49.90	50	50

2. 切削用量的选用原则

粗加工时，应尽量保证较高的金属切除率和必要的刀具耐用度。

选择切削用量时应首先选取尽可能大的背吃刀量 a_p，其次根据机床动力和刚性的限制条件，选取尽可能大的进给量 f，最后根据刀具耐用度要求，确定合适的切削速度 v_c。

精加工时,对加工精度和表面粗糙度要求较高,加工余量不大且较均匀。选择切削用量时,应着重考虑如何保证加工质量,并在此基础上尽量提高生产率。因此,精加工时应选用较小(但不能太小)的背吃刀量和进给量,并选用性能高的刀具材料和合理的几何参数,以尽可能提高切削速度。

零件图如图 2-42 所示,材料为 2A12 铝合金,六面 80 mm×80 mm×20 mm,前道工序已加工至尺寸要求,按图编写 $\phi30$、$2\times\phi8$ 孔及 $4\times\phi11$ 孔的加工程序,加工至尺寸要求。

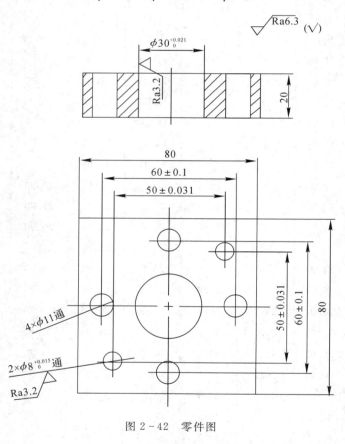

图 2-42 零件图

(1) 孔加工固定循环 G81、G82、G83、G73、G85、G86、G80 等指令的应用;孔加工固定循环动作;钻孔、扩孔、铰孔及镗孔切削用量的选择。

(2) 盘类零件钻孔、扩孔、铰孔及镗孔加工示例,综合运用各种 G、F、M、S 等指令进行编程。

任务五 盘类零件螺纹加工

一、学习目标

知识目标

（1）掌握攻丝固定循环 G84、G74 指令的应用；

（2）掌握螺旋线插补 G02、G03 指令的应用；

（3）掌握攻丝切削用量的合理选择。

技能目标

（1）会使用攻丝循环指令编写攻螺纹加工程序；

（2）会使用螺旋线插补指令编写铣螺纹加工程序；

（3）会使用数控铣床进行盘类零件螺纹加工。

二、工作任务

零件图如图 2-43 所示，材料为 45 钢，六面 80 mm×80 mm×20 mm，前道工序已加工至尺寸要求，按图编写 M30×1.5-7H 及 2×M10-7H 螺纹的加工程序，加工至尺寸要求。

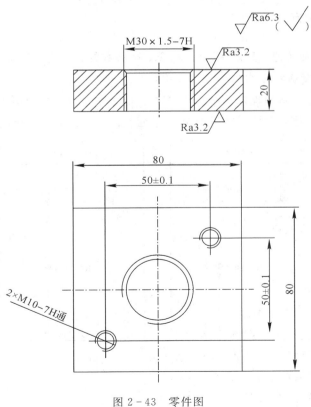

图 2-43 零件图

三、相关知识

（一）攻丝固定循环指令 G84、G74

1. 攻右旋螺纹循环指令 G84

G84 指令用于加工右旋螺纹（常用螺纹），在 G84 指令之前主轴正转，丝锥快进至 R 平面后，工进攻螺纹至 Z 平面时暂停，主轴反转工退至 R 平面暂停，然后主轴正转，如图 2 - 44 所示。

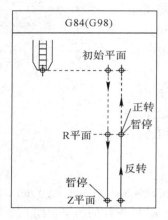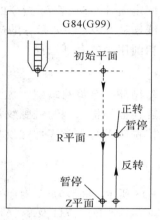

图 2 - 44　G84 攻右旋螺纹循环

G84 指令的格式为：

G84 X ＿ Y ＿ Z ＿ R ＿ F ＿ K ＿；

其中，F＝螺距×主轴转速。其余 X、Y、Z、R、K 参数的含义与 G81 相同。

2. 攻左旋螺纹循环指令 G74

G74 指令用于加工左旋螺纹，在 G74 指令之前主轴反转，丝锥快进至 R 平面后，工进攻螺纹至 Z 平面时暂停，主轴正转工退至 R 平面暂停，然后主轴反转，如图 2 - 45 所示。

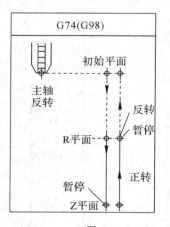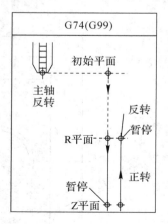

图 2 - 45　G74 攻左旋螺纹循环

G74 指令的格式为：

G74 X ＿ Y ＿ Z ＿ R ＿ F ＿ K ＿；

其中，各参数含义与 G84 相同。

注意：攻左旋螺纹用的丝锥必须是左旋丝锥。

（二）螺旋线插补指令 G02、G03

螺旋线的形成是刀具作圆弧插补运动的同时与之同步地作轴向运动。螺旋线插补是指一个非圆弧插补轴与其他圆弧插补轴同步移动，形成螺旋移动轨迹，如图 2 – 46 所示。

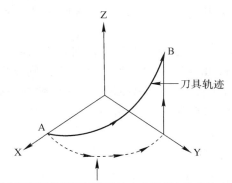

沿着两个圆弧插补轴圆周的进给速度是指定的进给速度

图 2 – 46　螺旋线插补

1. 螺旋线插补用参数 I、J 编程

指令格式为：

　　G17 G02(G03)X ＿ Y ＿ Z ＿ I ＿ J ＿ F ＿；

其中：G02、G03 为螺旋线的旋向，其定义同圆弧插补；G17 为选择 XY 平面圆弧插补；X、Y、Z 为螺旋线的终点坐标；I、J 为圆弧圆心相对于螺旋线起点在 XY 平面上的坐标；F 为沿圆弧的进给速度。

例 1　如图 2 – 46 所示，假设 A 点为螺旋线起点，坐标为(50，0，0)，B 点为螺旋线终点，坐标为(0，50，48)。

程序如下：

　　G17 G03 X0 Y50 Z48 I－50 J0 F80；

2. 螺旋线插补用圆弧半径 R 编程

指令格式为：

　　G17 G02(G03)X ＿ Y ＿ Z ＿ R ＿ F ＿；

其中，R 为螺旋线在 XY 平面上的投影半径。其余 X、Y、Z、F 与用参数 I、J 编程时的含义相同。

例 2　如图 2 – 46 所示，A 点为螺旋线起点，B 点螺旋线终点，B 点的 Z 坐标为 48，螺旋线圆弧半径为 50。

程序如下：

　　G17 G03 X0 Y50 Z48 R50 F80；

（三）螺纹铣削编程

传统的螺纹加工方法主要为采用螺纹车刀车削螺纹或采用丝锥、板牙等攻、套螺纹。随着数控加工技术的发展，三轴联动数控铣床使螺纹的数控铣削得以实现。螺纹铣削加工与传统螺纹加工方法相比，在加工精度和加工效率方面具有极大优势，且加工时不受螺纹结构和螺纹旋向的限制，如一把螺纹铣刀可加工多种不同旋向的内、外螺纹。此外，螺纹铣刀的寿命是丝锥的十多倍，而且在数控铣削螺纹过程中，对螺纹直径尺寸的调整极为方便，这是采用丝锥、板牙时无法做到的。

图 2 - 47 所示为螺旋线插补铣削螺纹示意图，图中 K 为螺距。自下而上进行 G03 逆时针插补，铣削右旋内螺纹；自上而下进行 G02 顺时针插补，铣削右旋外螺纹。

与一般轮廓的数控铣削一样，螺纹铣削开始进刀时也可采用 1/4 圆弧切入或直线切入方式。铣削时应尽量选用刀片长度大于被加工螺纹长度的梳铣刀，这样铣刀只需移动 360°即可完成螺纹加工。

图 2 - 48 所示为 M30×1.5 右旋内螺纹铣削时铣刀切入、切出尺寸联系图。图中螺纹中心为 O 点，铣刀切入、切出时圆弧中心为 D 点。铣刀圆弧切入从 A 点到 B 点螺旋线插补，切入圆弧半径为 R13，然后从 B 点螺旋线插补铣削螺纹一圈，铣削圆弧半径为 R15，铣刀圆弧切出从 B 点到 C 点螺旋线插补，切出圆弧半径为 R13。

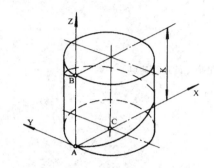 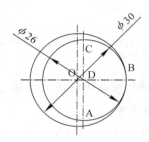

图 2 - 47　螺旋线插补铣削螺纹示意图　　图 2 - 48　螺纹铣刀圆弧切入、切出尺寸联系图

假设 O 点为工件坐标系原点，则 D 点坐标为(2，0)，A 点坐标为(2，-13)，B 点坐标为(15，0)，C 点坐标为(2，13)。

四、任务实施

(一)工艺分析

1. 工件定位装夹

根据零件图 2 - 43，六面 80 mm×80 mm×20 mm，前道工序已加工至尺寸要求，M30×1.5 - 7H 及 2×M10 - 7H 螺纹需要加工。

用平口虎钳装夹，以已加工过的 80 尺寸两侧面及底面为精基准定位，一次装夹就能完成。

2. 加工工步

(1) 点窝 2×M10 - 7H 及 M30×1.5 - 7H 螺纹孔中心(A2.5 中心钻)。

(2) 钻 2×M10 螺纹底孔至尺寸 ϕ8.5(ϕ8.5 钻头)。

(3) 钻 M30×1.5 螺纹底孔至尺寸 ϕ27(ϕ27 钻头)。

(4) 镗 ϕ27 孔至 M30×1.5 螺纹底孔 ϕ28.4(镗刀)。

(5) 2×M10 及 M30×1.5 孔口倒角 2×45°(ϕ35 钻头)。

(6) 攻 2×M10 - 7H 螺纹至尺寸要求(M10 丝锥)。

(7) 铣 M30×1.5 - 7H 螺纹至尺寸要求(ϕ21 螺纹梳铣刀)。

(二)编写加工程序

(1) 工步(6)攻 2×M10 - 7H 螺纹至尺寸要求，选用 M10 丝锥。选用 G54 设定工件坐标系，Z 轴原点设在工件顶面，X、Y 轴原点设在工件对称中心。

加工程序如下：

O4301；	（程序名，4301 号程序）
N10 G90 G80 G54 G00 X0 Y0 Z100 M08；	（开冷却，快速定位到 G54 坐标系 X0 Y0 Z100）
N20 M03 S100；	（主轴正转，转速 100 r/min）
N30 G99 G84 X25 Y25 Z－25 R5 F150；	（攻右上角 M10 螺纹，F＝转速 100×螺距 1.5）
N40 G98 X－25 Y－25；	（攻左下角 M10 螺纹）
N50 G80 G00 Z300 M09；	（关冷却，取消攻丝循环，快速 Z 向退刀）
N60 M05；	（主轴停止）
N70 M30；	（程序结束）

（2）工步（7）铣 M30×1.5－7H 螺纹至尺寸要求，选用螺纹梳铣刀（直径 21 mm），螺距为 1.5 mm，刀片长度为 21 mm。选用 G54 设定工件坐标系，Z 轴原点设在工件顶面，X、Y 轴原点设在 M30 螺纹孔中心。

加工程序如下：

O4302；	（程序名，4302 号程序）
N10 G90 G54 G00 X0 Y0 Z100；	（快速定位到 G54 坐标系 X0 Y0 Z100）
N20 M03 S2000；	（主轴正转，转速 2000 r/min）
N30 Z－22 M08；	（开冷却，Z 轴快速定位）
N40 G01 G41 D01 X2 Y－13 F1000；	（建立刀具左补偿，移动到 A 点，见图 2－48，D01 参数设为 10.8）
N50 G03 X15 Y0 Z－21.625 R13 F90；	（A 点到 B 点螺旋线插补圆弧切入，导程 1.5 mm）
N60 G03 X15 Y0 Z－20.125 I－15 J0；	（粗铣螺纹单边留余量 0.3，导程 1.5 mm）
N70 G03 X2 Y13 Z－19.75 R13；	（B 点到 C 点螺旋线插补圆弧切出，导程 1.5 mm）
N80 G01 G40 X0 Y0 F1000；	（取消刀具左补偿，移动到 X0 Y0）
N90 Z－22；	（Z 轴定位）
N100 G41 D02 X2 Y－13；	（建立刀具左补偿，移动到 A 点，D02 参数设为 10.5）
N110 G03 X15 Y0 Z－21.625 R13 F90；	（A 点到 B 点螺旋线插补圆弧切入，导程 1.5 mm）
N120 G03 X15 Y0 Z－20.125 I－15 J0；	（精铣螺纹，导程 1.5 mm）
N130 G03 X2 Y13 Z－19.75 R13；	（B 点到 C 点螺旋线插补圆弧切出，导程 1.5 mm）
N140 G01 G40 X0 Y0 F1000；	（取消刀具左补偿，移动到 X0 Y0）
N150 G00 Z300 M09；	（快速 Z 向退刀，关冷却）
N160 M05；	（主轴停止）
N170 M30；	（程序结束）

其余工步加工程序略。

五、知识拓展

（一）螺纹底孔尺寸

用丝锥攻螺纹称为攻丝，如图 2－49 所示。攻右旋螺纹必须用右旋丝锥，通常右旋螺纹及右旋丝锥不标注旋向；攻左旋螺纹必须用左旋丝锥，通常左旋螺纹及左旋丝锥需要标注左旋，左旋螺纹在生产实际中使用很少。

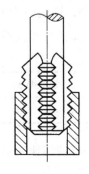

图 2－49　丝锥攻螺纹

1. 普通螺纹攻丝前的底孔直径(经验公式)

当 P≤1 时，$\qquad d_0 = d - P$

当 P>1 时，$\qquad d_0 \approx d - 1.05P$

式中：P 为螺距(mm)；d 为螺纹公称直径(mm)；d_0 为攻丝前钻头直径(mm)。

2. 普通螺纹底孔推荐钻头直径

普通螺纹底孔推荐钻头直径见表 2-10，其中常用的 M6、M8、M10、M12 的螺距和底孔钻头直径应记住，会对工作带来极大方便。

表 2-10　攻螺纹切削用量

螺纹公称直径 d	螺距 P		螺纹内径		推荐钻头直径	螺纹公称直径 d	螺距 P		螺纹内径		推荐钻头直径
			最大	最小					最大	最小	
M2	粗	0.4	1.677	1.567	1.60	M8	细	0.75	7.378	7.118	7.20
	细	0.25	1.809	1.729	1.75	M10	粗	1.5	8.626	8.376	8.50
M3	粗	0.5	2.599	2.459	2.5		细	1.25	8.867	8.647	8.70
	细	0.35	2.721	2.621	2.65			1.0	9.118	8.918	9.00
M4	粗	0.7	3.422	3.242	3.30			0.75	9.378	9.118	9.20
	细	0.5	3.599	3.459	3.50	M12	粗	1.75	10.386	10.106	10.20
M5	粗	0.8	4.334	4.134	4.20		细	1.5	10.626	10.376	10.50
	细	0.5	4.599	4.459	4.50			1.25	10.867	10.647	10.70
M6	粗	1.0	5.118	4.918	5.00			1.0	11.118	10.918	11.00
	细	0.75	5.378	5.118	5.20	M16	细	2	14.135	13.835	13.90
M8	粗	1.25	6.887	6.647	6.70			1.5	14.626	14.376	14.50
	细	1.0	7.118	6.918	7.00			1.0	15.118	14.918	15.00

(二)攻螺纹切削用量的选择

1. 切削速度 v_c

丝锥攻螺纹时，不同材料的攻丝切削速度 v_c 见表 2-11。

表 2-11　攻丝切削速度

加工材料	铸　铁	钢及其合金	铝及其合金
$v_c/(\text{m} \cdot \text{min}^{-1})$	2.5~5	1.5~5	5~15

主轴转速由切削速度、螺纹直径等通过公式进行计算。其关系为

$$n = \frac{v_c \times 1000}{\pi \times D}$$

2. 进给速度 F

进给速度的选择决定于螺距,对于刚性攻螺纹和用攻螺纹夹头的浮动攻螺纹,进给速度 F 计算如下:

$$F = P \times S$$

式中:F 为进给速度(mm/min);P 为螺距(mm);S 为主轴转速(r/min)。

零件图如图 2-50 所示,材料为 45 钢,六面 80 mm×80 mm×20 mm,前道工序已加工至尺寸要求,按图编写 M30×2-7H 及 4×M12-7H 螺纹的加工程序,加工至尺寸要求。

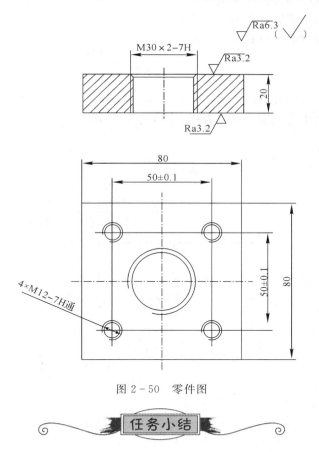

图 2-50　零件图

(1) 攻丝固定循环 G84、G74 指令的应用;攻丝切削用量的选择;螺旋线插补 G02、G03 指令的应用;圆柱内螺纹铣削编程。

(2) 盘类零件螺纹加工示例,综合运用各种 G、F、M、S 等指令进行编程。

任务六　盘类零件曲面加工

一、学习目标

知识目标

（1）掌握宏程序的编程方法；

（2）掌握坐标系旋转 G68、G69 指令的应用；

（3）掌握宏程序的调用。

技能目标

（1）会使用宏程序编写曲面加工程序；

（2）会使用坐标系旋转指令编写加工程序；

（3）会使用数控铣床进行盘类零件曲面加工。

二、工作任务

零件图如图 2-51 所示，材料为 45 钢，六面 80 mm×80 mm×20 mm，前道工序已加工至尺寸要求，按图编写椭圆的加工程序，加工至尺寸要求。

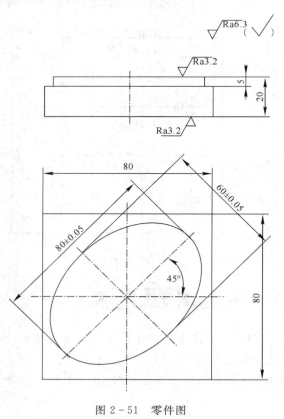

图 2-51　零件图

三、相关知识

（一）宏程序的编程

1. 用户宏程序的概念

用户宏程序是利用宏指令和变量编制的程序，具有变量赋值、算术和逻辑运算及转移和循环等功能。宏程序与普通数控程序相比，普通程序的程序字为常量，一个程序只能描述一个几何形状，所以缺乏灵活性和适应性。而用户宏程序可以使用变量编程，使曲面加工、型腔加工及固定循环加工的编程更方便，更灵活。

FANUC 数控系统的用户宏程序分为 A、B 两类，通常情况下，FANUC 0D 系统采用 A 类宏程序，FANUC 0i 系统采用 B 类宏程序。用户宏程序功能 A 不直观，可读性差，在实际工作中很少使用。由于绝大部分 FANUC 系统支持用户宏程序功能 B，所以本书以宏程序功能 B 为基础，阐述宏程序的知识与应用。

2. 变量及变量的使用方法

普通加工程序直接用数值指定 G 代码和移动距离，例如 G01 X150；用户宏程序中可以直接指定数值，也可用变量指定。使用变量的优点是变量的值可以改变，可用程序给变量赋值，或通过操作 MDI 面板给变量赋值。

1）变量的表示形式

用户宏程序的变量由变量符号"♯"和后面的变量号所构成。

即：♯i(i＝1，2，3，…)。

例如：♯3，♯60，♯150。

变量号可以用表达式指定，此时表达式要用方括号括起来。

例如：♯[♯3＋♯60－♯150]。

2）变量的赋值

在宏程序中，可以用符号"＝"来对变量赋值。

例如：

♯2＝30；	（♯2 的值为 30）
♯50＝30＋40；	（♯50 的值为 70）
♯120＝♯2＋♯50；	（♯120 的值为 100）

3）变量的引用

在地址符后的数值可以用变量来置换。

例如：F♯102，当♯102＝130 时就等同于 F130。

改变引用变量的值的符号，要把负号"－"放在♯前面。

例如：Z－♯50，当♯50＝60 时就等同于 Z－60。

当用表达式指定变量时，要把表达式放在方括号中。

例如：G01 X[♯1＋♯2] F♯3；

3. 变量的类型

按变量号可将变量分为空变量、局部变量、公共变量和系统变量，其用途和性质都是不同的，如表 2－12 所示。

表 2 - 12　变量的类型

变量号	变量类型	功　　能
#0	空变量	该变量总是空，没有值能赋给该变量
#1～#33	局部变量	局部变量只能用在宏程序中存储数据，例如，运算结果。当断电时，局部变量被初始化为空。调用宏程序时，自变量对局部变量赋值
#100～#199 #500～#999	公共变量	公共变量在不同的宏程序中的意义相同。当断电时，变量#100～#199 初始化为空。变量#500～#999 的数据保存，即使断电也不丢失
＞#1000～	系统变量	系统变量用于读和写 CNC 的各种数据，例如，刀具的当前位置和补偿值等

4. 变量的算术和逻辑运算

宏程序具有赋值、算术运算、逻辑运算、函数运算等功能，变量之间进行运算的通常表达形式为：

　　　　#i＝(表达式)

各运算指令的具体表达形式见表 2 - 13。

运算次序依次为：函数、乘和除运算（＊、/）、加和减运算（＋、－）。方括号用于改变运算的次序，方括号最多可嵌套 5 层，包括函数内部使用的方括号，当超出 5 层时，会出现系统报警。

表 2 - 13　运算指令的表达形式

功　　能		格　　式
赋　值	赋　值	$\#i = \#j$
算术运算	加	$\#i = \#j + \#k$
	减	$\#i = \#j - \#k$
	乘	$\#i = \#j * \#k$
	除	$\#i = \#j / \#k$
三角函数	正弦	$\#i = SIN[\#j]$
	余弦	$\#i = COS[\#j]$
	正切	$\#i = TAN[\#j]$
	反正弦	$\#i = ASIN[\#j]$
	反余弦	$\#i = ACOS[\#j]$
	反正切	$\#i = ATAN[\#j]$
四舍五入函数	四舍五入化整	$\#i = ROUND[\#j]$
	上取整	$\#i = FIX[\#j]$
	下取整	$\#i = FUP[\#j]$
辅助函数	平方根	$\#i = SQRT[\#j]$
	绝对值	$\#i = ABS[\#j]$
	自然对数	$\#i = LN[\#j]$
	指数函数	$\#i = EXP[\#j]$

功　　能		格　　式
赋　值	赋　值	$\sharp i = \sharp j$
逻辑函数	与	$\sharp i = \sharp j$ AND $\sharp k$
	或	$\sharp i = \sharp j$ OR $\sharp k$
	异或	$\sharp i = \sharp j$ XOR $\sharp k$
变换函数	BCD→BIN(十进制转二进制)	$\sharp i = BIN[\sharp j]$
	BIN→BCD(二进制转十进制)	$\sharp i = BCD[\sharp j]$

5．转移和循环

在宏程序中，可以通过指令来改变和控制程序的运行流程，以下有三种转移和循环指令可供使用。

1）无条件转移语句——GOTO 语句

指令格式：

　　　GOTO n；

其中，n 表示程序段号。当程序执行到该程序段时无条件转移(跳转)到标有段号 n 的程序段执行。

　　例如：

　　　...

　　　N40 GOTO 60；

　　　N50 G00 X20；

　　　N60 G00 X100；

　　　...

即执行"N40 GOTO 60；"程序段时，无条件转移到第 N60 程序段执行，而"N50 G00 X20；"跳过不执行。

2）条件转移语句——IF 语句

指令格式：

　　　IF[条件表达式] GOTO n；

程序段含义为：

（1）如果条件表达式的条件得到满足，则转而执行第 n 段号程序，程序段号 n 可以由变量或表达式替代。

（2）如果表达式中条件未满足，则按顺序执行下一段程序。

（3）表达式书写如下：

EQ 表示等于＝；

NE 表示不等于≠；

GT 表示大于＞；

GE 表示大于等于≥；

LT 表示小于＜；

LE 表示小于等于≤。

3）循环语句——WHILE 语句

指令格式：

    WHILE ［条件表达式］ DO m；(m＝1，2，3)

    END m；(m＝1，2，3)

程序含义为：条件表达式满足时，执行从 DO m 到 END m 之间程序段的程序，否则，程序转到 END m 后的程序段执行。DO 后的数和 END 后的数为指定程序执行范围的标号，标号值为 1，2，3。

注意： ① WHILE DO m 和 END m 必须成对使用。

② DO 语句允许有三层嵌套，即如下语句：

    DO1；

    DO2；

    DO3；

    END3；

    END2；

    END1；

③ DO 语句的范围不允许交叉，即如下语句是错误的：

    DO1；

    DO2；

    END1；

    END2；

（二）坐标系旋转指令 G68 、G69

坐标系旋转指令可将工件旋转某一指定的角度，将轮廓转到适于计算的位置，可简化编程。如果工件的形状由许多相同的图形组成，则可将图形单元编成子程序，然后用主程序的旋转指令调用。

G68 为坐标系旋转指令；G69 为取消坐标系旋转指令。

指令格式为：

    G68 X __ Y __ R __ ；

其中：X、Y 为指定旋转中心坐标；R 为旋转角度，逆时针为正，顺时针为负，单位为度"°"。

注意： G68 之前用绝对坐标，若用增量坐标，则以当前点为旋转中心；G68 之前必须用 G17 指定旋转平面，如图 2－52 所示。

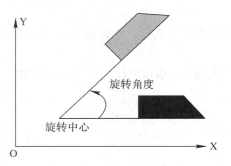

图 2－52 坐标系旋转指令 G68

四、任务实施

(一)工艺分析

1. 零件图分析

根据零件图 2-51,毛坯六面 80 mm×80 mm×20 mm,前道工序已加工至尺寸要求,椭圆需要加工。由于椭圆长轴与工件定位基准面成 45°,可利用坐标系旋转指令进行编程。

为了计算方便,利用椭圆参数方程进行坐标计算,椭圆参数方程如下:

$$\begin{cases} x = a * \cos\theta \\ y = b * \sin\theta \end{cases}$$

其中:a 为长半轴;b 为短半轴;θ 为离心角。

由于长半轴和短半轴是常量,采用宏程序条件转移语句,让离心角 θ 在 0°到 360°之间取节点,用直线逼近加工椭圆轮廓。

2. 工件的定位装夹

以已加工过的 80 尺寸两侧面及底面为精基准定位,用平口虎钳装夹。

3. 加工工步

椭圆先粗加工去余量,留 1 mm 精加工量,粗加工时可用精加工程序,用改变 D01 刀具半径值的方法进行粗加工去余量,同时粗加工的切削用量要进行适当调整。

(1)粗加工去余量(16 立铣刀)。

(2)椭圆精加工(16 立铣刀)。

(二)编写加工程序

选用 G54 设定工件坐标系,Z 轴原点设在工件顶面,X、Y 轴原点设在工件对称中心。

椭圆精加工程序如下:

O2510;	(程序名,2510 号程序)
N10 G90 G17 G40 G54 G00 X0 Y0 Z100 M08;	(开冷却,快速定位到 G54 坐标系 X0 Y0 Z100)
N20 M03 S500;	(主轴正转,转速 500 r/min)
N30 G68 X0 Y0 R45;	(以 X0 Y0 为中心,坐标系旋转 45°)
N40 G00 X70 Y50 Z10;	(快速定位到毛坯外侧)
N50 Z-5;	(Z 轴下刀)
N60 G01 G41 D01 X40 Y20 F80;	(建立刀具左补偿,D01 刀具半径设为 8)
N70 X40 Y0;	(沿切向切入椭圆轮廓起点)
N80 #3=360;	(#3 赋值,#3 为椭圆方程离心角)
N90 #3=#3-1;	(离心角递减,每次减小 1°)
N100 #1=40 * COS[#3];	(离心角每减小 1°,当前 #1 的 X 节点坐标)
N110 #2=30 * SIN[#3];	(离心角每减小 1°,当前 #2 的 Y 节点坐标)
N120 G01 X[#1] Y[#2] F80;	(按节点坐标直线逼近加工椭圆)
N130 IF[#3 GT 0] GOTO 90;	(假设离心角大于 0°,程序转移执行 N90 段程序)
N140 G01 X40 Y-5 F100;	(沿切向切出椭圆轮廓起点)
N150 G40 X70 Y50;	(取消刀具左补偿,X、Y 退刀)

N160 G69;	（取消坐标系旋转）
N170 G00 Z300 M09;	（关冷却，快速 Z 向退刀）
N180 M05;	（主轴停止）
N190 M30;	（程序结束）

五、知识拓展

（一）宏程序的调用

FANUC－0i MA 系统的用户宏程序是用 G65 指令来调用的，宏程序类似于子程序，可以调用，但宏程序中有变量可以运用，在主程序中赋值，变量还可以进行算术运算、逻辑运算和函数运算。

1. 宏程序调用指令 G65

指令格式：

　　　G65 P（宏程序号）L（重复次数）（变量分配）；

其中：G65 为宏程序调用指令；P（宏程序号）为被调用的宏程序号；L（重复次数）为宏程序重复运行的次数，重复次数为 1 时可省略不写；（变量分配）为宏程序中使用的变量赋值。

宏程序可被另一个宏程序调用，最多可调用四重。

宏程序调用过程如图 2－53 所示，图中主程序里的 G65 调用 9010 号宏程序。

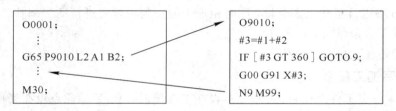

图 2－53　宏程序调用过程图

2. 宏程序的格式

宏程序的编写格式与子程序相同。

编写格式：

　　　O××××；　　　　　　（宏程序名）

　　　…　　　　　　　　　　（程序段）

　　　M99；　　　　　　　　（宏程序结束）

宏程序可以用变量，使用各种运算和各种指令，变量值由主程序中调用变量的程序段赋予。

3. 自变量的指定

自变量分为自变量指定 I 和自变量指定 II 两类。

1）自变量指定 I

自变量指定 I 可以使用除了 G、L、N、O、P 以外的其他字母，并且只能使用一次。表 2－14 为自变量指定 I 的自变量（地址）与变量的对应关系。

表 2-14　自变量指定 I 的变量对应关系

地　址	变量号	地　址	变量号	地　址	变量号
A	♯1	I	♯4	T	♯20
B	♯2	J	♯5	U	♯21
C	♯3	K	♯6	V	♯22
D	♯7	M	♯13	W	♯23
E	♯8	Q	♯17	X	♯24
F	♯9	R	♯18	Y	♯25
H	♯11	S	♯19	Z	♯26

例：G65 P9010 L2 A1 B2；

上述程序段为宏程序的简单调用格式，其含义为：调用宏程序号为 9010 的宏程序运行两次，并为宏程序中的变量赋值，其中，A 对应的变量号 ♯1 赋值为 1，B 对应的变量号 ♯2 赋值为 2。

注意：I、J、K 三个字母的顺序不能乱，其他字母可以不按顺序排列。

2）自变量指定 II

自变量指定 II 可以使用 A、B、C（一次）和 I_i、J_i、K_i，其下标 i 的取值为 1～10。表 2-15 为自变量指定 II 的自变量（地址）与变量的对应关系。自变量指定 II 用于传递诸如三维坐标值的变量。

表 2-15　自变量指定 II 的变量对应关系

地　址	变量号	地　址	变量号	地　址	变量号
A	♯1	K_3	♯12	J_7	♯23
B	♯2	I_4	♯13	K_7	♯24
C	♯3	J_4	♯14	I_8	♯25
I_1	♯4	K_4	♯15	J_8	♯26
J_1	♯5	I_5	♯16	K_8	♯27
K_1	♯6	J_5	♯17	I_9	♯28
I_2	♯7	K_5	♯18	J_9	♯29
J_2	♯8	I_6	♯19	K_9	♯30
K_2	♯9	J_6	♯20	I_{10}	♯31
I_3	♯10	K_6	♯21	J_{10}	♯32
J_3	♯11	I_7	♯22	K_{10}	♯33

（二）应用举例

根据零件图 2-51，用宏程序调用方法编写程序。

主程序如下：

O2511；	（程序名，2511 号主程序）
N10 G90 G17 G40 G54 G00 X0 Y0 Z100 M08；	（开冷却，快速定位到 G54 坐标系 X0 Y0 Z100）
N20 M03 S500；	（主轴正转，转速 500 r/min）
N30 G68 X0 Y0 R45；	（以 X0 Y0 为中心，坐标系旋转 45°）
N40 G00 X70 Y50 Z10；	（快速定位到毛坯外侧）
N50 Z-5；	（Z 轴下刀）
N60 G01 G41 D01 X40 Y20 F80；	（建立刀具左补偿，D01 刀具半径设为 8）
N70 X40 Y0；	（沿切向切入椭圆轮廓起点）
N80 G65 P2512 A40 B30；	（调用 2512 号宏程序，A 对应♯1 赋值 40，B 对应♯2 赋值 30）
N90 G01 X40 Y-5 F80；	（沿切向切出椭圆轮廓起点）
N100 G40 X70 Y50；	（取消刀具左补偿，X、Y 退刀）
N110 G69 G00 Z300 M09；	（关冷却，快速 Z 向退刀）
N120 M05；	（主轴停止）
N130 M30；	（程序结束）

宏程序如下：

O2512；	（程序名，2512 号宏程序）
N10 ♯3＝360；	（♯3 赋值，♯3 为椭圆方程离心角）
N20 ♯3＝♯3-1；	（离心角递减，每次减小 1°）
N30 ♯4＝♯1 * COS[♯3]；	（离心角每减小 1°，当前♯4 的 X 节点坐标，♯1 为长半轴）
N40 ♯5＝♯2 * SIN[♯3]；	（离心角每减小 1°，当前♯5 的 Y 节点坐标，♯2 为短半轴）
N50 G01 X[♯4] Y[♯5] F80；	（按节点坐标直线逼近加工椭圆）
N60 IF[♯3 GT 0]GOTO 20；	（假设离心角♯3 大于 0，程序转移执行 N20 段程序）
N70 M99；	（宏程序结束）

能力测试

零件图如图 2-54 所示，材料为 45 钢，六面 80 mm×80 mm×20 mm，前道工序已加工至尺寸要求，按图编写椭圆加工程序，加工至尺寸要求。

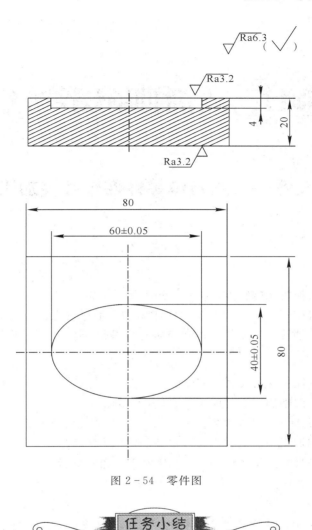

图 2-54 零件图

任务小结

　　(1) 宏程序的应用；变量及变量的使用方法；宏程序的编程方法；坐标系旋转 G68、G69 指令的应用；宏程序的调用；椭圆曲面轮廓编程。

　　(2) 盘类零件曲面加工示例，综合运用各种 G、F、M、S 等指令进行编程。

本项目学习参考书目

[1]　嵇宁. 数控加工编程与操作 [M]. 北京：高等教育出版社，2008.

[2]　周保牛. 数控铣削与加工中心技术 [M]. 北京：高等教育出版社，2007.

[3]　宋志良，欧阳玲玉. 典型铣削零件数控编程与加工 [M]. 北京：北京理工大学出版社，2014.

[4]　陈海舟. 数控铣削加工宏程序及应用实例 [M]. 2 版. 北京：机械工业出版社，2007.

任务一 六方体零件四轴数控加工

一、学习目标

知识目标

(1) 掌握四轴数控机床的特点、结构及分类等；

(2) 掌握四轴机床（西门子 802D sl）的操作，包括程序输入、对刀以及自动加工等；

(3) 掌握四轴定轴铣加工零件的角度变换的编程。

技能目标

(1) 能完成六方体零件的编程；

(2) 能编制数控四轴加工零件的工艺文件；

(3) 能正确对刀并设置刀具参数；

(4) 能使用四轴加工中心完成六方体零件的加工；

(5) 能进行机床日常维护和保养，并有环保意识和安全意识。

二、工作任务

在数控铣削加工中，经常遇到某些零件加工过程中需要旋转变换不同的工位来进行加工，利用传统的三轴数控铣床需要进行多次装夹，即使利用分度装置也需要手动调整工位，效率较低。如果采用四轴数控机床加工则可以实现一次装夹后通过自动变换工位来进行零件的连续加工，提高加工效率。

四轴加工即是在传统的三轴机床上增加一个旋转轴进行数控加工。本任务重点介绍 3+1 轴加工。3+1 轴加工也可以称为四轴定位加工，它是指在四轴机床上实现三个运动轴（X、Y、Z 轴）同时联动，另一个旋转轴间歇运动的一种加工形式。下面以一个六方体零件的加工为例来说明 3+1 轴的数控加工。

（一）六方体零件的二维和三维图

六方体零件的二维和三维图如图 3-1 所示。

（二）任务具体要求

六方体零件单件生产，毛坯为一台阶轴（小端直径为 44 mm，长度为 30 mm；大端直径为 60 mm，长度为 30 mm），材料为硬铝（也可不根据图上材料要求，针对自己现有的材料进行加工）。加工该零件的具体任务为在分析零件图和零件结构工艺特征的基础上拟定零件机械加工工艺方案，编制工艺文件，编写数控加工程序，在四轴数控机床上完成零件加工。

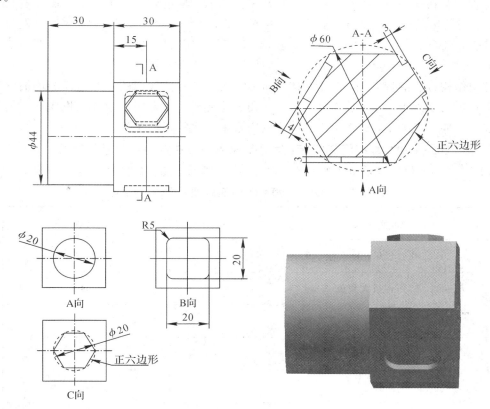

图 3-1　六方体零件的二维和三维图

注：① 待加工表面粗糙度均为 3.2。
② 毛坯为一台阶轴（小端直径为 44 mm，长度为 30 mm；大端直径为 60 mm，长度为 30 mm）。
③ 材料为硬铝。

三、相关知识

（一）四轴数控机床简介

四轴数控机床就是在三轴数控机床的基础上增加一个旋转轴。常见的四轴数控机床的结构分为带转台的四轴联动数控加工机床和带摆头的四轴联动数控加工机床。

1．转台结构

在工作台上增加一个分度盘，工件安装在分度盘（带三爪卡盘）上，分度盘转动带动工件转动。这类机床结构主轴的刚度不受影响，但由于旋转工作台放置在三轴机床的工作台上，Z 轴的行程就会受到影响（比原行程要小），并且在这类机床上进行三轴零件加工时，它的 X、Y 轴的加工范围都会受到影响。但这类机床在四轴机床中最为常见，操作简单，不需要测定摆长。

这类结构机床的特点是：特别适合加工轴类或盘类零件，如空间凸轮、滚筒、柱面上有加工特征的零件，一次装夹就可以完成所有加工，减少了夹具和重复安装误差。

141

2．摆头结构

主轴安装在摆头上，摆头可以在行程范围内摆动，也可以和三个线性轴联动进行零件加工。这类机床的工作台没有受到影响，X 轴、Y 轴的行程和三轴机床一样可以做得比较大，但这种机床结构的主轴刚度会受到影响，而且在刀具路径进行后处理时还要对摆长进行补偿。

这类结构机床的特点是：对于箱体上带有斜孔、具有倒钩面的一些曲面和侧面含有需要特殊加工的零件等，一次装夹就可以加工出整个零件；如果用三轴数控机床加工就需要多次装夹才能完成加工，这就会产生多次装夹带来的重复定位误差。

（二）VDL－600A 数控四轴机床（西门子 802D sl）主要参数及面板简介

VDL－600A 数控四轴机床的实物图如图 3－2 所示，其主要参数如表 3－1 所示。

表 3－1 VDL－600A 数控四轴机床的主要参数

主要参数	单位	规格
工作台规格（长×宽）	mm	800×420
工作台最大载重	kg	500
工作台 T 形槽（槽数×槽宽×槽距）	mm	3×18×125
X 坐标行程	mm	600
Y 坐标行程	mm	420
Z 坐标行程	mm	520
主轴端面至工作台上平面的距离	mm	140～520
X、Y、Z 切削速度	mm/min	1～10000
X、Y、Z 快速进给速度	m/min	24/24/20
主轴最高转速	r/min	8000
刀柄	—	BT40
主轴功率	kW	7.5/11
刀库容量	把	16（斗笠式）
X、Y 轴导轨形式		直线滚动导轨
Z 轴导轨形式		直线滚动导轨

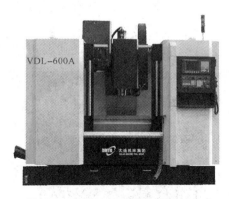

图 3-2 VDL-600A 数控四轴机床

1. 数控系统面板

数控系统面板如图 3-3 所示，面板上的按键功能如表 3-2 所示。

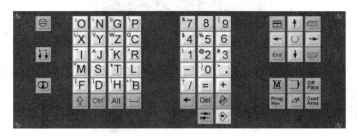

图 3-3 数控系统面板

表 3-2 数控系统面板的按键功能

按键	功能	按键	功能
◀ ▲ ▶ ▼	光标键	SELECT	选择/转换键
POSITIOIV	加工操作区域键	PROGRAM	程序操作区域键
PARAM	参数操作区域键	PROGRAM MANAGER	程序管理操作区域键
SYSTEM ALARM	报警/系统操作区域键	CUSTUCM	用户定义键
O	字母键（上挡键转换对应字符）	&7	数字键（上挡键转换对应字符）
SHIFT	上挡建	CTRL	控制键
ALT	替换键	⎵	空格键
BACKSPACE	退格删除键	DEL	删除键
INSERT	插入键	TAB	制表键
INPUT	回车/输入键		

143

2. 机床控制面板

机床控制面板如图 3 - 4 所示，面板上的按键功能如表 3 - 3 所示。

图 3 - 4　机床控制面板

表 3 - 3　机床控制面板按键功能

按键	功能	按键	功能
	增量选择键		手动
	回参考点		自动方式
	单段		手动数据输入
	主轴正转		主轴反转
+Z -Z	Z轴点动	+X -X	X轴点动
+Y -Y	Y轴点动		快进键
//	复位键		数控停止
	数控启动		主轴停
	急停键		
	主轴速度修调		进给速度修调

3. 开机检查

机床检查要求如表 3 - 4 所示。

表 3 - 4 机床检查要求

序号	检查周期	检查部位	检 查 要 求
1	每天	导轨润滑油箱	检查油量，及时添加润滑油，检查润滑液压泵是否定时启动、打油及停止
2	每天	压缩空气气动压力	气动控制系统压力是否在正常压力范围之内
3	每天	各防护装置	机床防护装置是否齐全有效

开机顺序：主电源→系统电源→急停按钮；

关机顺序：急停按钮→系统电源→主电源。

4. 屏幕显示区

屏幕显示区如图 3 - 5 所示。

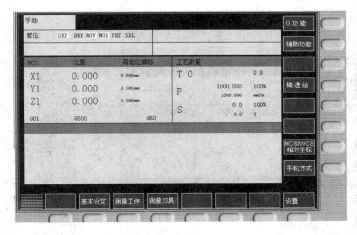

图 3 - 5 屏幕显示区

显示屏右侧和下方的灰色方块为菜单软键，按下软键，可以进入软键左侧或上方对应的菜单。

有些菜单下有多级子菜单，当进入子菜单后，可以通过点击"返回"软键，返回上一级菜单。

(三) VDL - 600A 数控四轴机床(西门子 802D sl)手动操作

1. 返回参考点

注：该机床不需要回零操作。

2. JOG 运行方式

1）JOG 运行

（1）按下机床控制面板上的手动键 。

（2）选择进给速度。

（3）按下坐标轴方向键，机床在相应的轴上开始运动。只要按住坐标轴键不放，机床就会以设定的速度连续移动。

2）JOG 进给速度的选择

使用机床控制面板上的进给速度修调旋钮 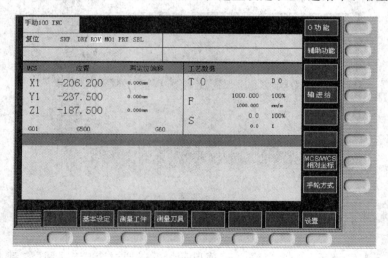 选择进给速度。

3）快速移动

先按下快进按键 ，然后再按坐标轴按键，则该轴将产生快速运动。

4）增量进给

（1）按下机床控制面板上的"增量选择"按键 ，系统处于增量进给运行方式。

（2）设定增量倍率。

（3）按下"＋X"或"－X"按键，X 轴将向正向或负向移动一个增量值。

（4）依照同样的方法，按下"＋Y"、"－Y"、"＋Z"、"－Z"按键，使 Y、Z 轴向正向或负向移动一个增量值。

（5）再按一次点动键可以去除步进增量方式。

5）设定增量值

（1）点击" "按键下方的功能键。

（2）系统显示如图 3－6 所示的界面，可以在这里设定 JOG 进给率、增量值等参数。

图 3－6 手动设置界面

（3）使用光标键 移动光标，将光标定位到需要输入数据的位置。光标所在区域以白色高光显示。如果刀具清单多于一页，可以使用翻页键进行翻页。

（4）点击数控系统面板上的数字键，输入数值。

（5）点击输入键 完成输入。

3. MDA 运行方式

（1）按下机床控制面板上的 MDA 键 ，系统进入 MDA 运行方式。

（2）使用数控系统面板上的字母、数字键输入程序段。例如，点击字母键、数字键，依次输入：G00X0Y0Z0。屏幕上显示输入的数据，如图 3－7 所示。

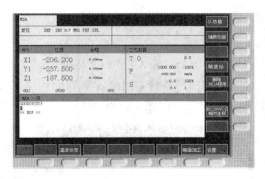

图 3-7 MDA 方式

(3) 按数控启动键 ,系统执行输入的指令。

(四) VDL-600A 数控四轴机床(西门子 802D sl)程序编辑

1. 进入程序管理方式

点击程序管理操作区域键 [Prog Man] ,显示屏显示零件程序列表,如图 3-8 所示。

图 3-8 程序管理界面

2. 软键

程序管理的软键功能如表 3-5 所示。

表 3-5 软键功能

软键	功 能
执 行	如果零件清单中有多个零件程序,按下该键可以选定待执行的零件程序,再按下数控启动键就可执行程序
新程序	输入新程序
复 制	把选择的程序拷贝到另一个程序中
删 除	删除程序
打 开	打开程序
重命名	更改程序名

3. 输入新程序

（1）按下 新程序 软键。

（2）使用字母键输入程序名。例如，输入字母：XGM01。

（3）按"确认"软键。如果按"中断"软键，则刚才输入的程序名无效。

（4）零件程序清单中显示新建立的程序，如图 3-9 所示。

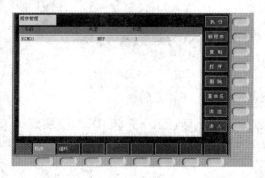

图 3-9　新建程序

4. 编辑当前程序

当零件程序不处于执行状态时，可以进行编辑。

（1）点击程序操作区域键 。

（2）点击编辑下方的"编辑"软键 编辑 。

（3）打开当前程序。

（4）使用面板上的光标键和功能键来进行编辑。

（5）如果要进行删除操作，可以使用光标键，将光标落在需要删除的字符前，按删除键 DEL 删除错误的内容。或者将光标落在需要删除的字符后，按退格删除键 ← 进行删除。

（五）VDL-600A 数控四轴机床（西门子 802D sl）的参数设置

1. 进入参数设定窗口

（1）按下系统控制面板上的参数操作区域键 OFFSET PARAM ，显示屏显示参数设置窗口，如图 3-10 所示。

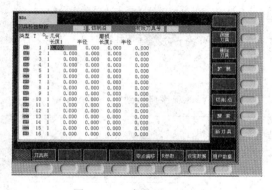

图 3-10　参数设置窗口

（2）点击软键，可以进入对应的菜单进行设置。用户可以在这里设定刀具参数、零点偏置等参数。

2.设置刀具参数及刀补参数

1）设置刀具参数的基本方法

（1）点击参数设置窗口下方的"刀具表"软键。

（2）打开刀具补偿设置窗口，该窗口显示所使用的刀具清单，如图3-11所示。

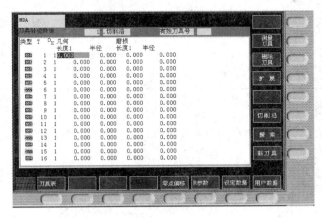

图3-11 刀具补偿设置

（3）使用光标键 ◀ ▶ 移动光标，将光标定位到需要输入数据的位置。光标所在区域以白色高光显示。如果刀具清单多于一页，可以使用翻页键进行翻页。

（4）点击数控系统面板上的数字键，输入数值。

（5）点击输入键 完成输入。

2）软键功能

软键功能如表3-6所示。

表3-6 软键功能

软键	菜单级数	功 能 描 述
测量刀具	一级	手动确定刀具补偿参数
删除刀具	一级	清除刀具所有刀沿的刀具补偿参数
扩展	一级	显示刀具的所有参数
切削沿	一级	点击该键，进入下一级菜单，用于显示和设定其他刀沿
D>>	二级	选择下一级较高的刀沿号
<<D	二级	选择下一级较低的刀沿号
新刀沿	二级	建立一个新刀沿

续表

软键	菜单级数	功能描述
复位刀沿	二级	复位刀沿的所有补偿参数
搜索	一级	输入刀具号，搜索特定刀具（暂未开通）
新刀具	一级	建立新刀具的刀具补偿
钻削	二级	设定钻刀刀具号
铣削	二级	设定铣刀刀具号

3）建立新刀具

点击"新刀具"软键，显示屏右侧出现钻削和铣刀两个菜单项，可以设定两种类型刀具的刀具号；例如，要建立刀具号为 6 的铣刀，其操作步骤如下：

（1）点击"新刀具"软键→"铣刀"软键，显示屏出现如图 3-12 所示的界面。

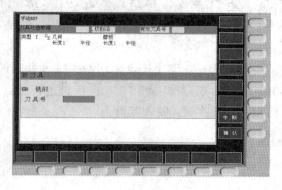

图 3-12　创建刀具

（2）使用数控系统面板上的数字键，输入数字 6。

（3）点击右下方的"确认"软键，完成建立。这时刀具清单里会出现新建立的刀具，如图 3-13 所示。

图 3-13　创建新刀具

3. 设置零点偏移值

（1）点击"零点偏移"软键。

（2）屏幕上显示可设定零点偏移的情况，如图3-14所示。

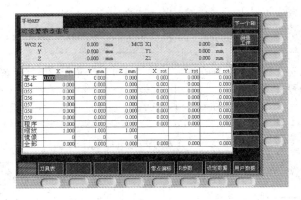

图3-14　设置零点偏移值

（3）使用光标键 ◀ ▶ 移动光标，将光标定位到需要输入数据的位置。光标所在区域以白色高光显示。

（4）点击数控系统面板上的数字键，输入数值。

（5）点击输入键 完成输入。

（六）VDL-600A数控四轴机床（西门子802D sl）自动运行操作

1. 进入自动运行方式

（1）按下系统控制面板上的自动方式键 ，系统进入自动运行方式。

（2）显示屏上显示自动方式窗口，内容包括位置、主轴值、刀具值以及当前的程序段，如图3-15所示。

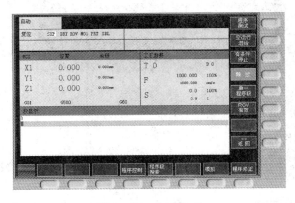

图3-15　自动方式

2. 软键

（1）点击自动方式窗口下方菜单栏上的"程序控制"软键。

（2）显示屏右侧出现程序控制菜单的下一级菜单，各按键功能如表3-7所示。

表 3-7 按键功能

按　　键	功 能 描 述
程序测试	按下该键后，所有到进给轴和主轴的给定值被禁止输出，此时给定值区域显示当前运行数值
空运行进给	进给轴以空运行设定数据中的设定参数运行
有条件停止	程序在运行到有 M01 指令的程序段时停止运行
跳 过	前面有"/"标志的程序段将跳过不予执行
单一程序段	每运行一个程序段，机床就会暂停
ROV有效	按快速修调键，修调开关对于快速进给也生效

3. 选择和启动零件程序

（1）按下自动方式键 [→]。

（2）选择系统主窗口菜单栏中的"数控加工"→"加工代码"→"读取代码"，系统弹出 windows 打开文件窗口，选中在电脑中事先做好的程序文件并按下窗口中的"打开"键将其打开，这时显示窗口会显示该程序的内容，如图 3-16 所示。

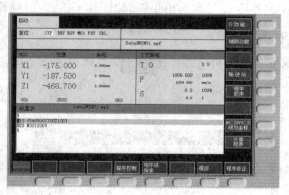

图 3-16 程序运行窗口

（3）按数控启动键 [◇]，系统执行程序。

4. 停止、中断零件程序

（1）停止：按数控停止键 [◇]，可以停止正在加工的程序，再按数控启动键 [◇]，就能恢复被停止的程序。

（2）中断：按复位键 [//]，可以中断程序加工，再按数控启动键 [◇]，程序将从头开始执行。

（七）VDL-600A 数控四轴机床（西门子 802D sl）对刀操作

四轴数控机床 X、Y、Z 三个坐标轴的对刀可参照三轴机床的对刀操作，A 轴的对刀需根据零件结构等多方面因素来确定。下面以 VDL-600A 数控四轴机床（系统为西门子

802D s1)为例讲解相应的对刀方式。

数控程序一般按工件坐标系编程，对刀的过程就是建立工件坐标系与机床坐标系之间关系的过程。常见的四轴加工坐标系通常建立在回转棒料端面中心，如图3-17所示。

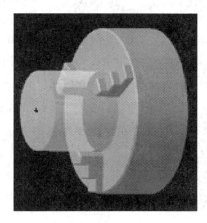

图3-17 四轴加工坐标系的建立

对刀操作的准备工作如下：

第一步，校正回转中心线是否与X轴平行。在卡盘上装上标准芯轴，主轴上装上百分表（精度高可以用千分表）。通过在芯轴侧面和上面（大致位置即可）通过打表最终确定芯轴中心线和X轴平行。

第二步，装上工件和刀具。

1. X轴对刀

通过刀具和工件端面（未加持端）直接进行碰刀。

（1）使主轴中速旋转。

（2）手动移动铣刀去靠近工件端面（未加持端），通过调整倍率的方式，最终使刀具轻微接触到工件端面（可听到刀刃和工件的摩擦声，但没有切屑）。点击"测量工件"软键，进入"工件测量"界面，如图3-18所示。

（3）点击右侧"X"软键。

（4）点击光标键↑或↓使光标停留在"存储在"栏中，在系统面板上点击 ○ 按钮，选择保存工件坐标系原点的位置（此处选择了G54），如图3-19所示。

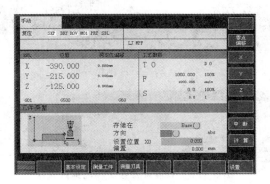

图3-18 工件测量界面

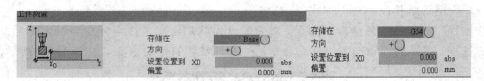

图 3-19 X 轴对刀数据存储地址选择

（5）点击 ⬇ 按钮将光标移动到"方向"栏中，并通过点击 ◯ 按钮选择方向。

（6）点击 ⬇ 按钮将光标移至"设置位置到 X0"栏中，并在"设置位置 X0"文本框中输入刀具的半径值，并按下 ⊗ 键。

（7）点击"计算"软键，系统将会计算出工件坐标系原点的 X 分量在机床坐标系中的坐标值，并将此数据保存到参数表中。

2. Y 轴对刀

Y 轴对刀有单边对刀和双边对刀两种方法。通过刀具和工件侧圆柱面直接进行碰刀。

1）单边对刀法

（1）使主轴中速旋转。

（2）手动移动铣刀去靠近工件侧面最大直径处，通过调整倍率的方式，最终使刀具轻微接触到工件侧面（可听到刀刃和工件的摩擦声，但没有切屑）。点击"测量工件"软键，进入"工件测量"界面，如图 3-20 所示。

（3）点击右侧"Y"软键。

（4）点击光标键 ⬆ 或 ⬇ 使光标停留在"存储在"栏中，在系统面板上点击 ◯ 按钮，选择保存工件坐标系原点的位置（此处选择了 G54），如图 3-21 所示。

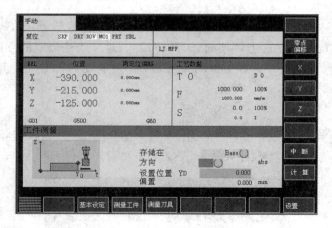

图 3-20 工件测量界面

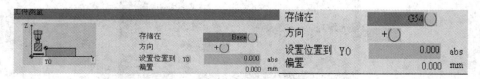

图 3-21 Y 轴对刀数据存储地址选择

（5）点击 ↓ 按钮将光标移动到"方向"栏中，并通过点击 ↺ 按钮选择方向。

（6）点击 ↓ 按钮将光标移至"设置位置到 Y0"栏中，并在"设置位置 Y0"文本框中输入刀具的半径值＋工件半径，并按下 ▷ 键。

（7）点击"计算"软键，系统将会计算出工件坐标系原点的 Y 分量在机床坐标系中的坐标值，并将此数据保存到参数表中。

2）双边对刀法

（1）使主轴中速旋转。

（2）手动移动铣刀去靠近工件侧面偏上，通过调整倍率的方式，最终使刀具轻微接触到工件端面（可听到刀刃和工件的摩擦声，但没有切屑），记下此时刀具在机床坐标系中的 Y 坐标值 Y1。Z 不动，调整刀具到工件另一侧面，通过调整倍率的方式，最终使刀具轻微接触到工件端面（可听到刀刃和工件的摩擦声，但没有切屑），记下此时刀具在机床坐标系中的 Y 坐标值 Y2。

（3）点击软键 Off Para，进入"刀具列表"界面，如图 3-22 所示。

图 3-22　刀具列表界面

（4）点击"零点偏移"软键进入"零点偏移"界面，如图 3-23 所示。

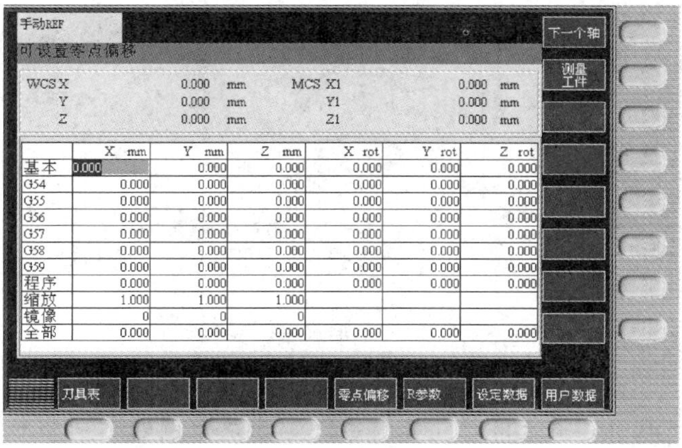

图 3-23　零点偏移界面

（5）在 G54 水平对应的 Y 坐标值中输入（Y1＋Y2）/2 所对应的值，并按下 ◈ 键。

3．Z 轴对刀

通过刀具和工件正上方（最高位置）直接进行碰刀，具体步骤如下：

（1）使主轴中速旋转。

（2）手动移动铣刀去靠近工件正上方（最高位置），通过调整倍率的方式，最终使刀具轻微接触到工件最上方（可听到刀刃和工件的摩擦声，但没有切屑）。点击"测量工件"软键，进入"工件测量"界面，如图 3－24 所示。

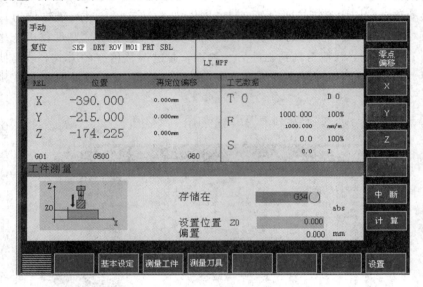

图 3－24　工件测量界面

（3）点击右侧"Z"软键。

（4）点击光标键 ↑ 或 ↓，使光标停留在"存储在"栏中。

（5）在系统面板上点击 ○ 按钮，选择保存工件坐标系原点的位置（此处选择了 G54），如图 3－24 和图 3－25 所示。

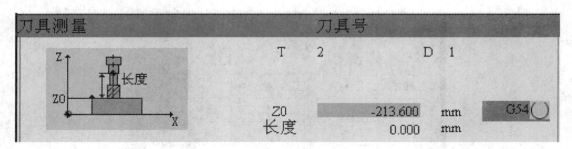

图 3－25　输入 Z0 位置

（6）使用 ↓ 移动光标，在"设置位置 Z0"文本框中输入工件半径值，并按下 ◈ 键。

（7）点击"计算"软键，系统将会计算出工件坐标系原点的 Z 分量在机床坐标系中的坐标值，并将此数据保存到参数表中。

4. A 轴对刀

对于 A 轴来说，如果毛坯上没有参考位置，可设定任意位置作为 A0 位置，因此可以不用设定。如果毛坯上有参考位置，则通过参考位置在工件坐标系中的坐标值来进行设定。

5. 多把刀具对刀

假设以 1 号刀为基准刀，基准刀的对刀方法同上。对于非基准刀，此处以 2 号刀为例进行说明，具体操作步骤如下：

（1）建立刀具参数表。

（2）用 MDA 方式将 2 号刀安装到主轴上。

（3）通过刀具和工件正上方（最高位置）直接进行碰刀对刀具进行对刀。

（4）点击"测量工具"软键，进入"刀具测量"界面，如图 3-26 所示。

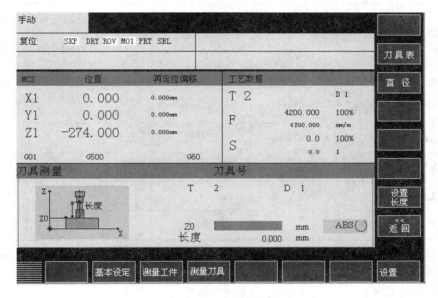

图 3-26 刀具测量界面

（5）将光标移动到 ABS 控件，打开键盘，用 按钮选择对应的工件坐标系，此处选择"G54"，此时"刀具测量"对话框如图 3-27 所示。

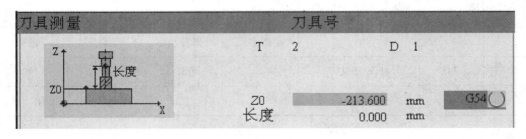

图 3-27 2 号刀 Z0 位置输入

（6）将光标移动到 Z0 对应的文本框中，修改其中的数据，并按下 键。

（7）点击"设置长度"软键，计算得到的数据将被自动记录到刀具表对应的位置中。

（八）3＋1轴零件工位变换编程方法

实现定轴铣削需要在程序中增加旋转轴的旋转指令，而需要旋转到多少度则按照 G00 或者 G01 指令编程即可，如："G91/G90 G00/G01 A60 F80；"，具体旋转到什么角度，需要根据图形和工件坐标系中 A 轴零点的位置来确定。

四、任务实施

（一）六方体零件数控加工工艺文件编制

1．编制工序卡

编制六方体零件机械加工工艺过程卡，如表 3－8 所示。

表 3－8　机械加工工艺过程卡

机械加工工艺过程卡		产品名称	零件名称	零件图号	材料	毛坯规格	
			六方体	J01	2r12	台阶轴（小端直径为 44，大端直径为 60，长度分别为 30）	
工序号	工序名称	工序简要内容	设备		工艺装备	工时	
01	下料	车台阶轴	C6140		三爪卡盘、游标卡尺		
02	铣削	铣六方体	VDL－600A		三爪卡盘、游标卡尺		
03	检验						
编制		审核		批准		共 1 页	第 1 页

2．编制数控刀具调整卡

编制六方体零件加工刀具调整卡，如表 3－9 所示。

表 3－9　数控加工刀具调整卡

产品名称或代号				零件名称	六方体	零件图号	J01
序号	刀具号	刀具名称及规格		刀具参数		刀补地址	
				底面半径	刀杆规格	半径	形状
1	T01	φ8 键槽铣刀			刃长 35	D01	H01
编制		审核		批准		共 页	第 页

3．编制数控铣削加工工序卡片

编制六方体零件数控铣削加工工序卡，如表 3－10 所示。

表 3 – 10　数控加工工序卡

单位名称	陕西工业职业技术学院		零件名称	六方体	零件图号	J01	材料牌号	2A12	材料硬度	
数控加工工序卡			设备名称	立式四轴加工中心	设备型号	VDL–600A	工艺装备	带三爪卡盘的回转台		
工序号	工序名称	程序编号	加工车间	数控车间						
02	铣削									

工步号	工步内容	刀具号	刀具名称	量具名称	规格/mm	切削速度 V_c /(m/min)	主轴转速 n /(r/min)	进给量 F /(mm/min)	背吃刀量 a_p /mm	进给次数	备注
1	铣六方体除丁 C 向以外其余 5 个平面(5 个平面 Z 坐标值为 25.981)	T01	φ8 键槽铣刀	游标卡尺	0.02/0 ~ 150		1200	100			
2	粗铣削 A 向圆槽	T02	φ8 键槽铣刀				1200	100			
3	精铣削　向圆槽	T01	φ8 键槽铣刀				1500	80			
4	粗铣削 B 向四边形凹槽	T01	φ8 键槽铣刀				1200	100			
5	精铣削 B 向四边形凹槽	T01	φ8 键槽铣刀				1500	80			
6	铣削 C 向六边形凸台上表面	T01	φ8 键槽铣刀				1200	100			
7	粗铣削 C 向六边形凸台	T01	φ8 键槽铣刀				1200	100			
8	精铣削 C 向六边形凸台	T01	φ8 键槽铣刀				2000	80			

编制		审核		批准				共 1 页	第 1 页

（二）利用制造工程师 2013 构建六方体零件的 3D 模型

（1）利用拉伸功能或者旋转功能按照毛坯尺寸生成台阶轴。

生成的台阶轴如图 3-28 所示。需要注意的是软件中世界坐标原点在工件上的位置一定要按照在机床上加工时的工件坐标系原点在工件上的位置来确定，因此在绘图之前需要认真观察所使用的数控机床。

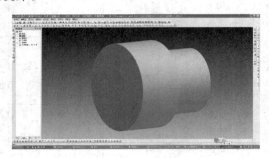

图 3-28　台阶轴

将图 3-28 中的图片保存两次，一次后缀存储为 .mxe，一次后缀存储为 .stl（.stl 格式为毛坯格式）。

（2）利用拉伸除料方式生成六方体的六个面。

将后缀为 .mxe 格式的文件利用拉伸除料方式生成如图 3-29 所示的形状（最好六个面中有一组相对的面与 Z 轴垂直）。

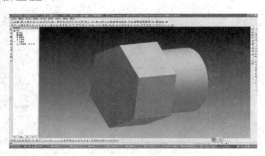

图 3-29　生成六方体

（3）利用拉伸增料和拉伸除料方式对零件图上 A、B、C 向生成相应特征。

生成的特征如图 3-30 和图 3-31 所示。特别要注意的是角度问题，一定要清楚图形上所描述的 A、B、C 向特征在六个面上的位置关系。

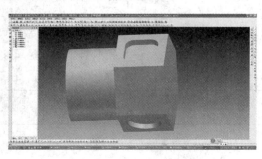

图 3-30　AB 向特征

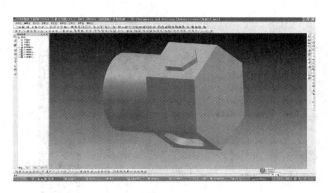

图 3-31 BC 向特征

（三）编写六方体零件的加工程序

1. 铣削除 C 向以外的五个面的上表面

通过分析可知，C 向上表面最高，其余五个面的上表面均为六方体的面，因此，这五个上表面可以做成一个面的走刀路线。其余几个面的做法分两种，一种是应用陈列的方式生成其余几个面（采用阵列的时候 C 向生成的走刀路线需要删除掉），这种方法最简单；另一种方式是用做出这个面的走刀路线生成加工程序，然后将这部分程序运行五遍，除第一遍外其余每一遍之前都要增加一条工件旋转指令，具体如何旋转、角度的大小要看其余几个面和这个面的位置关系。下面以第一种方式为例来进行讲解。

1）毛坯的设置

毛坯设置是为了在部分加工策略提供去料位置以及生成走刀路线后进行实体仿真所必须做的工作。在轨迹管理里面双击"毛坯"选项，系统弹出毛坯设置窗口，在类型中选择"三角片"，如图 3-32 所示。

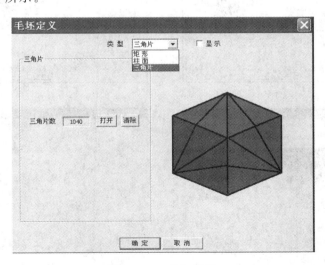

图 3-32 毛坯设置

点击"打开"找到之前保存的后缀为.stl 格式的文件，点击"确定"即可。

2）生成平面铣削的走刀路线

在刀具轨迹下面单击鼠标右键，按照图 3-33 的方式进行选择。

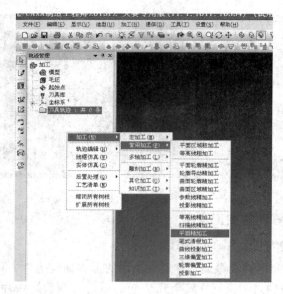

图 3-33 平面精加工

系统弹出"平面精加工（创建）"对话框，按照需要进行设置（在几何选择项中选择加工曲面时直接点击"实体"即可），如图 3-34 所示。

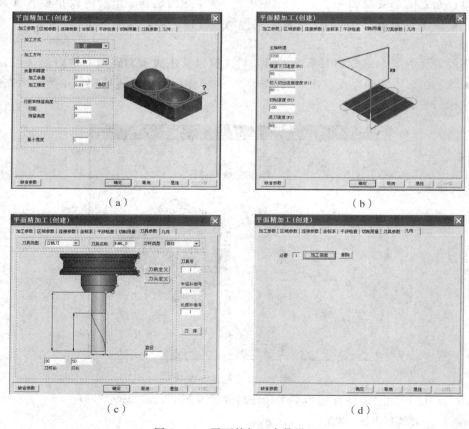

（a）　　　　　　　　　　　　　　　（b）

（c）　　　　　　　　　　　　　　　（d）

图 3-34 平面精加工参数设置

　　为了减少生成的走刀路线，可适当做一个边界，如图 3 - 35 所示，在区域参数里面拾取这条边界，即可生成这个平面的走刀路线，如图 3 - 36 所示。

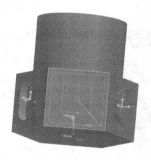

图 3 - 35　做出边界　　　　　　　　图 3 - 36　平面精加工走刀路线

　　应用阵列方式将这条走刀路线按照"圆形"→"均布"→"6 等份"的步骤进行阵列（切记选择"轨迹坐标系阵列"），删除 C 向的走刀路线，结果如图 3 - 37 所示（如果阵列结果不对时一定要仔细检查阵列的平面是否正确，不正确时用 F9 进行切换）。

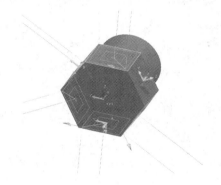

图 3 - 37　镜像走刀路线

2. A 向走刀路线的生成

1）A 向圆槽粗加工

　　首先将之前的走刀路线隐藏起来，然后在 A 向建立一个辅助坐标系，坐标原点在圆槽顶面中心，Z 轴垂直于 A 向平面，+Z 向外，用相关线命令提取圆槽边界，如图 3 - 38 所示。

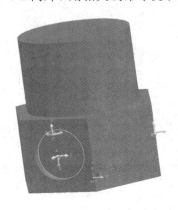

图 3 - 38　圆槽边界的提取

163

选择"加工"→"常用加工"中的"平面区域粗加工",系统弹出"平面区域粗加工"对话框,按照如图 3-39 所示的内容进行设置("轮廓曲线"选提取的圆作为轮廓曲线),结果如图 3-40 所示。

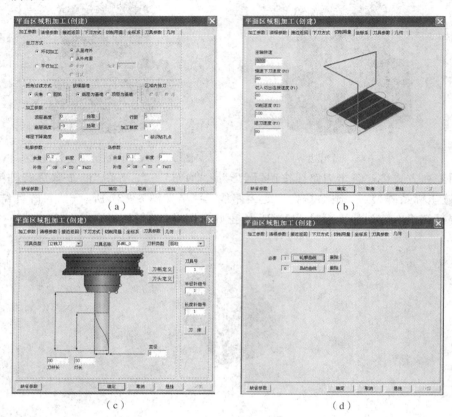

图 3-39　平面区域粗加工参数设置

图 3-40　平面区域粗加工走刀路线

2）A 向圆槽精加工

隐藏粗加工走刀路线。选择"加工"→"常用加工"中的"平面轮廓精加工",系统弹出"平面轮廓精加工"对话框,按照如图 3-41 所示的内容进行设置("轮廓曲线"选提取的圆作为轮廓曲线,进、退刀点都选择辅助坐标系的坐标原点),结果如图 3-42 所示。

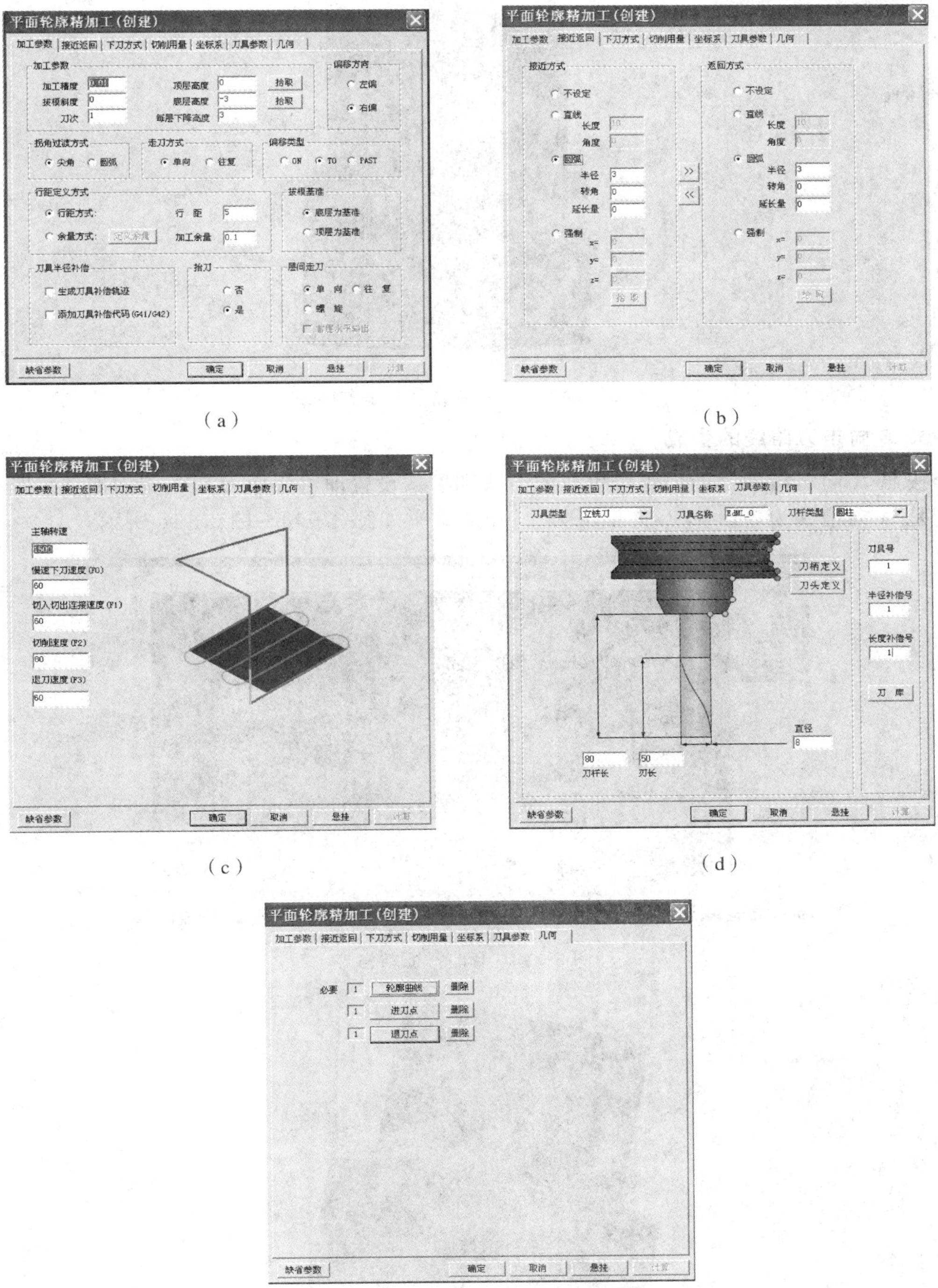

（a）

（b）

（c）

（d）

（e）

图 3-41 平面轮廓精加工参数设置

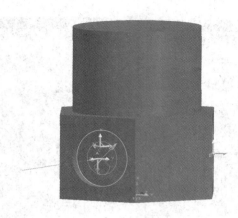

图 3 - 42　平面轮廓精加工走刀路线

3. B 向走刀路线的生成

按照 A 向粗精加工走刀路线生成的方式和参数设置即可生成 B 向的走刀路线，需要注意的是 A 向槽深为 3 mm，B 向槽深为 4 mm，结果如图 3 - 43～图 3 - 45 所示。

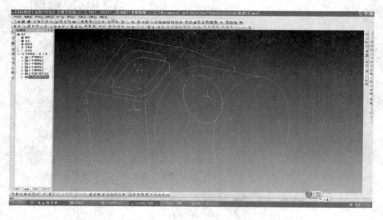

图 3 - 43　B 向特征结构

图 3 - 44　B 向粗加工走刀路线

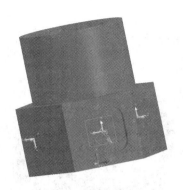

图3-45 B向精加工走刀路线

在生成精加工走刀路线的时候如果想以某条直线的中点作为切入和切出点,需要将这条直线从该点处打断。

4. C向走刀路线的生成

首先创建辅助坐标系,坐标原点在六边形凸台下底面中心,如图3-46所示。

图3-46 C向结构

1)C向上表面的加工

按照前面五个"平面精加工"的方式进行设置,在"区域参数"设置里不设置边界,只设置高度范围,如图3-47所示。设置完成后,结果如图3-48所示。

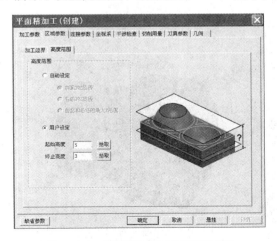

图3-47 平面精加工高度范围设置

167

图 3-48　C 向上表面铣削走刀路线

2）C 向六边形的加工

采用平面区域粗加工方式，"轮廓曲线"为四边形的 4 条边，"岛屿曲线"为六边形的 6 条边，参数设置如图 3-49 所示，结果如图 3-50 所示。

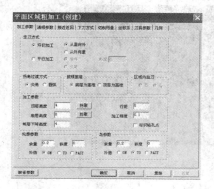
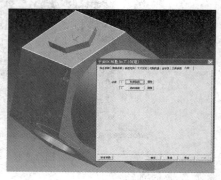

图 3-49　C 向凸台粗加工参数设置

图 3-50　C 向凸台粗加工走刀路线

3）C向六边形凸台的精加工

按照平面轮廓精加工方式生成六边形凸台的精加工走刀路线，如图3-51所示。

图3-51 C向精加工走刀路线

5. 后置处理生成加工程序

后置处理之前可以通过实体仿真来检查结果是否正确，如图3-52所示。对不正确的部分重新修改即可。

图3-52 实体仿真

确认结果无误后首先激活世界坐标系，然后按照如图3-53所示的方式进行操作。

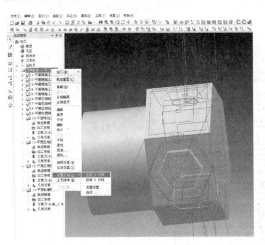

图3-53 后置处理

系统弹出"后置处理代码"对话框，然后在"选择数控系统"里选择"Siemens802D_4x_A"（可根据所用机床选择合适的数控系统），如图 3 - 54 所示。

图 3 - 54　选择数控系统

点击"五轴定向铣选项"，系统弹出"定向铣选项"对话框，按照如图 3 - 55 所示的内容进行设置。

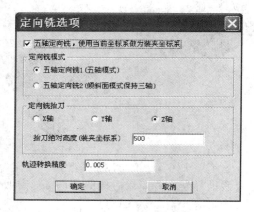

图 3 - 55　定向铣选项

点击"确定"即可生成加工程序，如图 3 - 56 所示。

图 3 - 56　加工程序

（四）程序传输及四轴数控机床加工

1．程序传输

该机床常用的程序输入方式有手工输入、通过数据线传输和 SD 卡拷贝。采用 SD 卡传输时需要注意，SD 的容量越小越好，最好是 16 M 的。对于本程序来说，采用 SD 卡传输应该是最简便的方式。

2．机床操作过程

1）开机

启动 VDL－600A 数控加工中心，观察各个坐标轴是否位于机床行程之间，如不在则需要手动移动机床，使各轴位于机床行程之间。本机床不需要回零操作。

2）装夹与找正工件

安装回转台并找正，然后安装三爪卡盘并找正，此时需要安装芯轴。

3）安装刀具

首先将刀具装入刀柄中，然后分别以手动方式装到主轴上并通过 MDI 方式将刀具送入刀库中，需要注意的是刀具要严格按照刀具卡上的刀号将相应刀具送入刀库。

4）对刀

将工件坐标系原点设定在工件左端面中心处，工件坐标系用 G54～G59 指定。对 T01 刀具(φ8 键槽铣刀)设置刀具半径补偿值，D01＝4.5 mm，D02＝4 mm。对刀后进行刀具半径补偿数据的检测，避免出现撞刀事故或产品报废。

在对刀操作过程中需注意以下问题：

（1）根据加工要求采用正确的对刀工具，控制对刀误差。

（2）在对刀过程中，可通过改变微调进给量来提高对刀精度。

（3）对刀时需小心谨慎操作，尤其要注意移动方向，避免发生碰撞危险。

（4）对刀数据一定要存入与程序对应的存储地址，防止因调用错误而产生严重后果。刀具补偿值的输入和修改，根据刀具的实际尺寸和位置，将刀具半径补偿值和刀具长度补偿值输入到与程序对应的存储位置。需注意的是，补偿的数据正确性、符号正确性及数据所在地址正确性都将威胁到加工，从而导致撞刀危险或加工报废。

5）输入程序并校验

将已编写好的程序通过接口或磁盘传输到机床，或者手动输入数据，检验程序。

6）自动加工

加工操作时的注意事项如下：

（1）实训时，须在教师指导下进行，严格按照加工中心的操作规程进行操作。

（2）工件装夹要可靠。

（3）刀具装夹要可靠，对刀要仔细，参数设置要正确。

（4）首次加工时，应先试运行程序，确定程序无误后再进行试切。试切时，应采用单段运行方式，并降低进给率和快进速度，防止撞刀。

（5）根据刀片的材料，在需要时加切削液，但不能在刀具进行切削时或刀具发热时进行冷却，这样容易损坏刀具。

（6）切削用量的选用要合理，以免加工时进给过大，造成进给运动卡死，机床不能运行。

（7）自动加工过程中，应将数控机床的防护门关上，避免切屑或崩刀碎片飞出伤人。

7）零件测量

零件加工完成后对零件进行去毛刺和尺寸的检测。

8）操作注意事项

（1）正式加工作业前应单独运行进行试切削，以检查程序编制的正确性。

（2）不要用手接触工作中的刀具和切下的铁屑，铁屑应用毛刷或其他工具来清理。

（3）采用手动方式在主轴上装卸刀具时，应注意以下两项：

① 把刀具安装到主轴上时：

a. 刀具锥柄和主轴锥孔均应擦干净。

b. 水平拿稳刀具，不要倾斜，在刀具没有完全夹持到主轴上以前不要松手。

② 从主轴上卸刀时：

a. 在松刀开关打开时，刀具被增压打刀缸推出，要向外运动约 0.5 mm，因此要抓牢刀具。

b. 由于主轴松刀开关打开时，主轴孔内有压缩空气吹出，因此要集中精力抓牢刀具以防掉下。

c. 手动卸刀时应注意使主轴箱上升到足够的高度，以免刀具与工件相碰。

9）加工结束

加工结束后，应仔细清理机床。

五、知识拓展

学生可以根据自己的能力和现有的条件，掌握一些三轴曲面类零件的自动编程。这就需要掌握一些相关软件的使用，比如 UG、Mastercam、PowerMILL 等。对于多轴加工来说，UG 是非常不错的一个选择，在企业中应用比较广泛。下面简单介绍一下比较常用的自动编程软件——UG。

UG（Unigraphics NX）是 Siemens PLM Software 公司出品的一个产品工程解决方案，它为用户的产品设计及加工过程提供了数字化造型和验证手段，并针对用户的虚拟产品设计和工艺设计的需求，提供了经过实践验证的解决方案。

UG 是一个交互式 CAD/CAM（计算机辅助设计与计算机辅助制造）系统。它功能强大，可以轻松实现各种复杂实体及造型的建构。它在诞生之初主要基于工作站，但随着 PC 硬件的发展和个人用户的迅速增长，在 PC 上得到了广泛的应用，目前已经成为模具行业三维设计的一个主流应用。其主要功能有以下几点。

1. 工业设计

UG 为那些培养创造性和产品技术革新的工业设计和风格提供了强有力的解决方案。利用 UG 建模，工业设计师能够迅速建立和改进复杂的产品形状，并且使用先进的渲染和可视化工具来最大限度地满足设计概念的审美要求。

2. 产品设计

UG 包括世界上最强大、最广泛的产品设计应用模块。UG 具有高性能的机械设计和制图功能，为制造设计提供了高性能和灵活性，以满足客户设计任何复杂产品的需要。UG 优于通用的设计工具，具有专业的管路和线路设计系统、钣金模块、专用塑料件设计模块和其他行业设计所需的专业应用程序，如图 3-57 所示。

图 3-57　产品设计

3. 仿真、确认和优化

UG 允许制造商以数字化的方式仿真、确认和优化产品及其开发过程。通过在开发周期中较早地运用数字化仿真性能，制造商可以改善产品质量，同时减少或消除对于物理样机的昂贵耗时的设计、构建，以及对变更周期的依赖。

4. 数控加工

UG 软件所有模块都可在实体模型上直接生成加工程序，并保持与实体模型全相关。

UG 的加工后置处理模块使用户可方便地建立自己的加工后置处理程序，该模块适用于目前世界上几乎所有主流数控机床和加工中心，该模块在多年的应用实践中已被证明适用于 2～5 轴或更多轴的铣削加工、2～4 轴的车削加工和电火花线切割。UG 加工基础模块提供连接 UG 所有加工模块的基础框架，它为 UG 的所有加工模块提供一个相同的、界面友好的图形化窗口环境，用户可以在图形方式下观测刀具沿轨迹运动的情况并可对其进行图形化修改（见图 3-58），如对刀具轨迹进行延伸、缩短或修改等。该模块同时提供通用的点位加工编程功能，可用于钻孔、攻丝和镗孔等加工编程。该模块交互界面可按用户需求进行灵活的用户化修改和剪裁，并可定义标准化刀具库、加工工艺参数样板库使初加工、半精加工、精加工等操作常用参数标准化，以减少使用培训时间并优化加工工艺。

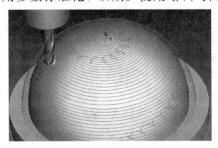

图 3-58　自动编程

完成如图 3-59 所示零件的加工。

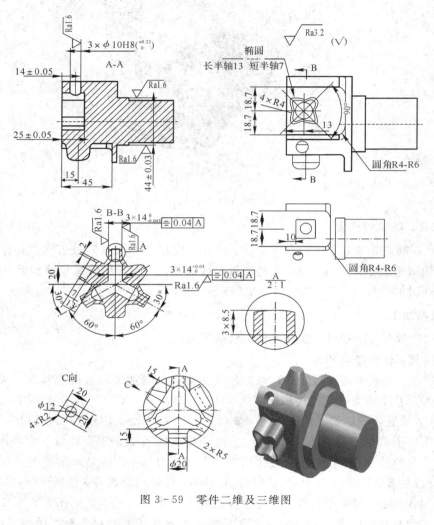

图 3-59　零件二维及三维图

任务小结

　　本项目主要介绍了六方体零件完成加工所要做的工作和需要学习的知识。重点内容为四轴数控机床的特点、结构、操作以及四轴加工零件的工艺编制及编程。遇到零件首先要能做好工艺，根据要求判断哪部分适合四轴机床加工，哪部分不需要四轴机床加工，以免造成零件成本提高。在用 CAXA 制造工程师做四轴定轴铣加工的过程中有时辅助坐标系可以降低编程的难度，但在生成程序之前一定要激活世界坐标系，用世界坐标系作为装夹坐标系来生成加工程序。在机床操作过程中重点注意四轴机床对刀和三轴机床对刀不同的地方，并熟悉相关知识。

任务二 圆柱凸轮零件四轴数控加工

一、学习目标

知识目标

（1）能利用 CAXA 制造工程师 2013 软件功能之线面映射将一条曲线缠绕到曲面上；

（2）能正确设置 CAXA 制造工程师 2013 软件四轴柱面曲线加工的参数。

技能目标

（1）能运用 CAXA 制造工程师 2013 软件完成圆柱凸轮的自动编程；

（2）能使用四轴加工中心完成圆柱凸轮的加工。

二、工作任务

本任务重点介绍四轴曲线加工的方法。四轴曲线加工的含义就是在一个四轴加工的零件上有一部分特征，该特征需要用刀具中心按照某条曲线作为参考进行走刀即可完成零件的加工。下面以一个圆柱凸轮零件的加工为例来进行说明。

（一）圆柱凸轮零件的二维和三维图

圆柱凸轮零件的二维和三维图如图 3-60 所示。

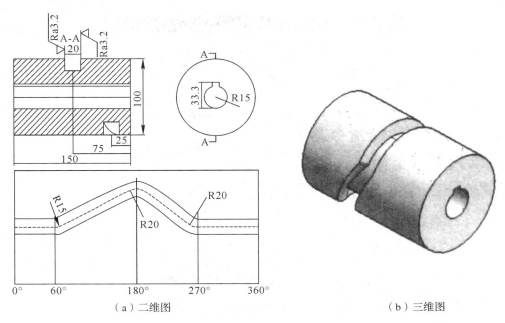

（a）二维图　　　　　　　　　　　（b）三维图

图 3-60　圆柱凸轮零件二维和三维图

注：① 只加工凸轮槽。

② 毛坯尺寸为 $\phi100 \times 150$ 的圆柱体。

③ 材料为硬铝。

（二）任务具体要求

圆柱凸轮零件单件生产，毛坯尺寸为 φ100×150 的圆柱体，材料为硬铝（也可不根据图上材料要求结合自己现有的材料进行加工）。加工该零件的具体任务要求为在分析零件图和零件结构工艺特征的基础上拟定零件机械加工工艺方案，编制工艺文件，编写数控加工中心加工程序，在四轴数控机床上进行数控加工。

三、相关知识

（一）四轴联动数控加工的工艺特点

刀杆摆动的四轴联动数控加工机床，可在一个工位上加工三轴机床无法加工的倒钩面、死角；加旋转轴的四轴联动数控加工机床类似于车床的旋转轴加工方式，可将零件绕某一轴翻转任意角度进行加工（一次装夹，加工上、下、前、后四个工位），减少了夹具和重复定位误差，十分利于如轴类、盘类、人工骨骼等的加工。

（二）CAXA 制造工程师 2013 四轴柱面曲线加工的参数设置

1．功能

根据给定的曲线，生成四轴加工轨迹。多用于回转体上加工槽的情况。铣刀刀轴的方向始终垂直于第四轴的旋转轴。

2．参数说明

点击"加工"→"多轴加工"→"四轴柱面曲线加工"，系统弹出如图 3-61 所示的对话框。

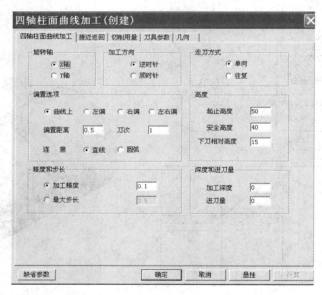

图 3-61　四轴柱面曲线加工对话框

1）旋转轴

（1）X 轴：机床的第四轴绕 X 轴旋转，生成加工代码时角度地址为 A。

（2）Y 轴：机床的第四轴绕 Y 轴旋转，生成加工代码时角度地址为 B。

2）加工方向

生成四轴加工轨迹时，下刀点与拾取曲线的位置有关，在曲线的哪一端拾取，就会在曲线的哪一端下刀。生成轨迹后如想改变下刀点，则可以不用重新生成轨迹，而只需双击轨迹树中的加工参数，在加工方向中的"顺时针"和"逆时针"两项之间进行切换即可改变下刀点。

3）加工精度

（1）加工误差：输入模型的加工误差。计算模型的轨迹的误差小于此值。加工误差越大，模型形状的误差也增大，模型表面越粗糙。加工误差越小，模型形状的误差也减小，模型表面越光滑，但是轨迹段的数目增多，轨迹数据量变大，最后生成程序时程序段的数量增大。加工精度示例如图 3 - 62 所示。

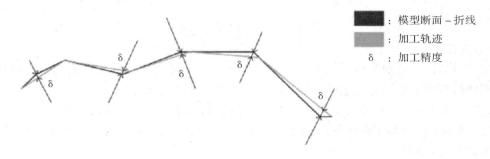

■：模型断面 - 折线

▨：加工轨迹

δ ：加工精度

图 3 - 62　加工精度示例图

（2）加工步长：生成加工轨迹的刀位点沿曲线按弧长均匀分布。当曲线的曲率变化较大时，不能保证每一点的加工误差都相同。

两种方式生成的四轴加工轨迹如图 3 - 63 所示。点为刀位点，小的直线段为刀轴方向。

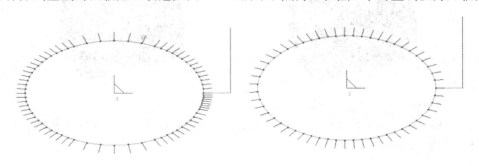

（a）加工误差方式控制加工精度　　　　（b）加工步长方式控制加工精度

图 3 - 63　加工精度控制示例图

4）走刀方式

（1）单向：在刀次大于 1 时，同一层的刀具轨迹沿着同一方向进行加工，这时，层间轨迹会自动以抬刀方式连接，如图 3 - 64（a）所示。精加工时为了保证槽宽和加工表面质量多采用此方式。

（2）往复：在刀具轨迹层数大于 1 时，层之间的刀具轨迹方向可以往复进行加工。刀具到达加工终点后，不快速退刀而是与下一层轨迹的最近点之间走一个行间进给，继续沿着原加工方向相反的方向进行加工，如图 3 - 64（b）所示。加工时为了减少抬刀、提高加工效率多采用此种方式。

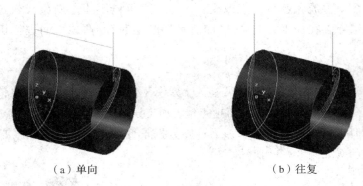

（a）单向   （b）往复

图 3-64　走刀方式示例图

5）偏置选项

用四轴曲线方式加工槽时，有时也需要像在平面上加工槽那样，对槽宽作一些调整，以达到图纸所要求的尺寸。这时就可以采用偏置选项来达到目的。

（1）曲线上：铣刀的中心沿曲线加工，不进行偏置，如图 3-65 所示。

（2）左偏：向被加工曲线的左边进行偏置。左方向的判断方法与 G41 相同，即刀具加工方向的左边，如图 3-66 所示。

图 3-65　在曲线上　　　　　　　图 3-66　左偏

（3）右偏：向被加工曲线的右边进行偏置。右方向的判断方法与 G42 相同，即刀具加工方向的右边，如图 3-67 所示。

图 3-67　右偏

（4）左右偏：向被加工曲线的左边和右边同时进行偏置。图 3-68 所示为当加工方式为"单向"、左右偏置时的加工轨迹。

图 3 - 68 左右偏

（5）偏置距离：偏置的距离按照需要进行输入设定。

（6）刀次：当需要进行多刀加工时，在这里给定刀次。给定刀次后总偏置距离＝偏置距离×刀次。图 3 - 69 所示为偏置距离为 1、刀次为 4 时左右偏的单向加工刀具轨迹。

图 3 - 69 刀次示例图

（7）连接：当刀具轨迹进行左右偏置，并且用往复方式加工时，两加工轨迹之间的连接有直线和圆弧两种连接方式，如图 3 - 70 所示。两种连接方式各有其用途，可根据加工的实际需要来选用。

（a）直线连接 （b）圆弧连接

图 3 - 70 连接方式示例图

6）加工深度

加工深度是指从曲线当前所在位置向下要加工的深度。

7）进给量

进给量是指为了达到给定的加工深度，需要在深度方向多次进刀时的每刀进给量。

8）起止高度

起止高度是指刀具初始位置。起止高度通常大于或等于安全高度。

9）安全高度

安全高度是指刀具在此高度以上任何位置，均不会碰伤工件和夹具。

10）下刀相对高度

下刀相对高度是指在切入或切削开始前的一段刀位轨迹的长度，这段轨迹以慢速下刀速度垂直向下进给。

四、任务实施

（一）圆柱凸轮零件数控加工工艺文件编制

1. 编制工序卡

编制圆柱凸轮零件机械加工工艺过程卡，如表 3-11 所示。

3-11 机械加工工艺过程卡

机械加工 工艺过程卡	产品名称	零件名称	零件图号	材料	毛坯规格
		圆柱凸轮	J02	硬铝	φ100×150
工序号	工序名称	工序简要内容	设备	工艺装备	工时
01	下料	车圆柱体	C6140	三爪卡盘、游标卡尺	
02	铣削	铣圆柱凸轮	VDL-600A	三爪卡盘、游标卡尺	
03	检验				
编制		审核		批准	共1页 第1页

2. 编制数控刀具调整卡

编制圆柱凸轮零件加工刀具调整卡，如表 3-12 所示。

表 3-12 数控加工刀具调整卡

产品名称或代号			零件名称	圆柱凸轮	零件图号	J02
序号	刀具号	刀具名称及规格	刀具参数		刀补地址	
			底面半径	刀杆规格	半径	形状
1	T01	φ18 键槽铣刀			D01	H01
2	T02	φ20 键槽铣刀			D02	H02
编制		审核		批准	共 页	第 页

3. 编制数控铣削加工工序卡

编制圆柱凸轮零件数控铣削加工工序卡，如表 3-13 所示。

表 3 - 13　数控加工工序卡

单位名称	陕西工业职业技术学院	数控加工工序卡		零件名称	零件图号	材料牌号	材料硬度
				圆柱凸轮	J02	2A12	
工序号	工序名称	程序编号	加工车间	设备名称	设备型号	工艺装备	
02	铣削		数控车间	立式四轴加工中心	VDL-600A	带三爪卡盘的回转台	

刀具		量具		切削用量				备注
刀具号	刀具名称	量具名称	规格/mm	切削速度 V_c /(m/min)	主轴转速 n /(r/min)	进给量 F /(mm/min)	背吃刀量 a_p /mm	进给次数
T01	φ18键槽铣刀	游标卡尺	0.02/0～150		1200	100		
T02	φ20键槽铣刀				1500	80	0.5	

工步号	工步内容
1	凸轮槽粗加工
2	凸轮槽精加工
3	
4	
5	
6	
7	
8	

编制　　审核　　批准　　共 1 页　第 1 页

181

（二）利用制造工程师 2013 构建圆柱凸轮的 3D 模型

（1）利用旋转面功能生成圆柱面，如图 3 - 71 所示。

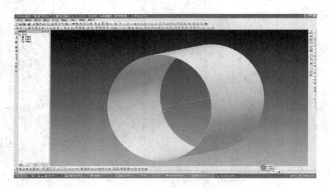

图 3 - 71　工件圆柱面

（2）在 XY 平面根据图形绘制圆槽展开中心线，如图 3 - 72 所示。

图 3 - 72　圆槽展开中心线

（3）将中心线缠绕到圆柱面上。为了减少出错几率，将这条中心线上下的两段直线先删除掉，再采用线面映射功能将包含三段圆弧和两段斜线的图形缠绕到圆柱面上。如果被删除的两段直线缠绕到圆柱面上，那就是平行于圆柱面两端的一段圆弧，这段圆弧可以用两点加半径的方式直接画出来，如图 3 - 73 所示。

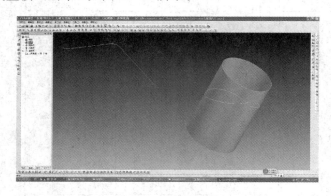

图 3 - 73　线面映射

对于圆柱凸轮加工来说，没有必要构建出其真实的 3D 模型，到这里就可以进行加工了。

（三）编写圆柱凸轮零件的加工程序

1. 凸轮槽粗加工

1）毛坯设定

用"相关线"命令提取圆柱面一端的圆形边界。在"轨迹管理"中用鼠标左键双击"毛坯"，系统弹出毛坯设置选项，在"类型"中选择"柱面"，平面轮廓为刚提取的圆形边界。因为机床是第四轴绕 X 轴旋转，将"轴线方向"中"VX"后面的值修改为"1"，"VY"和"VZ"后面的值修改为"0"即可。"高度"定义为"150"，结果如图 3－74 所示。

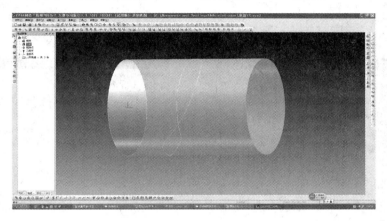

图 3－74　圆柱毛坯定义

2）φ18 键槽铣刀粗加工

按照如图 3－75 的方式选择"四轴柱面曲线加工"，系统弹出"四轴柱面曲线加工"对话框，在对话框中按照如图 3－76 所示内容设置参数（"轮廓曲线"选择缠绕到圆柱面上的线，"加工侧"选择工件外侧）。

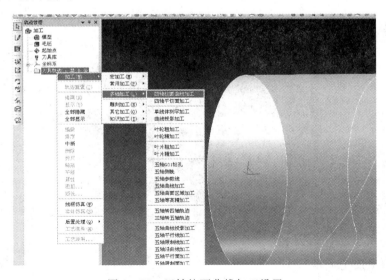

图 3－75　四轴柱面曲线加工设置

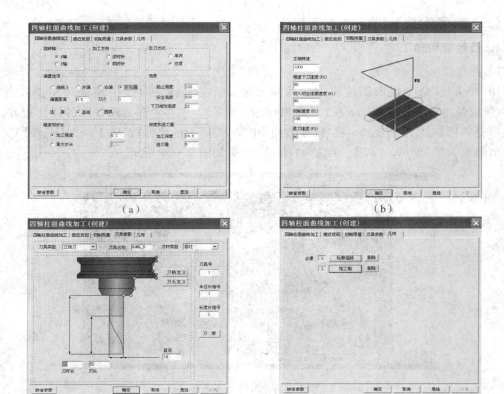

（a）　　　　　　　　　　　　　　（b）

（c）　　　　　　　　　　　　　　（d）

图 3-76　圆柱凸轮粗加工参数设置

点击"确定"后结果如图 3-77 所示。

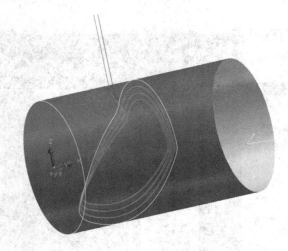

图 3-77　圆柱凸轮粗加工走刀路线

2．凸轮槽精加工

同样选择"四轴柱面曲线加工"，参数设置如图 3-78 所示（"轮廓曲线"和"加工侧"的选择参照粗加工）。

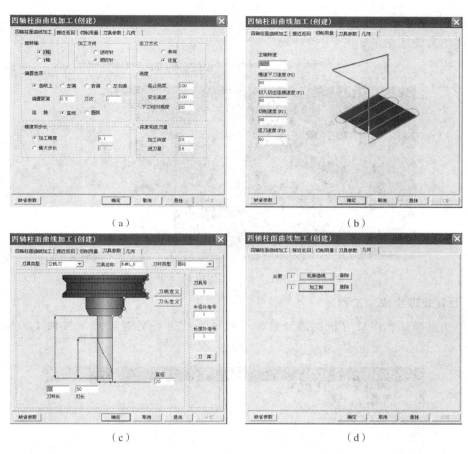

（a） （b）

（c） （d）

图 3-78 圆柱凸轮精加工参数设置

点击"确定"后结果如图 3-79 所示。

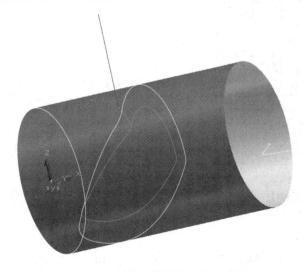

图 3-79 圆柱凸轮精加工走刀路线

3. 实体仿真验证

实体仿真验证结果如图 3 - 80 所示。

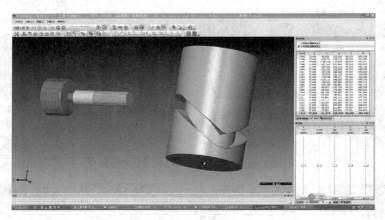

图 3 - 80 实体仿真

4. 后置处理生成加工程序

实体仿真验证无误后可根据需要选择合适的系统进行后置处理生成加工程序，如图 3 - 81 所示。

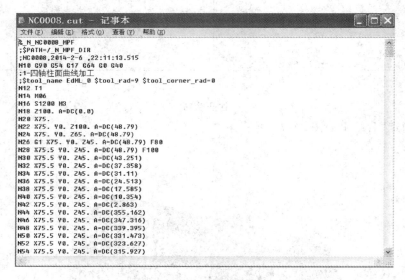

图 3 - 81 加工程序

（四）程序传输

通过 SD 卡将生成的加工程序拷贝到机床上。

五、知识拓展

在数控机床的程序输入操作中，如果采用手动数据输入的方法往 CNC 中输入程序，一是操作、编辑及修改不便；二是 CNC 内存较小，程序比较大时就无法输入。为此，必须通过传输（电脑与数控 CNC 之间的串口联系，即 DNC 功能）的方法来完成。

（一）DNC 传输串口线路的连接

1. 华中系统串口线路的连接

华中系统数控机床的 DNC 采用 2 个 9 孔插头（其串口编号见图 3-82。一个插头与电脑的 COM1 或 COM2 相连接，另一个插头与数控机床的通信接口相连接），用网络线连接。数控车床的焊接关系见图 3-83。除数控铣床、加工中心采用 1、9 空以外，其他孔一一对应进行焊接。

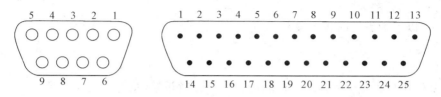

图 3-82　9 孔串行接口与 25 针串行接口编号

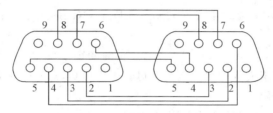

图 3-83　9 孔串口的焊接关系

2. FANUC 系统串口线路的连接

FANUC 系统数控机床的 DNC 采用 9 孔插头（与电脑的 COM1 或 COM2 相连接）及 25 针插头（与数控机床的通信接口相连接），用网络线连接。25 针串行接口的编号见图 3-82。9 孔串口与 25 针串口的焊接关系见图 3-84。

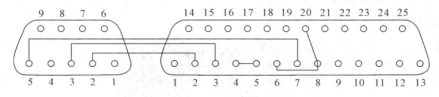

图 3-84　9 孔串口与 25 针串口的焊接关系

3. Siemens 系统串口线路的连接

Siemens 系统数控机床的 DNC 采用的方式与华中系统数控车床的相同（见图 3-83）。

（二）DNC 传输程序格式

1. 华中系统

（1）程序的编写：在记事本中编写程序。

（2）程序格式：

　　　　%××××　　（四位以内的数字组成程序名。×为数字，下同）

　　　　…（以下为编写的程序段）

　　　　…

（3）保存到文件夹中的程序文件名的格式： O×××××（"O"为英文）。

2．FANUC 系统

（1）程序的编写：在记事本中或在 CNC – EDIT、NCSentry 传输软件中编写程序。

（2）程序格式：

　　　　%

　　　　：××××　（四位以内的数字组成程序名。前面的冒号"："也可改用英文的"O"，传输到数控系统后都为"O××××"）

　　　　…（以下为编写的程序段）

　　　　…

　　　　%

（3）保存到文件夹中的程序文件名的格式可任意设置（最好为英文或数字）。

3．Siemens 系统

（1）程序的编写：在记事本中或在 CNC – EDIT、NCSentry 传输软件中编写程序。

（2）程序格式：

　　　　%_N_△△××××××_MPF（由开头的两个字母和后面的数字、下划线及字母等 8 个以内的半角字符组成程序名。△为字母。子程序可以以 L 开头加 7 位以内的数字组成程序名，MPF 改为 SPF）

　　　　；$PATH=/_N_MPF_DIR

　　　　…（以下为编写的程序段）

　　　　…

（3）保存到文件夹中的程序文件名的格式可任意设置（最好为英文或数字）。

（三）DNC 传输软件介绍及传输操作

1．华中 DNC 传输软件

华中 DNC 传输软件的界面如图 3 – 85 所示。

图 3 – 85　华中 DNC 页面

程序传输操作过程如下：

（1）打开华中 DNC 传输软件。

（2）在华中系统的数控机床控制面板主菜单中按"F7"（DNC 通讯）键，进入接收状态。

（3）在华中 DNC 传输软件中点击"发送 G 代码"，系统弹出如图 3 - 86 所示的对话框，进入保存程序的文件夹，选择要加工的程序，然后点击"打开"。

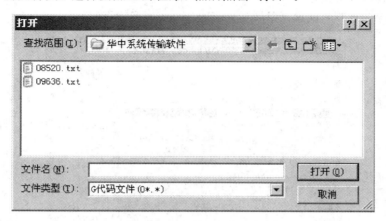

图 3 - 86　选择打开程序对话框

（4）待传输完毕后，在华中系统的数控机床控制面板上按"Alt＋E"退出 DNC 状态（注意：E 为上挡键）。

（5）在数控机床控制面板中，选择已传输的加工程序进行加工操作。

华中系统传输参数的设置取其默认值即可。如果要修改，点击"参数设置"进入"串口参数设置"对话框，按数控机床所设置的传输参数进行修改。对于大程序，由于华中系统的存储量较大，不必采用边传边加工的方式。

2. CNC - EDIT 传输软件

CNC - EDIT 传输软件打开后点击"开新档"，其编辑页面如图 3 - 87 所示。在编辑页面中可以编写程序或打开已有的程序。图 3 - 87 中所显示的程序是取消了顺序号的程序。

图 3 - 87　CNC - EDIT 操作页面

按图 3-87 中有两个电脑图标的按钮（DNC 传输按钮）可以进入程序的 DNC 传输操作页面（见图 3-88），在该页面中按"4. Setup"按钮，可以进入参数设置页面（见图 3-89），参数设置说明见表 3-14，设置完参数后，按"0. Save & Exit"退出。

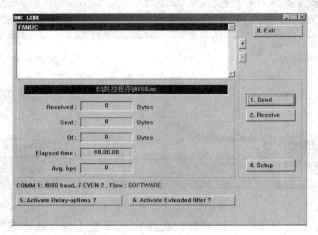

图 3-88　DNC 传输操作页面

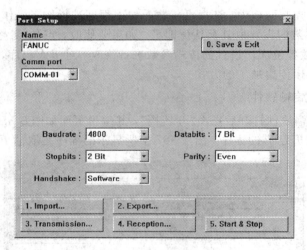

图 3-89　参数设置页面

表 3-14　参数设置说明

参数名称	Name	Comm port	Baud rate	Stop bits	Handshake	Data bits	Parity
参数含义	数控机床名称	接口	波特率	停止位	信息交换	数据位	校验

程序传输操作过程如下：

（1）打开 CNC-EDIT 传输软件，在编辑区域编写所需传输的程序或打开存储在电脑中的程序，点击"DNC 传输按钮"进入程序传输操作界面（见图 3-88）。

（2）在数控机床操作面板中，选择"EDIT"方式，启动程序的接收或读入。

（3）在程序传输操作界面（见图 3-88）中点击"1. Send"按钮就可以把计算机中的程序传输到数控机床中，其传输过程界面如图 3-90 所示。

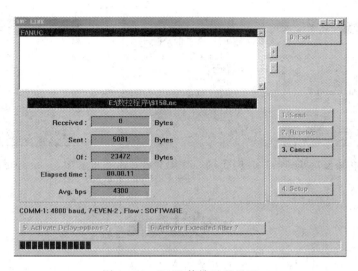

图 3-90　DNC 传输过程界面

3. NCSentry 传输软件

NCSentry 传输软件打开后的操作界面如图 3-91 所示，在操作界面中可以编写程序或打开已有的程序。点击程序传输图标，可进入如图 3-92 所示的界面，点击"Settings"可进入传输参数设置界面（见图 3-93），设置完参数后按"OK"退出。

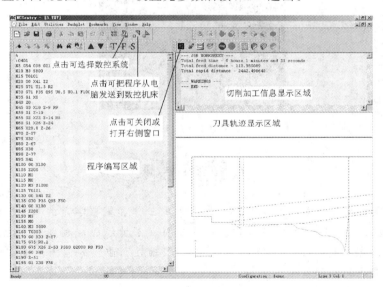

图 3-91　NCSentry 操作界面

程序传输操作过程如下：

（1）打开 NCSentry 传输软件，在编辑区域编写所需传输的程序或打开存储在电脑中的程序，点击程序传输图标进入程序传输操作界面（见图 3-92）。

（2）在数控机床操作面板中，选择"EDIT"方式，启动程序的接收或读入。

（3）在程序传输操作界面（见图 3-93）中点击"Start"按钮就可以把计算机中的程序传输到数控机床中，其传输过程界面如图 3-94 所示。

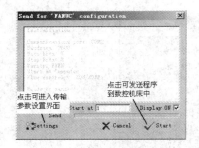

图 3-92　DNC 传输操作界面　　　图 3-93　参数设置界面　　　图 3-94　DNC 传输过程界面

在一个 $\phi60 \times 100$ 的圆柱面上加工出某个学生的班级、姓名和学号，如图 3-95 所示。

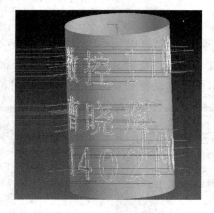

图 3-95　练习示例

　　本项目主要介绍了圆柱凸轮完成加工所要做的工作和需要学习的知识。重点内容为利用 CAXA 制造工程师 2013 软件的线面映射功能将一条曲线缠绕到圆柱面上，并能用四轴柱面曲线加工的方式完成凸轮的自动编程工作。四轴柱面曲线的偏置功能在使用的过程中一定要清楚偏置方向和偏置值的多少。

任务三　槽轴零件四轴数控加工

一、学习目标

知识目标

（1）能利用 CAXA 制造工程师 2013 软件的功能做出放样体；

（2）能正确设置 CAXA 制造工程师 2013 软件的四轴曲面加工的参数。

技能目标

（1）能运用 CAXA 制造工程师 2013 软件完成槽轴零件的编程；

（2）能使用四轴加工中心完成槽轴零件的加工。

二、工作任务

该任务重点介绍四轴曲面加工的方法。四轴曲面加工就是一个曲面需要采用四轴机床才能实现零件的加工。下面以一个圆柱凸轮零件加工为例来进行说明。

（一）槽轴零件的二维和三维图

槽轴零件的二维和三维图如图 3-96 所示。

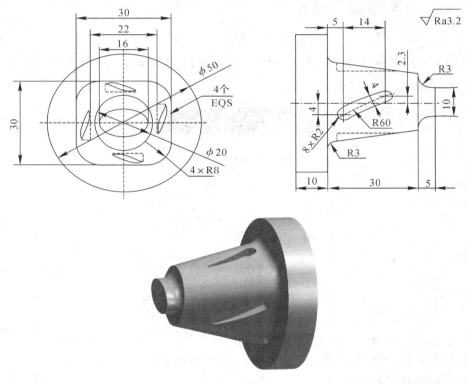

图 3-96 槽轴零件二维和三维图

注：① 只加工凸轮槽。

② 毛坯尺寸为 φ50×80 的圆柱体。

③ 材料为硬铝。

（二）任务具体要求

槽轴零件单件生产，毛坯尺寸为 φ50×60 的圆柱体，材料为硬铝（也可不根据图上材料要求结合自己现有的材料进行加工）。加工该零件的具体任务要求为在分析零件图和零件结构工艺特征的基础上拟定零件机械加工工艺方案，编制工艺文件，编写数控加工中心加工程序，在四轴数控机床上进行数控加工。

三、相关知识

(一) CAXA 制造工程师 2013 功能之放样增料

根据多个截面线轮廓生成一个实体,如图 3-97 所示。截面线为草图轮廓。

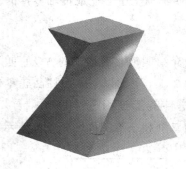

图 3-97 放样增料示例图

(1) 单击"造型"→"特征生成"→"增料"→"放样",或者直接单击 按钮,系统弹出放样对话框,如图 3-98 所示。

图 3-98 放样对话框

(2) 选取轮廓线,单击"确定"完成操作。

(3) 参数设定:轮廓指需要放样的草图;上和下指调节拾取草图的顺序。

注:① 轮廓按照操作中的拾取顺序排列。

② 拾取轮廓时,要注意状态栏指示,拾取不同的边或不同的位置,会产生不同的结果。

(二) CAXA 制造工程师 2013 四轴平切面加工的参数设置

1. 功能

用一组垂直于旋转轴的平面与被加工曲面的等距面求交而生成四轴加工轨迹的方法称为四轴平切面加工。它多用于旋转体及复杂曲面加工。铣刀刀轴方向始终垂直于第四轴(旋转轴)。

2. 参数说明

依次点取"加工"→"多轴加工"→"四轴平切面加工",系统弹出如图 3-99 所示的对话框。

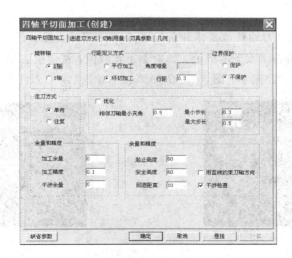

图 3-99　四轴平切面加工参数设置

1）旋转轴

（1）X 轴：机床的第四轴绕 X 轴旋转，生成加工代码时角度地址为 A。

（2）Y 轴：机床的第四轴绕 Y 轴旋转，生成加工代码时角度地址为 B。

2）行距定义方式

（1）平行加工：用平行于旋转轴的方向生成加工轨迹。

（2）角度增量：平行加工时用角度的增量来定义两平行轨迹之间的距离。

（3）环切加工：用环绕旋转轴的方向生成加工轨迹。

（4）行距：环切加工时用行距来定义两相邻环切轨迹之间的距离。

3）走刀方式

（1）单向：在刀次大于 1 时，同一层的刀具轨迹沿着同一方向进行加工，这时层间轨迹会自动以抬刀方式连接。精加工时为了保证加工表面质量多采用此方式。

（2）往复：在刀具轨迹行数大于 1 时，行之间的刀具轨迹方向可以往复。刀具到达加工终点后，不快速退刀而是与下一行轨迹的最近点之间走一个行间进给，继续沿着与原加工方向相反的方向进行加工的方式。加工时为了减少抬刀、提高加工效率多采用此种方式。

4）边界保护

（1）保护：在边界处生成保护边界的轨迹，如图 3-100 所示。

（2）不保护：到边界处停止，不生成超过边界的轨迹，如图 3-101 所示。

图 3-100　边界保护　　　　　图 3-101　边界不保护

5）优化

（1）最小刀轴转角：刀轴转角是指相邻的两个刀轴间的夹角。最小刀轴转角是指两个相邻刀位点之间刀轴转角必须大于的数值，如果小于此数值，就会被忽略掉。如图 3-102 所示，图 3-102(a)为没有添加此限制，图 3-102(b)添加了此限制，且最小刀轴转角为 10。

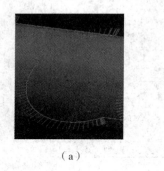 

（a）　　　　　　　　　　　　　　　（b）

图 3-102　刀轴转角示例图

（2）最小刀具步长：是指相邻的两个刀位点之间的直线距离必须大于此数值，若小于此数值，可忽略不要。效果与设置了最小刀轴转角类似。如果与最小刀轴转角同时设置，则两个条件哪条满足哪条起作用。

6）加工余量

加工余量是指相对于模型表面的残留高度，如图 3-103 所示。

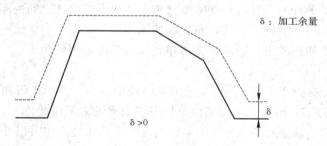

δ：加工余量

$\delta > 0$

δ

7）干涉余量

图 3-103　加工余量示例图

干涉余量是指干涉面处的加工余量。

8）加工精度

加工精度是指输入模型的加工精度。计算模型的轨迹误差小于此值。加工精度越大，模型形状的误差也越大，模型表面粗糙度越差。加工精度越小，模型形状的误差也越小，模型表面越光滑，但轨迹段的数目增多，轨迹数据量变大，生成的程序段越多，如图 3-104 所示。

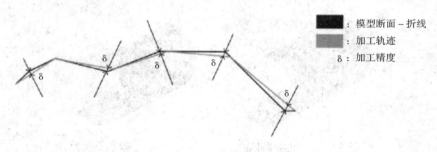

：模型断面-折线

：加工轨迹

δ：加工精度

图 3-104　加工精度示例图

9）起止高度

起止高度是指刀具的初始位置。起止高度通常大于或等于安全高度。

10）安全高度

安全高度是指刀具在安全高度以上任何位置，均不会碰伤工件和夹具。

11）下刀相对高度

下刀相对高度是指在切入或切削开始前的一段刀位轨迹的长度，这段轨迹以缓慢的下刀速度垂直向下进给。

12）用直线约束刀轴方向

用直线约束刀轴方向是指用直线来控制刀轴的矢量方向。刀尖点与直线上对应一点的直线方向为刀轴的矢量方向。

四、任务实施

（一）槽轴零件数控加工工艺文件编制

1. 编制机械加工工艺过程卡

编制槽轴零件机械加工工艺过程卡，如表 3-15 所示。

表 3-15　机械加工工艺过程卡

机械加工工艺过程卡		产品名称	零件名称	零件图号	材料	毛坯规格
			槽轴	J02	硬铝	φ50×80
工序号	工序名称	工序简要内容	设备	工艺装备		工时
01	下料	车圆柱体	C6140	三爪卡盘、游标卡尺		
02	铣削	槽轴零件加工	VDL-600A	三爪卡盘、游标卡尺		
03	切断	切断	C6140	三爪卡盘、游标卡尺		
04	检验					
编制		审核		批准		共 1 页　第 1 页

2. 编制数控刀具调整卡

编制槽轴零件加工刀具调整卡，如表 3-16 所示。

表 3-16　数控加工刀具调整卡

产品名称或代号			零件名称	槽轴	零件图号	J02
序号	刀具号	刀具名称及规格	刀具参数		刀补地址	
			底面半径	刀杆规格	半径	形状
1	T01	φ8 键槽铣刀			D01	H01
2	T02	R2 球头刀			D02	H02
3	T03	φ3 键槽铣刀			D03	H03
编制		审核		批准	共　页	第　页

3. 编制数控铣削加工工序卡

编制平面零件数控铣削加工工序卡，如表 3-17 所示。

表3-17 数控加工工序卡

单位名称	陕西工业职业技术学院	数控加工工序卡		零件名称	槽轴	零件图号	J02	材料牌号	2A12	材料硬度	
工序号	02	工序名称	铣削	程序编号		加工车间	数控车间	设备名称	立式四轴加工中心	设备型号	VDL-600A	工艺装备	带三爪卡盘的回转台

工步号	工步内容	刀具		量具		切削用量				进给次数	备注
		刀具号	刀具名称	量具名称	规格/mm	切削速度 V_c /(m/min)	主轴转速 n /(r/min)	进给量 F /(mm/min)	背吃刀量 a_p /mm		
1	槽轴粗加工(包含放样体和椭圆)	T01	φ8键槽铣刀				1200	100			
2	槽轴精加工(包含放样体和椭圆)	T02	φ2球头刀				1500	50			
3	槽的加工	T03	φ3键槽铣刀	游标卡尺	0.02/0~150		1200	80			
4											
5											
6											
7											
8											
编制		审核		批准						共1页	第1页

（二）利用制造工程师 2013 构建槽轴零件的 3D 模型

1. 椭圆绘制

选择 YZ 平面作为草绘平面，绘制长半轴为 8 mm、短半轴为 5 mm 的椭圆，向 X 轴正方向拉伸 5 mm，结果如图 3-105 所示。

2. 生成放样体

按照如图 3-106 所示连线的大致位置点击上下轮廓，要注意在绘制上下轮廓草图时一定要在这两个点处打断。

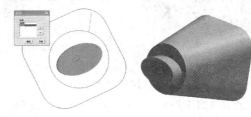

图 3-105 椭圆实体　　　　　　图 3-106 生成放样体

3. 圆台绘制

以放样体四边形的端面作为草绘平面，拉伸出一个直径为 50 mm、长度为 10 mm 的圆台，并对椭圆与放样体连接处和放样体和圆台连接处进行过渡处理，半径为 3 mm，结果如图 3-107 所示。

4. 生成四个均布的槽体

以 XY 平面为基准沿 Z 轴正方向做一个等距面，距离为 11 mm。用这个等距面作为草绘平面，绘制槽体底部的边界，并用拉伸除料方式生成槽体。其余三个槽体采用同样方式生成（也可采用其他方式进行简化处理），结果如图 3-108 所示。

图 3-107 生成圆台　　　图 3-108 生成槽体　　　图 3-109 槽轴粗加工准备

（三）编写槽轴零件的加工程序

1. 槽轴粗加工

粗加工采用等高线粗加工来完成。为了方便，在加工之前可以先将四个槽体的拉伸删除掉，如图 3-109 所示。

1）毛坯设定

用相关线命令提取圆台的边界线作为毛坯的平面轮廓线，参照圆柱凸轮毛坯的设定方法设定毛坯，如图 3-110 所示。

2）等高线粗加工

点击键盘 F5，在 XY 平面内按照图 3－111 所示绘制一个大致的矩形作为等高线粗加工的加工边界。

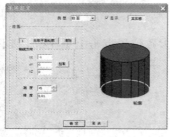

图 3－110　毛坯定义　　　　　　　　　　　　　图 3－111　绘制边界

依次点击"加工"→"常用加工"→"等高线粗加工"，系统弹出等高线粗加工对话框，按照图 3－112 所示的内容设置参数。

（a）

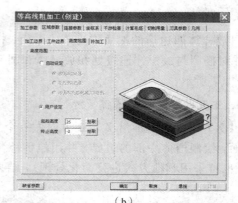
（b）

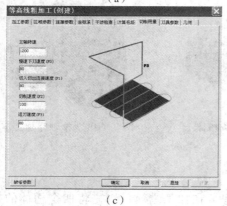
（c）

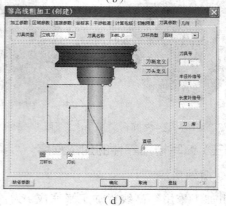
（d）

图 3－112　粗加工参数设置

安全高度设置为"50"，加工曲面选择槽轴实体，点击"确定"后结果如图 3－113 所示。

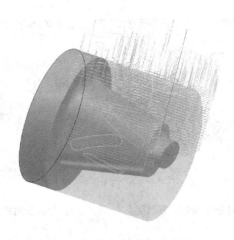

图 3-113　粗加工走刀路线

用圆形阵列方式阵列出对面的粗加工走刀路线，如图 3-114 所示。

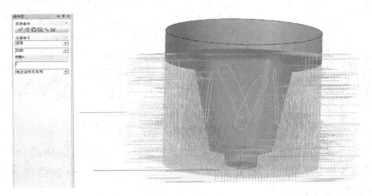

图 3-114　粗加工走刀路线阵列

2. 槽轴精加工

首先提取需要进行四轴加工的曲面，如图 3-115 所示。

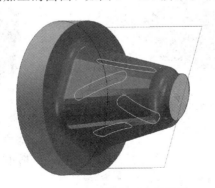

图 3-115　四轴加工曲面提取

依次点击"加工"→"多轴加工"→"四轴平切面加工"，系统弹出四轴平切面加工对话框，按照图 3-116 所示的内容设置参数，结果如图 3-117 所示。

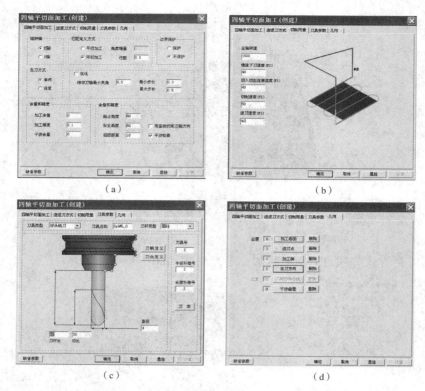

（a）   （b）

（c）   （d）

图 3 - 116   四轴平切面加工参数设置

注意：选择加工曲面后一定要注意加工曲面的加工方向是朝向曲面外侧的，如果不是，需要点击曲面更换。进刀点选择 X0 面那端的一个安全点。加工侧为曲面外侧。走刀方向可自己定义。干涉面可以不用选择。

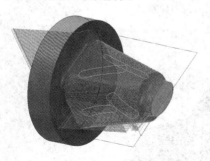

图 3 - 117   四轴平切面走刀路线

图 3 - 118   槽体

3. 槽的加工

删除曲面，拉伸出四个槽体，如图 3 - 118 所示。对于槽的加工可以用两种方式进行：一种是手工编程，另一种是自动编程。

1）手工编程

用槽体的边界得出槽的一条中心线，并利用软件查询出左边点的坐标为（30，4，11），右边点的坐标为（16，－2，11）。观察图形可知这条线为 R60 的圆弧，用 φ4 键槽铣刀走这条圆弧即可加工出这个槽，因此手工编程就可以实现。有了这条线的程序，其他三个槽体可以用这个线的程序增加旋转指令进行加工。

2）自动编程

由于 CAXA 制造工程师软件本身精度的问题，如果需要自动编程必须选择直径比槽宽小的刀具来实现，因此选择直径为 3 mm 的键槽铣刀来实现，得出一个槽的走刀路线，其余槽的走刀路线用圆形阵列的方式获得。图形中槽为自由公差，因此只用精加工即可。

采用"平面轮廓精加工"的方式来加工。依次点击"加工"→"常用加工"→"平面轮廓精加工"，系统弹出"平面轮廓精加工"对话框，按照图 3-119 所示的内容设置参数。

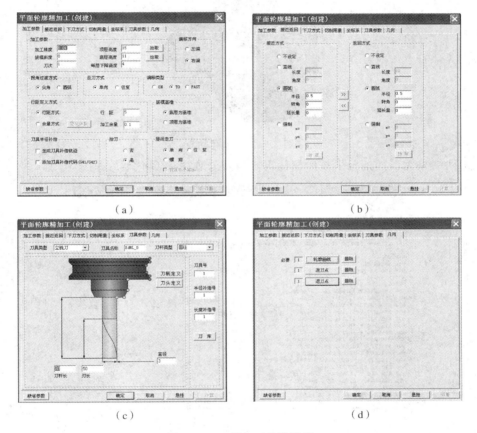

（a） （b）

（c） （d）

图 3-119 槽加工参数设置

点击"确定"后生成一个槽的走刀路线，并阵列出其他槽的走刀路线，如图 3-120 所示。

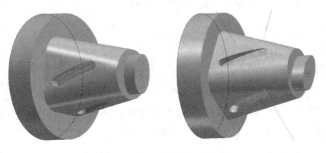

图 3-120 槽体走刀路线

注： 轮廓曲线选择提取的圆槽边界线，图形中将轮廓线下边的圆弧在中点处已经打断了，因此刀具是从下面圆弧中点处切入和切出的，进、退刀点选择中心线的中点。

4. 后置处理生成加工程序

后置处理之前可通过实体仿真检查结果是否正确，如图 3－121 所示。不正确的部分重新修改即可。

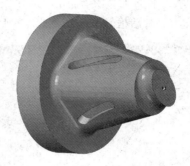

图 3－121　实体仿真

在确认结果无误的情况下按照机床需求后置处理生成 G 代码，如图 3－122 所示。

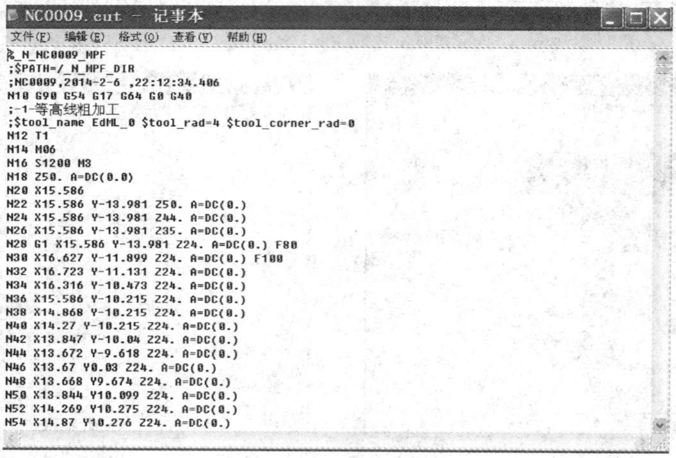

NC0009.cut － 记事本

文件(F)　编辑(E)　格式(O)　查看(V)　帮助(H)

```
%_N_NC0009_MPF
;$PATH=/_N_MPF_DIR
;NC0009,2014-2-6 ,22:12:34.406
N10 G90 G54 G17 G64 G0 G40
;-1-等高线粗加工
;$tool_name EdML_0 $tool_rad=4 $tool_corner_rad=0
N12 T1
N14 M06
N16 S1200 M3
N18 Z50. A=DC(0.0)
N20 X15.586
N22 X15.586 Y-13.981 Z50. A=DC(0.)
N24 X15.586 Y-13.981 Z44. A=DC(0.)
N26 X15.586 Y-13.981 Z35. A=DC(0.)
N28 G1 X15.586 Y-13.981 Z24. A=DC(0.) F80
N30 X16.627 Y-11.899 Z24. A=DC(0.) F100
N32 X16.723 Y-11.131 Z24. A=DC(0.)
N34 X16.316 Y-10.473 Z24. A=DC(0.)
N36 X15.586 Y-10.215 Z24. A=DC(0.)
N38 X14.868 Y-10.215 Z24. A=DC(0.)
N40 X14.27 Y-10.215 Z24. A=DC(0.)
N42 X13.847 Y-10.04 Z24. A=DC(0.)
N44 X13.672 Y-9.618 Z24. A=DC(0.)
N46 X13.67 Y0.03 Z24. A=DC(0.)
N48 X13.668 Y9.674 Z24. A=DC(0.)
N50 X13.844 Y10.099 Z24. A=DC(0.)
N52 X14.269 Y10.275 Z24. A=DC(0.)
N54 X14.87 Y10.276 Z24. A=DC(0.)
```

图 3－122　加工程序

（四）程序传输

通过 SD 卡将生成的加工程序拷贝到机床上，然后操作机床完成零件的加工。

五、知识拓展

利用 UG 建造南京四开 SKY 四轴雕铣机后处理，具体步骤如下。

1. 分析机床

使用 UG/Post Builder 为南京四开 SKY 四轴雕铣机建造一个后处理，首先需要分析机床。这包含两项主要内容：机床结构和控制系统。SKY 四轴雕铣机使用 SKY6070 雕铣机床，附加旋转轴装置，其旋转轴为 Y 轴，旋转平面为 ZX 平面。该机床采用的是 SKY2003 系列控制系统。在清楚地了解机床的结构和机床使用控制系统的特点的前提下，才能建造出最优化的后处理。

2. 设定机床参数

新建一个后处理，并使之符合 SKY 四轴雕铣机的结构。这需要设定合理的机床参数。

打开 UG/Post Builder 后处理建造器，点击 按钮，在新建后处理页面中将参数设定如下：

Post Name：SKY—4AXIS—6070DX

Post Output Unit：Millimeters—公制

Machine Tool：Mill(铣床)，子类型选择 4 - Axis with Rotary Table(4 轴转台)

Controller：Generic(通用的)

点击"OK"，建立新的后处理(见图 3 - 123)。

进入机床参数设定页面，首先设定通用参数。这里的默认值包括：圆弧输出为"Yes"，最大进给率默认值为 10000，机床回零位置为 X0Y0Z0，线性轴位移最小分辨率为 0.001，这些均符合实际机床要求，不需更改。可以将线性轴行程限制按照机床实际行程改为：X600、Y700、Z350(见图 3 - 124)。

在 Fourth Axis 页面中，第四轴选择平面设为 ZX，转轴字头按照机床系统设为 A，公差为 0.001，最小旋转角度为 0.001，最大角度进给为 1500，转轴方向为 Normal，符合左手定则，转轴行程限制可设为 -9999～9999。其余参数保持原有的默认值，不作修改(见图 3 - 125)。

到这一步，最重要的机床参数设定已经完成，可以点击 按钮进行保存，位置可以根据需要决定。由于 SKY 系统要求的程序格式基本符合国际标准，如果马上使用这个后处理，那么生成的 NC 程序只需修改程序头的格式就可以在机床上使用了。为了使生成的程序不需作任何修改就能直接使用，需要进一步设定后处理的其他参数。

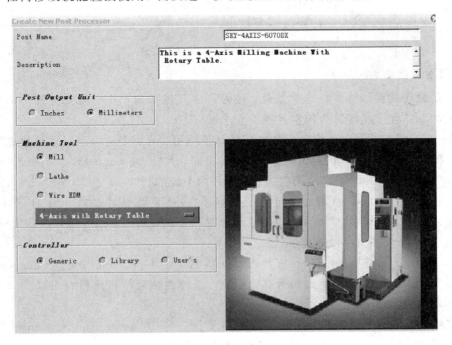

图 3 - 123　建立四轴后处理

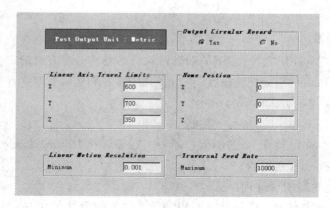

图 3-124　机床通用参数设置

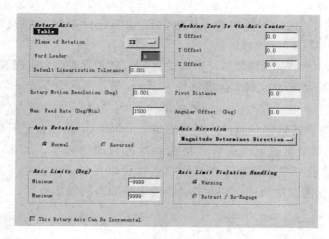

图 3-125　机床第四轴参数设置

3. 设定其他参数

一个后处理的参数除了机床参数外，还有许多其他参数，并不需要更改每个参数，只要使生成的 NC 程序能够符合控制系统的要求即可。

对于 SKY 系统来说，大多数参数使用默认值即可，只需要对以下五项参数进行修改：

（1）在 Program & Tool Path 的 Program 页面，将"Program Start Sequence"程序头中的"%"和"G40 G17 G90 G71"这两行去掉，加入两个新的行"G54"和"S M03"。SKY 系统在程序开头不需要这两行，而需要固定加工坐标系"G54"，保证主轴在工作时正转的"M03 S"。应注意这里"M03"和"S"的顺序，默认顺序是错误的，系统要求"M03"在"S"之前，后面再修改这个顺序（见图 3-126）。

（2）在 Program & Tool Path 的 Program 页面，将"Operation Start Sequence"程序头中"Auto Tool Change"自动换刀的所有行删除。这种四轴雕铣机床没有自动换刀功能，因此去掉自动换刀的指令。

（3）在 Program & Tool Path 的 Program 页面，将"Program End Sequence"程序尾中的"%"行删除，在"M02"前加入一行"M05 M09"。程序尾同样不需要"%"，同时确保程序运行结束后，主轴和冷却关闭（见图 3-127）。

（4）在 Program & Tool Path 的 Word Sequencing 页面，将"S"和"M03"的位置互换。回到 Program & Tool Path 的 Program 页面的"Program Start Sequence"中，可以发现"S M03"行变为了"M03 S"，顺序已经改变为符合系统要求的格式。

（5）在 Output Setting 的 Other Options 页面，将"N/C Output Files Extension"改为"NC"。SKY 系统默认读取的加工程序后缀名为".NC"（见图 3-128）。

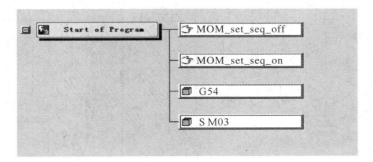

图 3-126　程序头设定

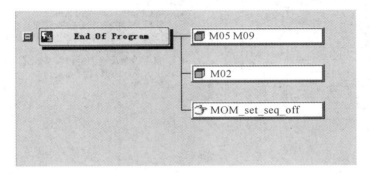

图 3-127　程序尾设定

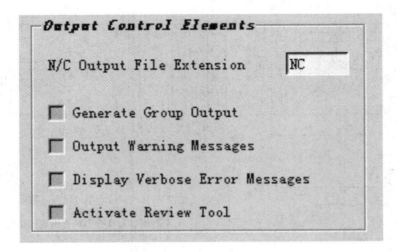

图 3-128　输出设定

设定好所有需修改的参数后，按 按钮进行保存。

注：其他四轴设备的后置处理文件的创建可以参照 SKY 四轴雕铣机的步骤进行。

完成如图 3-129 所示配合件的实体造型、自动编程及数控加工。

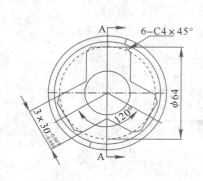

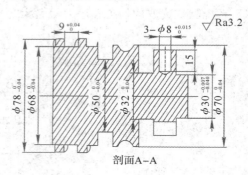

剖面A-A

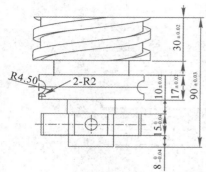

考核要求：
0. 双头螺旋槽：导程30 mm；
1. 零件1、零件2三个方向皆能配合；
2. 零件1、零件2的单边配合间隙≤0.04；
3. 配合后，能插入φ8h7销钉；
4. 不准用砂布及锉刀等修饰表面（可清理毛刺）；
5. 未注公差尺寸按IT13确定；
6. 直边倒钝。

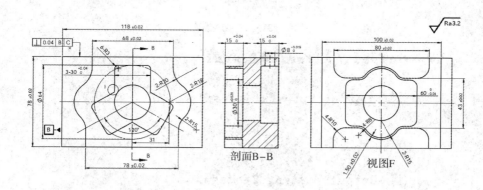

剖面B-B　　　视图F

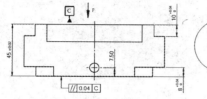

考核要求：
1. 零件1、零件2三个方向皆能配合；
2. 零件1、零件2的单边配合间隙≤0.04；
3. 配合后，能插入φ8h7销钉；
4. 不准用砂布及锉刀等修饰表面（可清理毛刺）；
5. 未注公差尺寸按IT13确定；
6. 直边倒钝。

图 3-129　配合件

　　本项目主要介绍了槽轴零件加工所要做的工作和需要学习的知识。重点内容为利用 CAXA 制造工程师 2013 软件的放样增量功能生成上圆下方的放样体，并能用四轴平切面加工的方式完成槽轴零件曲面的自动编程工作。选择刀具的过程中一定要注意图形中凹轮廓的最小曲率半径的值，球头刀半径要小于或者等于图形中凹轮廓的最小曲率半径，如果用大直径刀具加工，则后续一定要用小直径刀具进行清根。由于软件自身精度的问题，要用直径比槽宽小的刀具加工实体槽。

本项目学习参考书目

　　[1]　陆启建，褚辉生. 高速切削与五轴联动加工技术[M]. 北京：机械工业出版社，2011.

　　[2]　宋放之. 数控机床多轴加工技术实用教程[M]. 北京：清华大学出版社，2010.

　　[3]　关小梅. 多轴加工技术实用教程[M]. 北京：化学工业出版社，2014.

　　[4]　关雄飞. CAXA 制造工程师 2013r2 实用案例教程[M]. 北京：机械工业出版社，2015.

任务一　多面体零件的数控加工

一、学习目标

知识目标

（1）掌握五轴数控机床的特点、结构及分类等；

（2）熟练掌握五轴数控机床的操作，包含程序输入、对刀以及自动加工等；

（3）能编制数控五轴加工零件的工艺文件；

（4）熟练掌握五轴定轴铣（3＋2）加工零件编程方法。

技能目标

（1）能利用制造工程师软件编制五轴定轴铣加工零件的加工程序；

（2）能正确对刀并设置刀具参数；

（3）能操作五轴数控机床进行零件加工；

（4）能进行机床日常维护和保养，并有环保意识和安全意识。

二、工作任务

在数控铣削加工中，五轴加工改变了加工模式，增强了加工能力，提高了被加工零件的加工精度，可以解决许多复杂零件的加工难题。五轴联动机床，就是在三个线性坐标轴（X、Y、Z）的基础上再增加两个旋转坐标轴，以实现零件的五轴加工。本任务重点介绍五轴定轴铣加工。五轴定轴铣加工是指在五轴机床上将两个旋转轴按照需求旋转一定角度，一般为刀具垂直或者平行于被加工工件表面，让刀具在加工过程中按照三轴加工方式进行加工。下面以一个多面体零件的加工为例来说明五轴定轴铣加工。

（一）多面体零件的三维图

多面体零件的三维图如图 4－1 所示。

图 4－1　多面体零件三维图

注：① 待加工表面粗糙度均为3.2。

② 毛坯为一 200 mm×200 mm×130 mm 的长方体。

③ 材料为硬铝。

（二）任务具体要求

多面体零件单件生产，毛坯为 200 mm×200 mm×50 mm 的长方体，材料为硬铝（也可不根据图上材料要求结合自己现有的材料进行加工）。加工该零件的具体任务要求为分析零件图，分析零件结构工艺特征，拟定零件机械加工工艺方案，编制工艺文件，编写数控加工中心加工程序，在五轴数控机床上完成零件加工。

三、相关知识

（一）五轴数控机床简介

1. 五轴机床的分类

五轴机床一般为在普通三轴机床的基础上附加了两个旋转轴。

按照旋转轴的类型，五轴机床可以分为三类：双转台五轴、双摆头五轴和单摆头单转台五轴。旋转轴分为两种：使主轴方向旋转的旋转轴称为摆头，使装夹工件的工作台旋转的旋转轴称为转台。

按照旋转轴的旋转平面分类，五轴机床可分为正交五轴和非正交五轴。两个旋转轴的旋转平面均为正交面（XY、YZ 或 XZ 平面）的机床为正交五轴；两个旋转轴的旋转平面有一个或两个不是正交面的机床为非正交五轴。

2. 五轴机床的三种典型结构

1）双转台五轴

双转台五轴的两个旋转轴均属转台类，B 轴旋转平面为 YZ 平面，C 轴旋转平面为 XY 平面。一般两个旋转轴结合为一个整体构成双转台结构（见图 4-2），放置在工作台面上。

特点：加工过程中工作台旋转并摆动，可加工工件的尺寸受转台尺寸的限制，适合加工体积小、重量轻的工件；主轴始终为竖直方向，刚性比较好，可以进行切削量较大的加工。

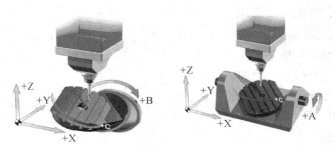

图 4-2 双转台结构示意图

2）双摆头五轴

双摆头五轴的两个旋转轴均属摆头类，B 轴旋转平面为 ZX 平面，C 轴旋转平面为 XY 平面。两个旋转轴结合为一个整体构成双摆头结构（见图 4-3）。

特点：加工过程中工作台不旋转或摆动，工件固定在工作台上，加工过程中静止不动。

适合加工体积大、重量重的工件；但因主轴在加工过程中摆动，所以刚性较差，加工切削量较小。

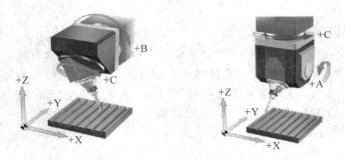

图 4-3 双摆头结构示意图

3）单摆头单转台五轴

单摆头单转台五轴的旋转轴 B 为摆头，旋转平面为 ZX 平面；旋转轴 C 为转台，旋转平面为 XY 平面。单摆头单转台结构见图 4-4。

特点：加工过程中工作台只旋转不摆动，主轴只在一个旋转平面内摆动，加工特点介于双转台和双摆头之间。

图 4-4 单摆头单转台结构示意图

（二）五轴加工的优点及应用

（1）三轴加工的缺点：

① 刀具长度过长（见图 4-5），刀具成本过高。

② 刀具振动引发表粗糙度问题。

③ 工序增加，多次装夹。

④ 刀具易破损。

⑤ 刀具数量增加。

⑥ 易过切引起不合格工件。

⑦ 重复对刀产生累积公差。

（2）五轴加工的优点：

① 可有效避免刀具干涉，加工一般三轴数控机床所不能加工的复杂曲面（见图 4-6）。

② 一次装夹完成可加工出连续、平滑的自由曲面（五轴机床运动如图 4-7 所示）。

③ 五轴加工时使刀具相对于工件表面可处于最有效的切削状态,避免了刀具(刀尖点)零线速度加工带来的切削效率极低、加工表面质量严重恶化等问题。

④ 提高表面质量对于直纹面零件,可采用侧铣方式一刀成型。

⑤ 对一般立体型面特别是较为平坦的大型表面,可用大直径面铣刀端面贴近表面进行加工。

⑥ 在某些加工场合,可采用较大尺寸的刀具避开干涉进行加工。

⑦ 可使用较短的切削刀具。

⑧ 符合工件一次装夹便可完成全部或大部分加工的机床发展方向,并且能获得更高的加工精度、质量和效率。

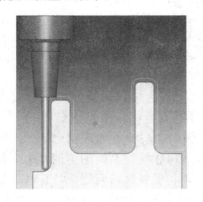 

图 4-5　三轴加工刀具长度　　　　　　图 4-6　五轴加工刀具长度

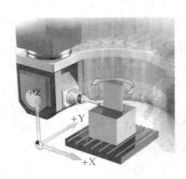 

图 4-7　五轴机床运动

（3）五轴加工主要应用的领域：航空、造船、医学、汽车工业、模具。

（4）应用五轴加工的典型零件：叶轮、涡轮、蜗杆、螺旋桨、鞋模、立体公、人体模型、汽车配件以及其他精密零件。

（三）五轴数控加工难点

（1）编程复杂、难度大、对使用者的 CAM 软件应用水平要求高。

在三坐标铣削加工和普通的两坐标车削加工中，作为加工程序的 NC 代码的主体即是众多的坐标点，控制系统通过坐标点来控制刀尖参考点的运动，从而加工出需要的零件形状。在编程的过程中，只需要通过对零件模型进行计算，在零件上得到点位数据即可。而在多轴加工中，不仅需要计算出点位坐标数据，更需要得到坐标点上的矢量方向数据，这个矢量方向在加工中通常用来表达刀具的刀轴方向，这就对计算能力提出了挑战。目前这项工作最经济的解决方案是通过计算机和 CAM 软件来完成，众多的 CAM 软件都具有这方面的能力。但是，这些软件在使用和学习上难度比较大，编程过程中需要考虑的因素比较多，缺少能使用 CAM 软件编程的技术人员成为多坐标加工的一个瓶颈因素。

常用的 CAM 软件有 UG、PowerMILL 等。

（2）熟悉机床结构及后处理，需要采用辅助的加工仿真优化软件。

即使利用 CAM 软件，从目标零件上获得了点位数据和矢量方向数据之后，并不代表这些数据可以直接用来进行实际加工。因为随着机床结构和控制系统的不同，这些数据如何能准确地解释为机床的运动，是多坐标联动加工需要着重解决的问题。以五轴联动的铣削机床为例，从结构类型上看，分为双转台、双摆头、单摆头单转台三大类，每大类中由于机床运动部件运动方式的不同而有所不同。如直线轴 Z 轴，对于立式设备来说，人们编程时习惯以 Z 轴向上为正方向，但是有些设备是通过主轴头固定而工作台向下移动产生的刀具相对向上移动，来实现 Z 轴正方向移动的；有些设备是通过工作台固定而主轴头向上移动产生的刀具向上移动。在刀具参考坐标系和零件参考坐标系的相对关系中，不同的机床结构对三轴加工中心没有什么影响，但是对于多轴联动的设备来说就不同了，这些相对运动关系的不同对加工程序有着不同的要求。由于机床控制系统的不同，对刀具补偿的方式和程序的格式也都有不同的要求。因此，仅仅利用 CAM 软件计算出点位数据和矢量方向并不能真正地满足最终的加工需要。这些点位数据和矢量方向数据就是前置文件。利用另外的工具将这些前置文件转换成适合机床使用的加工程序，这个工具就是后处理。

常用工具有 Vericut 等仿真软件。

（3）数控系统多采用 Siemens 840D 和 Heidenhain iTNC530 等高档数控系统，需要全面掌握数控系统的各项功能。国内也有很多企业在做可以实现五轴联动的数控系统，比如华中、广数和南京四开等企业。

（4）五轴加工和高速加工紧密结合。

① 高速电主轴在模具自由曲面和复杂轮廓的加工中，常常采用 2～12 mm 较小直径的立铣刀，而在加工铜或石墨材料的电火花加工用的电极时，要求有很高的切削速度，因此，电主轴必须具有很高的转速。

② 高速加工中心或铣床上多数还是采用伺服电机和滚珠丝杠来驱动直线坐标轴，但部分加工中心已采用直线电机，这种直线驱动免去了将回转运动转换为直线运动的传动元件，从而可显著提高轴的动态性能、移动速度和加工精度。直线电机可以显著提高高速机

床的动态性能。由于模具大多数是三维曲面，刀具在加工曲面时，刀具轴要不断进行制动和加速。只有通过较高的轴加速度才能在很高的轨迹速度情况下，在较短的轨迹路径上确保以恒定的每齿进给量跟踪给定的轮廓。如果曲面轮廓的曲率半径愈小，进给速度愈高，那么要求的轴加速度愈高。因此，机床的轴加速度在很大程度上影响到模具的加工精度和刀具的耐用度。

③ 转矩电机的应用。在高速加工中心上，回转工作台的摆动以及叉形主轴头的摆动和回转等运动，已广泛采用转矩电机来实现。转矩电机是一种同步电机，其转子直接固定在所要驱动的部件上，所以没有机械传动元件，它像直线电机一样是直接驱动装置。转矩电机所能达到的角加速度要比传统的蜗轮蜗杆传动高 6 倍，在摆动叉形主轴头时加速度可达到 3g。

(四) DMU80 monoBLOCK 五轴镗铣加工中心简介

DMU80 monoBLOCK 五轴镗铣加工机床如图 4 - 8 所示。

图 4 - 8　机床外观

1. 技术参数

DMU80 monoBLOCK 五轴镗铣加工中心技术参数如下：

(1) 行程：X＝880 mm，Y＝630 mm，Z＝630 mm；

(2) 电主轴，HSK63 刀柄；

(3) 主轴转速 20～18000 r/min；

(4) 主轴功率 35/25 kW(40％/100％)，扭矩 119/85 N・m(40％/100％)；

(5) 摆动主轴 B 轴，摆动范围－120°～＋30°，摆动速度 35 r/min，定位精度 P＝9 arc s，P_s＝6 arc s；

(6) 工作台，回转 C 轴。C 轴回转工作台直径 700 mm，360°回转。最大承重 650 kg，工作台转速 30 r/min，旋转精度 P＝10 arc s，P_s＝6 arc s；

(7) 最大刀具长度 315 mm，最大刀具直径 130 mm，最大刀具重量 8 kg；

(8) 最大可加工的工件尺寸：直径＝950 mm，高度＝780 mm；

(9) 直线轴(X、Y、Z)快移速度：30 m/min；

(10) 直线轴(X、Y、Z)最大进给速度：30 000 mm/min；

(11) 定位精度：P_{max}＝0.006 mm，重复定位精度：$P_{s\,max}$＝0.004 mm；

(12) 三维海德汉 iTNC530 控制系统，19″TFT 彩色显示器，带 SmartKey 智能钥匙，处理器 Pentium III 或兼容，800 MHz/512 Kbyte，硬盘 80 G，具有电子手轮；

（13）具有红外测头，具有 3D 快速调整包以便快速恢复精度设置；

（14）具有 ATC 功能，即加工任务快速编程参数选择，可根据实际加工阶段需要在精度、表面质量和加工速度之间快速切换；

（15）32 刀位刀库；

（16）具有冷却喷枪；

（17）具有电压安全包；

（18）4 色信号灯。

2. 操作台

显示器及操作面板如图 4 - 9 所示。

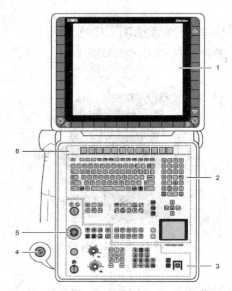

1—显示屏；2—控制功能操作区；3—机床操作区域；
4—认可按键；5—紧急停止；6—可自定义的软键

图 4 - 9　显示器及操作面板

3. 显示屏

显示屏如图 4 - 10 所示。

1—功能键；2—切换键；3—分配键

图 4 - 10　显示屏

（1）◁ ▷ 功能键：按下功能键栏的键，可以调用各子菜单的进一步功能键栏。

（2）⬚ 切换键：按下切换键，可以在机床和程序运行方式之间进行切换。

（3）⬚ 分配键：按下分配键，可以显示各运行方式下的子菜单功能键栏。

4. 数控系统操作区

（1）数字键区。

⬚ X …⬚ V：选择坐标或输入进程序；　　⬚ ：应用实际位置；

⬚ O …⬚ 9：数字；　　⬚ NO ENT：转向对话和删除文字；

⬚ ·：小数点；　　⬚ ENT：结束输入和继续对话；

⬚ -/+：改变正负号；　　⬚ END：结束程序语句；

⬚ P：极坐标输入；　　⬚ CE：将数值输入复位或删除 TNC 出错信息；

⬚ I：增量数值；　　⬚ DEL：中断对话，删除程序段。

⬚ Q：Q 参数；

（2）程序/文件管理，TNC 功能。

⬚ PGM MGT：选择和删除程序/文件，外部数据传送；

⬚ MOD：选择 MOD 功能；

⬚ HELP：在 NC 故障讯息时显示帮助文本；

⬚ CALC：显示计算器；

⬚ ERR：删除所有现存的出错信息。

（3）轨迹运动的编程。

⬚ APPR DEP：切入/切出轮廓；　　⬚ CR：圆形轨道；

⬚ FK：FK 自由轮廓编程；　　⬚ CT：带切向接口的圆形轨道；

⬚ L：直线；　　⬚ CHF：倒角；

⬚ CC：定义圆心及极坐标数据的圆心；　　⬚ RND：角倒圆。

⬚ C：围绕圆心的圆形轨道；

（4）smarT. NC 的导航键。

⬚：在表格中选择下一个光标；

⬚ ⬚：在前一个/下一个框中选择第一个输入域。

（5）刀具的说明。

⬚ TOOL DEF：在程序中定义刀具参数；

TOOL CALL：调用刀具参数。

（6）循环、子程序和程序段。

CYCL DEF CYCL CALL ：定义和调用循环；

LBL SET LBL CALL ：输入和调用子程序和程序段的重复循环；

STOP：将程序暂停输入到程序中；

TOUCH PROBE：设置探测循环。

（7）特殊功能。

SPEC FCT：显示特殊功能；

PGM CALL：定义程序的调用，选择零点和点表。

触摸板如图 4-11 所示。

1—移动光标和直接选择语句、循环和参数功能；2—触摸板，用于操作软件和 smarT. NC

图 4-11　触摸板

5. 机床功能操作区

：指示灯按键，接通机床；

：紧急停止；

：快移倍率；

：进给倍率；

：松开夹刀。

（1）机床运行方式。

：手动运行；　　　　　　　　　　　：MDI 方式；

：电子首轮；　　　　　　　　　　　：单句程序运行；

：smarT. NC；　　　　　　　　　　：自动运行方式。

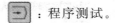

（2）编辑员运行方式。

◇：编辑/储存程序；　　　　　　　　　　⊡：程序测试。

（3）轴运动键。

轴运动键用于 X、Y、Z、C、B 轴的移动。

←　→：X 轴移动；　　　　　　　IV+ IV-：C 轴移动；

↙　↗：Y 轴移动；　　　　　　　⋀：快速移动。

↑　↓：Z 轴移动；

—　+：B 轴移动；

（4）功能键。

∅：放行刀夹具；　　　　　　　　　　▥：托盘放行（根据机床型号）；

☀：冷却润滑剂接通/关闭；　　　　　FCT：FCT 或 FCTA 屏幕切换；

⊚：内部冷却液接通/关闭；　　　　　▦：进给和主轴停止；

↥：解锁加工间门；　　　　　　　　　▣：进给停止（只有当事先选中时，

⚙：刀库右转；　　　　　　　　　　　　　主轴才旋转）；

⚙：刀库左转；　　　　　　　　　　　▥：程序开始。

（5）主轴键。

⇥：主轴接通，右转；

⇤：主轴接通，左转；

↓% 100% ↑%：主轴转速调节装置。

6. 确认键

确认键及 SmartKey 如图 4-12 所示。

1—SmartKey；2—确认键

图 4-12　确认键及 SmartKey

7. 显示屏上部

显示器侧边栏如图 4-13 所示。

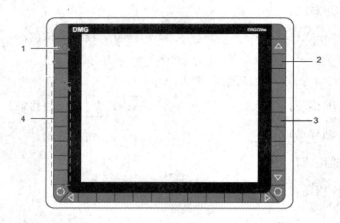

1—显示窗口的导航；2—在右侧显示窗口中操作；
3—标准操作；4—操作界面的直接选择通过示教功能进行按键的占用
图 4-13 显示器侧边栏

（1）显示窗口。通过 ErgoLine® 机床控制面板左上方的三个键可以在两个显示窗口之间切换，并可以在窗口中选择不同的显示画面。

（2）显示画面的类型。

① SmartKey® 状态，如图 4-14 所示。

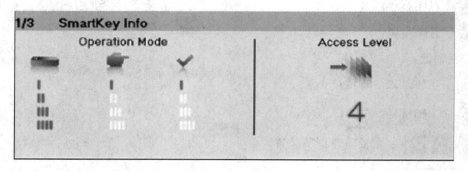

图 4-14 SmartKey® 状态

② 主轴信息，如图 4-15 所示。

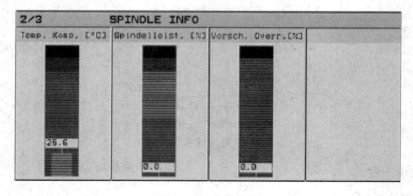

图 4-15 主轴信息

③ 问候画面,如图 4-16 所示。

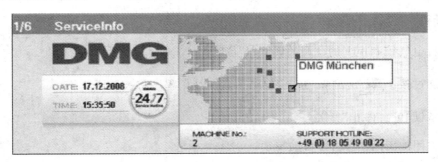

图 4-16 问候画面

8. 运行方式选择开关 SmartKey®

前提条件如下:

(1) 电源分断装置已接通,电气控制柜上的主开关转到"I"位。

(2) 数控系统已完全启动。

(3) 已接通机床"开机"按键 。

(4) 放上 SmarKey®(也可先放上 SmartKey® 再开机)。运行方式 1 已被固定为自动,并被定义为安全运行方式。

9. 红外线探头

红外线探头如图 4-17 所示。

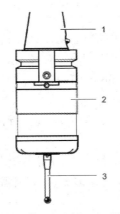

1—夹紧锥体;2—测头;3—测头杆
图 4-17 红外线探头

说明:

(1) 带有锥形轴和光学测量值传输的三维测量探头 2 用来测量工件。

(2) 用于找正加工主轴轴线孔或轴头的中心和调整平面。

(3) 用于加工主轴轴线相对工件棱边的定位。

(4) 测头的周围均匀地配置了发射器二极管。在每个位置上发射器二极管保证连续发射信号到达红外线接收器。

（四）DMU80 monoBLOCK 五轴镗铣加工中心操作

1. 开机

（1）将电气控制柜上的主开关转到"I"位 。

（2）通过按下 CE 键删除"断电"出错信息。PLC 程序将被编译。

（3）解锁"紧急停止"开关 。

（4）关闭加工间门，门将自动闭锁。

（5）按下"开机"按键 ，机床接通电源。

2. 关机

（1）按下"紧急停止"按钮 ，驱动将被关闭；"开机键"的指示灯熄灭。

（2）按下 按钮。

（3）如果需要，按下扩展键 或 。

（4）按下"OFF"功能键。

（5）按下"YES"确认。

（6）将电气控制柜上的主开关扳到"O"位 。

3. 建立工件坐标系（即对刀）

1）创建刀具

将标准刀信息输入到刀具表相关位置，创建该刀具，并将标准刀装入刀库。

利用相同的方式创建探头，并装入刀库。需要注意的是探头长度和直径先设定为零，将刀具参数中对应的 PLC 参数设置为"00010100"。

2）探头长度及半径校正

（1）调用标准刀，设定工件坐系 C 为 0，利用标准刀及标准量块标定工作台上表面 Z 坐标为 0。

（2）调出探头，并在 MDI 方式下执行 M27 指令。

（3）用千分表测探头调动，如跳动超多 5 μm，则需要调整探头，如未超过 5 μm，说明探头可用。

（4）取下千分表，将探头移动到距离工作台上表面（注意探头正对工作台的地方应为平面）20～50 mm 处。依次点击 、 、 ，即可测出探头长度，将测出的探头长度设定到刀具表中探头对应的刀长位置处。将工作台下降至安全高度。

（5）将标准环规放到工作台上表面，并将探头移动至环规中央，探头高度低于环规上表面即可。依次点击 、 、 ，即可测出探头直径，将探头的半径设定到刀具表中探头对应的刀具半径位置处。将工作台下降至安全高度，并取下环规。

（6）在 MDI 方式下再次调用探头。

3）Z 轴及回转中心校正

（1）热机 30 min 以上，X、Y、Z、B、C 轴都要移动，主轴旋转速度可控制在 500 r/min以下。

（2）调用标准刀，设定工件坐标系 C 为 0，利用标准刀及标准量块（也可用 Z 轴设定器等）标定工作台上表面 Z 坐标为 0。当工作台上表面已经标定 Z0 时，可不需进行此步。

（3）将标定好的探头移动至工作台上表面 30～50 mm 处，关上加工间门。

（4）进入 MDI 界面，点击 [CYCLE DEF]，并点击扩展键 [◁] 或 [▷]，依次点击 [DECKEL MAHO]→"389"，系统弹出"389"循环。

（5）Z 轴校正。

"389"循环中参数设定如下：

Q320＝25.0018（3Dquickset 中的球直径）

Q321＝0（值为 0 表示不测量，为 1 表示测 B 轴回转中心）

Q322＝0（值为 0 表示不测量，为 1 表示测 C 轴回转中心）

Q323＝0（无意义，＝0）

Q324＝0（测量 B、C 轴时的旋转角度）

Q325＝1（值为 0 表示不测量，为 1 表示测量工作台上表面，即 Z 轴）

Q326＝0（值为 0 表示只测量；值为 1 表示测量并修改机床原始值；值为 2 表示直接修改）

点击 [I] 按钮完成测量。

测完后查看结果。依次点击 [◇]、[PGM MGT]，在 TNC 目录下进入 PLCDATA→KINEMA-TIK→389_Tisch 后点击 [ENT]，对比 0、1 行第 3 列值，如差值针对要加工的零件精度来说较小，说明 Z 轴可用；如果差值针对要加工的零件精度来说较大，返回到 MDI 中的"389"循环将 Q326 的值修改为 1，探头移动至工作台上表面 30～50 mm 处，运行 Q389 循环两遍即可。

（6）C 轴回转中心校正。将测量钢球装入 45°斜孔中，底座放置在工作台行程范围内，球的朝向为 X 轴负向，将探头移动至钢球正上方 20～50 mm 处，如图 4-18 所示。

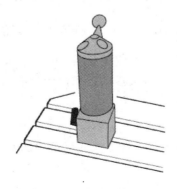

图 4-18　3Dquickset

关门后进入 MDI 方式，修改 Q389 循环参数如下：

Q320＝25.0018(3Dquickset 中的球直径)

Q321＝0(值为 0 表示不测量，为 1 表示测 B 轴回转中心)

Q322＝1(值为 0 表示不测量，为 1 表示测 C 轴回转中心)

Q323＝0(无意义，＝0)

Q324＝180(测量 B、C 轴时的旋转角度)

Q325＝0(值为 0 表示不测量，为 1 表示测量工作台上表面，即 Z 轴)

Q326＝0(值为 0 表示只测量；值为 1 表示测量并修改机床原始值；值为 2 表示直接修改)

点击 ⊞ 按钮完成测量。

测完后查看结果。依次点击 ◇ 、PGM MGT，在 TNC 目录下进入 PLCDATA →KINEMATIK→ 389_Tisch 后点击 ENT ，对比 0、1 行第 1、2 列值，如差值针对要加工的零件精度来说较小，说明 C 轴可用；如果差值针对要加工的零件精度来说较大，返回到 MDI 中的"389"循环将 Q326 的值修改为 1，探头移动至工作台上表面 30～50 mm 处，运行 Q389 循环两遍即可。

(7) B 轴回转中心校正。

修改 Q389 循环参数如下：

Q320＝25.0018(3Dquickset 中的球直径)

Q321＝1(值为 0 表示不测量，为 1 表示测 B 轴回转中心)

Q322＝0(值为 0 表示不测量，为 1 表示测 C 轴回转中心)

Q323＝0(无意义，＝0)

Q324＝－90(测量 B、C 轴时的旋转角度)

Q325＝0(值为 0 表示不测量，为 1 表示测量工作台上表面，即 Z 轴)

Q326＝0(值为 0 表示只测量；值为 1 表示测量并修改机床原始值；值为 2 表示直接修改)

点击 ⊞ 按钮完成测量。

测完后查看结果。依次点击 ◇ 、PGM MGT，在 TNC 目录下进入 PLCDATA→KINEMA-TIK→389_KOPF 后点击 ENT ，对比 0、1 行第 1、3 列值，如差值针对要加工的零件精度来说较小，说明 B 轴可用；如果差值针对要加工的零件精度来说较大，返回到 MDI 中的"389"循环将 Q326 的值修改为 1，探头移动至工作台上表面 30～50 mm 处，运行 Q389 循环两遍即可。

4) 对刀

(1) 方形毛坯对刀。安装好毛坯，将工件坐标系中的 C 值设定为 0。在 MDI 方式下运行 M27 指令。

X 向找正。将探头移动到与 X 轴方向比较接近且离操作者最近的毛坯的一条边上，依

次点击 [探测功能]、扩展键 [◁]、[⊙]、[Y+]、[▣]，沿着 X 向移动探头（不能超出该边），再点 [▣] 按钮，得到该边与 X 轴的夹角。将探头抬高到安全高度，点击"回转工作台定位"、[▣] 后工作台自动将探测的边转到与 X 轴平行的位置，点击"设定原点"将该值记入"0"号坐标系。

X、Y 轴对刀。

方案一：通过与毛坯相邻的两条边设定工件坐标系 X、Y 值

依次点击 [探测功能]、[调整 P▣]，调整探头位置，分别在毛坯相邻的两个边上选中两点后点击 [▣]，在"Measured Value X＝"和"Measured Value Y＝"中分别输入该相邻两边的交点在工件坐标系中的坐标值，点击"设定原点"将该 X、Y 值记入"0"号坐标系。

方案二：利用方形分中的方式设定工件坐标系 X、Y

依次点击 [探测功能]、[测量]，调整探头到 X＋向距工件 20～50 mm 处后点击 [X-]、[▣]；调整探头到 X－向距工件 20～50 mm 处后点击 [X+]、[▣]；调整探头到 Y＋向距工件 20～50 mm 处后点击 [Y-]、[▣]；调整探头到 Y－向距工件 20～50 mm 处后点击 [Y+]、[▣]，即可确定工件坐标系的 X、Y 值（工件中心位置），点击"设定原点"将该 X、Y 值记入"0"号坐标系。

Z 轴对刀。将探头移动至距工件上表面 20～50 mm 处，依次点击 [探测功能]、[测量]、[X-]、[▣] 按钮，点击"设定原点"将该 Z 值记入"0"号坐标系。

（2）圆柱形毛坯对刀。

X、Y 轴对刀。先设定 C＝0。

方案一：将原点定在圆孔中心

依次点击 [探测功能]、[测量 ⊕cc]，调整探头位置到圆孔中间位置，点击 [▣] 按钮，即可得出圆孔中心的 X、Y 值，点击"设定原点"将该 X、Y 值记入"0"号坐标系。

方案二：将原点定在圆柱体中心

依次点击 [探测功能]、[测量 ⊕cc]，调整探头位置到圆柱体的 X＋向距工件 20～50 mm 处后点击 [X-]、[▣]；调整探头到 Y＋向距工件 20～50 mm 处后点击 [X+]、[▣]；调整探头到 X－向距工件 20～50 mm 处后点击 [X+]、[▣]；调整探头到 Y－向距工件 20～50 mm 处后点击 [Y+]、[▣]，即可确定工件坐标系的 X、Y 值（工件中心位置），点击"设定原点"将该 X、Y 值记入"0"号坐标系。

Z 轴对刀。将探头移动至距工件上表面 20～50 mm 处，依次点击 [探测功能]、[测量]、[X-]、[X+] 按钮，点击"设定原点"将该 Z 值记入"0"号坐标系。

注：使用的每把刀具可以通过对刀仪来测定长度后设定到刀具表对应位置。

四、任务实施

（一）多面体零件数控加工工艺文件编制

1. 编制工序卡

编制多面体零件机械加工工艺过程卡，如表 4-1 所示。

表 4-1　机械加工工艺过程卡

机械加工 工艺过程卡		产品名称	零件名称	零件图号	材料	毛坯规格
			多面体零件	J04	硬铝	200×200×130
工序号	工序名称	工序简要内容	设备	工艺装备	工时	
01	下料	铣长方体		平口钳、游标卡尺		
02	铣削	多面体加工	DMU 80 monoBLOCK	平口钳、游标卡尺		
03	检验					
编制		审核		批准	共1页	第1页

2. 编制数控刀具调整卡

编制多面体零件数控加工刀具调整卡，如表 4-2 所示。

表 4-2　数控加工刀具调整卡

产品名称或代号			零件名称	多面体	零件图号	J04
序号	刀具号	刀具名称及规格	刀具参数		刀补地址	
			底面半径	刀杆规格	半径	形状
1	T01	φ10 键槽铣刀		刃长35	D01	H01
2	T02	R3 球头刀				
3	T03	R5 球头刀				
4	T04	φ6×40×0.4×35 雕刻刀				
编制		审核		批准	共 页	第 页

3. 编制数控铣削加工工序卡

编制多面体零件数控铣削加工工序卡，如表 4-3 所示。

表 4 - 3　数控加工工序卡

单位名称	陕西工业职业技术学院	数控加工工序卡		零件名称	多面体	零件图号	J04	材料牌号	2A12	材料硬度	
工序号	02	工序名称	铣削	加工车间	数控车间	设备名称	五轴镗铣加工中心	设备型号	DMU 80 monoBLOCK	工艺装备	工艺板
								程序编号			

| 工步号 | 工步内容 | 刀具号 | 刀具名称 | 量具名称 | 量具规格/mm | 切削用量 | | | 进给次数 | 备注 |
						切削速度 V_c /(m/min)	主轴转速 n /(r/min)	进给量 F /(mm/min)	背吃刀量 a_p /mm	
1	含放样体斜面粗加工	T01	φ10 键槽铣刀				10 000	1000		
2	含放样体斜面精加工	T02	R3 球头刀				12 000	800		
3	圆槽斜面加工	T01	φ10 键槽铣刀				10 000	1000		
4	圆槽粗加工	T01	φ10 键槽铣刀	游标卡尺	0.02/0 ~ 150		10 000	1000		
5	圆槽精加工	T03	R5 球头刀				12 000	800		
6	带字斜面加工	T01	φ10 键槽铣刀				10 000	1000		
7	刻字	T04	φ6×40×0.4×35 雕刻刀				12 000	500		

编制			审核			批准			共 1 页	第 1 页

227

（二）利用制造工程师 2013 构建多面体零件的 3D 模型

多面体线框的绘制步骤如下：

（1）单击曲线工具中的"矩形"按钮 ，在界面左侧的立即菜单中选择"中心_长_宽"方式，输入长度为 200，宽度为 200，光标分别拾取坐标原点和坐标为（0，0，−100）的点，绘制两个 200×200 的矩形，如图 4−19 所示。

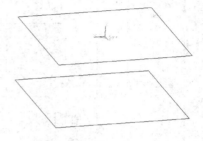

图 4−19　绘制矩形

（2）单击曲线工具栏中的"等距线"按钮 ，在立即菜单中输入距离为 50，拾取上面矩形最左边的一条边，选择 X 正方向箭头为等距方向，生成距离为 50 的等距线，如图 4−20 所示。

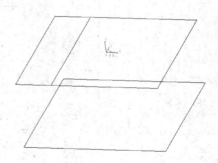

图 4−20　绘制等距线

（3）单击曲线工具栏中的"直线"按钮 ，选择"两点线"→"单个"→"非正交"，按图 4−21 所示进行连接，其中 A、B、C 三点为直线的中点。

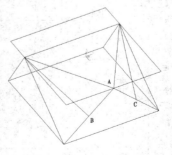

图 4−21　连线

（4）单击曲线工具栏中的删除按钮 ![eraser]，删除没用的线。剩余曲线如图 4-22 所示。

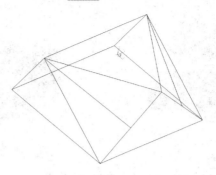

图 4-22　删除多余线段

（5）利用两相交直线 L1 和 L2、L3 和 L4 分别创建坐标系 1 和坐标系 2，如图 4-23 所示。

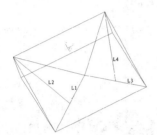
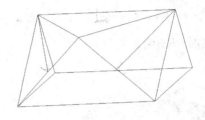

图 4-23　创建坐标系

（6）单击曲线工具栏中的删除按钮 ![eraser]，删除没用的线。剩余曲线如图 4-24 所示。

（7）单击曲面生成工具栏中的直纹面按钮 ![icon]，按照图 4-25 所示生成三个直纹面。

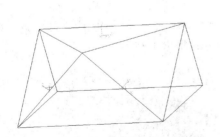
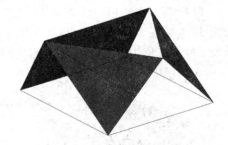

图 4-24　删除多余曲线　　　　　　　图 4-25　生成直纹面

（8）激活系统坐标系，以 XY 平面为草绘平面，绘制一个 200 mm×200 mm 的矩形，沿 Z 的负方向拉伸 130 mm 后形成一个立方体，然后利用"曲面裁剪除料"的方式去除多余实体，最后删除三个直纹面，结果如图 4-26 所示。

（9）选择坐标系 1 的 XY 平面作为草绘平面，绘制一个 50 mm×50 mm 的矩形，并倒角，倒角半径为 15（倒角后要在倒角圆弧中点处进行打断处理），定位位置在坐标系 1 中的坐标值为（0，45，0），结果如图 4-27 所示。

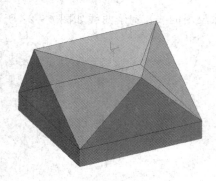

图 4-26 生成多面体

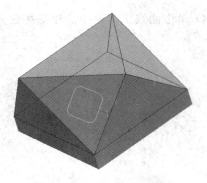

图 4-27 放样体底面草图

(10) 用坐标系 1 的 XY 平面作为基准,沿坐标系 1 的 Z 轴方向做一个距离为 30 的基准面。以该基准面为草绘平面绘制一个 $\phi30$ 的圆,圆心位置在坐标系 1 中的坐标值为(0,45,30)(注意:圆要进行打断处理),结果如图 4-28 所示。

(11) 单击放样增料按钮[图标],依次选择圆形和四边形两个草图,生成放样体后在放样体和斜面之间进行 R4 倒角处理,结果如图 4-29 所示。

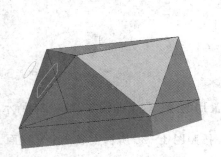

图 4-28 放样体顶面草图

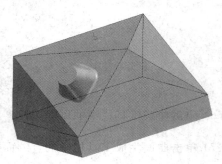

图 4-29 生成放样体

(12) 以坐标系 2 的 XY 平面作为草绘平面,绘制一个半径为 30 的半圆,半圆的定位位置在坐标系 2 的坐标值为(0,45,0)。利用旋转除料的方式得出半圆形凹槽,如图 4-30 所示。

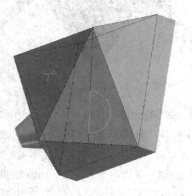

图 4-30 生成半圆槽

(13) 可自己定义在斜面上刻字的内容和位置,如图 4-31 所示。

图 4-31　文字生成

（三）编写多面体零件的加工程序

定轴铣的零件在编程过程中如果存在辅助坐标系，就可以采用三轴的策略进行加工，所以采用三轴加工策略的某些过程就可以省略。

毛坯设定为 200 mm×200 mm×130 mm 的长方体。

1. 含放样体斜面加工

激活坐标系 1。采用等高线粗加工、平面精加工和等高精加工可以实现含放样体斜面的加工，边界选择三角形斜面的三个边，如图 4-32～图 4-35 所示。

图 4-32　等高线粗加工

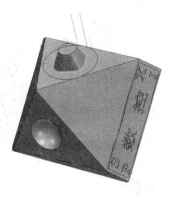

图 4-33　平面精加工

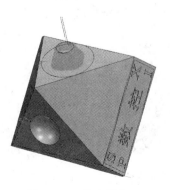

图 4-34　等高精加工

图 4-35　实体仿真

2. 含圆槽斜面及圆槽加工

隐藏含放样体斜面加工中得到的走刀路线，并激活坐标系 2。采用等高线粗加工、平面精加工和等高精加工可以实现含圆槽斜面及圆槽的加工，边界选择三角形斜面的三个边，如图 4-36～图 4-39 所示。

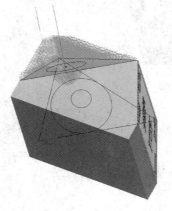

图 4-36　等高线粗加工

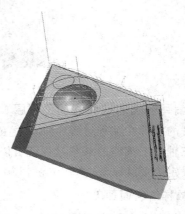

图 4-37　平面精加工

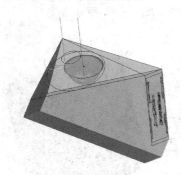

图 4-38　等高线精加工

图 4-39　实体仿真

3. 带字斜面加工及刻字

在带字斜面上创建坐标系 3。采用等高线粗加工和平面精加工完成斜面加工，采用多轴加工中的"单线体刻字"完成刻字加工，如图 4-40～图 4-43 所示。

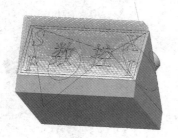

图 4-40　等高线粗加工

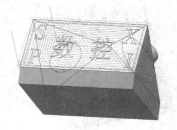

图 4-41　平面精加工

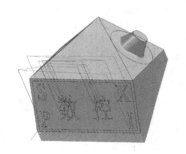
图 4-42 单线体刻字

图 4-43 实体仿真

4. 后置处理生成加工程序

根据自己需要选择合适的数控系统生成加工程序。需要注意的是，一定要设置五轴定向铣选项，如图 4-44 所示。生成的加工程序如图 4-45 所示。

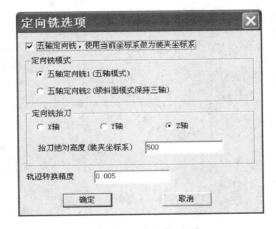
图 4-44 定向铣选项

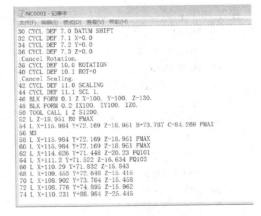
图 4-45 加工程序

（四）程序传输

通过优盘将生成的加工程序拷贝到机床上。

将包含有程序的优盘插入到机床的 USB 接口上，依次点击 →PGM MGT 按钮，在左侧列表中找到 USB0，并找到在 USB 中的程序。选中程序后点击 ABC→XYZ 按钮，系统弹出复制对话框，在对话框中选择程序输入的目标位置（在 TNC：下自己用到的文件夹），点击"OK"完成设置，程序即被复制到机床上。

程序拷贝到机床以后最主要的修改内容是刀具和坐标系。

五、知识拓展

（一）DMU80 五轴镗铣加工中心凸台类零件程序编制及模拟加工

凸台类零件图如图 4-46 所示。

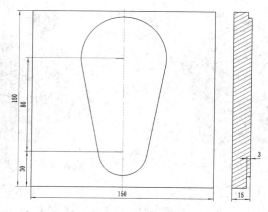

图 4-46 凸台类零件图

1．程序编制

程序如下：

```
 0  BEGIN PGM test1 MM
 1  BLK FORM 0.1 Z   X+0   Y+0   Z-15
 2  BLK FORM 0.2   X+150   Y+150   Z+0
 3  CYCL DEF 247 DATUM SETTING ～
    Q339＝+10；DATUM NUMBER
 4  TOOL CALL 1 Z S2000
 5  M129
 6  CYCL DEF 7.0 DATUM SHIFT
 7  CYCL DEF 7.1   X+0
 8  CYCL DEF 7.2   Y+0
 9  CYCL DEF 7.3   Z+0
10  CYCL DEF 10.0 ROTATION
11  CYCL DEF 10.1   ROT+0
12  PLANE RESET STAY
13  L   C+0   B+0 R0 FMAX M3
14  CYCL DEF 14.0 CONTOUR GEOMETRY
15  CYCL DEF 14.1 CONTOUR LABEL1/2
16  CYCL DEF 20 CONTOUR DATA～
    Q1＝-10；MILLING DEPTH ～
    Q2＝+1；TOOL PATH OVERLAP ～
    Q3＝+0.3；ALLOWANCE FOR SIDE ～
    Q4＝+0.3；ALLOWANCE FOR FLOOR ～
    Q5＝+0；SURFACE COORDINATE ～
    Q6＝+2；SET-UP CLEARANCE ～
    Q7＝+50；CLEARANCE HEIGHT ～
    Q8＝+1；ROUNDING RADIUS ～
    Q9＝+1；ROTATIONAL DIRECTION
17  TOOL CALL 5 Z S2000
18  CYCL DEF 21 PILOT DRILLING ～
```

```
        Q10＝－3；PLUNGING DEPTH ～
        Q11＝＋150；FEED RATE FOR PLNGNG ～
        Q13＝＋0；ROUGH－OUT TOOL
19   M99
20   TOOL CALL 4 Z S1000
21   CYCL DEF22 ROUGH－OUT ～
        Q10＝－3；PLUNGING DEPTH ～
        Q11＝＋150；FEED RATE FOR PLNGNG ～
        Q12＝＋500；FEED RATE F. ROUGHNG ～
        Q18＝＋0；COARSE ROUGHING TOOL ～
        Q19＝＋0；FEED RATE FOR RECIP. ～
        Q208＝＋2000；RETRACTION FEED RATE ～
        Q401＝＋100；FEED RATE FACTOR ～
        Q404＝＋0；FINE ROUGH STRATEGY
22   CYCL CALL M3
23   TOOL CALL 3 Z S1000
24   CYCL DEF 22 ROUGH－OUT ～
        Q10＝－3；PLUNGING DEPTH ～
        Q11＝＋150；FEED RATE FOR PLNGNG ～
        Q12＝＋500；FEED RATE F. ROUGHNG ～
        Q18＝＋4；COARSE ROUGHING TOOL ～
        Q19＝＋0；FEED RATE FOR RECIP. ～
        Q208＝＋99999；RETRACTION FEED RATE ～
        Q401＝＋100；FEED RATE FACTOR ～
        Q404＝＋0；FINE ROUGH STRATEGY
25   M99
26   CYCL DEF 23 FLOOR FINISHING ～
          Q11＝＋150；FEED RATE FOR PLNGNG ～
          Q12＝＋500；FEED RATE F. ROUGHNG ～
          Q208＝＋99999 ; RETRACTION FEED RATE
27   M99
28   CYCL DEF 24 SIDE FINISHING ～
        Q9＝＋1；ROTATIONAL DIRECTION ～
        Q10＝－3；PLUNGING DEPTH ～
        Q11＝＋150；FEED RATE FOR PLNGNG ～
        Q12＝＋500；FEED RATE F. ROUGHNG ～
        Q14＝＋0；ALLOWANCE FOR SIDE
29   M99
30   M30
31   LBL 1
32   L   X＋75   Y＋145 RR
33   FC R35   CCX＋75   CCY＋110 DR＋
34   FLT
35   FCTR20 DR＋   CCX＋75   CCY＋30
36   FLT
```

235

37　FCT DR＋ R35　CCX＋75　CCY＋110　X＋75　Y＋145

38　LBL 0

39　LBL 2

40　L　X－10　Y－10 RL

41　L　X＋160

42　L　Y＋160

43　L　X－10

44　L　Y－10

45　LBL 0

46　END PGM test1 MM

2. 模拟加工

模拟加工结果如图 4－47 所示。

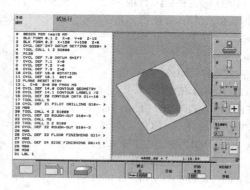

图 4－47　模拟加工

（二）DMU80 五轴镗铣加工中心凹槽类零件程序编制及模拟加工

凹槽类零件图如图 4－48 所示。

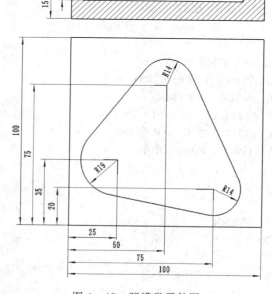

图 4－48　凹槽类零件图

1. 程序编制

程序如下：

```
0   BEGIN PGM test2 MM
1   BLK FORM 0.1 Z   X+0   Y+0   Z-50
2   BLK FORM 0.2   X+100   Y+100   Z+0
3   M129
4   CYCL DEF 247 DATUM SETTING ～
      Q339=+10；DATUM NUMBER
5   TOOL CALL 1 Z S2000
6   LBL 2
7   CYCL DEF 7.0 DATUM SHIFT
8   CYCL DEF 7.1   X+0
9   CYCL DEF 7.2   Y+0
10   CYCL DEF 7.3   Z+0
11   CYCL DEF 10.0 ROTATION
12   CYCL DEF 10.1   ROT+0
13   PLANE RESET STAY
14   L   C+0   B+0 R0 FMAX M3
15   L   Z-1 FMAX M91
16   LBL 0
17   CYCL DEF 14.0 CONTOUR GEOMETRY
18   CYCL DEF 14.1 CONTOUR LABEL1
19   CYCL DEF 20 CONTOUR DATA ～
      Q1=-20；MILLING DEPTH ～
      Q2=+1；TOOL PATH OVERLAP ～
      Q3=+0.1；ALLOWANCE FOR SIDE ～
      Q4=+0.1；ALLOWANCE FOR FLOOR ～
      Q5=+0；SURFACE COORDINATE ～
      Q6=+2；SET-UP CLEARANCE ～
      Q7=+50；CLEARANCE HEIGHT ～
      Q8=+0；ROUNDING RADIUS ～
      Q9=+1；ROTATIONAL DIRECTION
20   CYCL DEF 21 PILOT DRILLING ～
      Q10=-5；PLUNGING DEPTH ～
      Q11=+150；FEED RATE FOR PLNGNG ～
      Q13=+0；ROUGH-OUT TOOL
21   M99
22   CYCL DEF 22 ROUGH-OUT ～
      Q10=-5；PLUNGING DEPTH ～
      Q11=+150；FEED RATE FOR PLNGNG ～
      Q12=+500；FEED RATE F. ROUGHNG ～
```

237

        Q18＝＋0；COARSE ROUGHING TOOL ～

        Q19＝＋100；FEED RATE FOR RECIP. ～

        Q208＝＋99999；RETRACTION FEED RATE ～

        Q401＝＋100；FEED RATE FACTOR ～

        Q404＝＋0；FINE ROUGH STRATEGY

23   CYCL CALL M3

24   TOOL CALL 3 Z S2000

25   CYCL DEF 22 ROUGH－OUT ～

        Q10＝－5；PLUNGING DEPTH ～

        Q11＝＋150；FEED RATE FOR PLNGNG ～

        Q12＝＋500；FEED RATE F. ROUGHNG ～

        Q18＝＋1；COARSE ROUGHING TOOL ～

        Q19＝＋0；FEED RATE FOR RECIP. ～

        Q208＝＋99999 ；RETRACTION FEED RATE ～

        Q401＝＋100；FEED RATE FACTOR ～

        Q404＝＋0；FINE ROUGH STRATEGY

26   M99

27   CYCL DEF 23 FLOOR FINISHING ～

        Q11＝＋150；FEED RATE FOR PLNGNG ～

        Q12＝＋500；FEED RATE F. ROUGHNG ～

        Q208＝＋99999 ；RETRACTION FEED RATE

28   M99

29   CYCL DEF 24 SIDE FINISHING ～

        Q9＝＋1；ROTATIONAL DIRECTION ～

        Q10＝－5；PLUNGING DEPTH ～

        Q11＝＋150；FEED RATE FOR PLNGNG ～

        Q12＝＋500；FEED RATE F. ROUGHNG ～

        Q14＝＋0；ALLOWANCE FOR SIDE

30   M99

31   M30

32   LBL 1

33   L X＋50   Y＋89 RL

34   FC R14   CCX＋50   CCY＋75 DR＋

35   FLT

36   FCT R19   CCX＋25   CCY＋35 DR＋

37   FLT

38   FCT R14 DR＋   CCX＋75   CCY＋20

39   FLT

40   FCT R14   CCX＋50   CCY＋75   X＋50   Y＋89 DR＋

41   LBL 0

42   END PGM test2 MM

2. 模拟加工

模拟加工结果如图 4 - 49 所示。

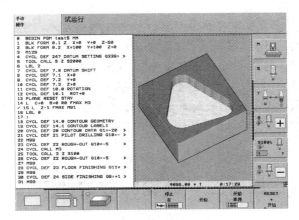

图 4 - 49　模拟加工

完成如图 4 - 50 所示零件的实体造型、自动编程及数控加工。

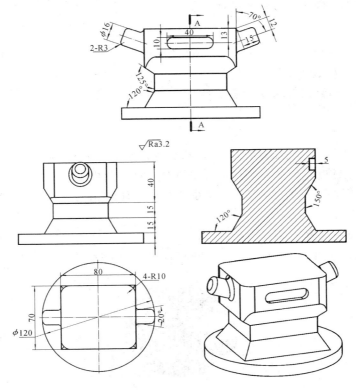

图 4 - 50　零件图

任务小结

　　本项目主要介绍了多面体零件加工所要做的工作和需要学习的知识。重点内容为五轴数控机床的特点、结构、分类、操作（对刀是重点）以及五轴加工零件的工艺编制及编程。遇到零件首先应做好工艺，根据要求判断哪部分适合五轴机床加工，哪部分不需要五轴机床加工，以免造成零件成本的提高。其次在用 CAXA 制造工程师做五轴定轴铣加工的过程中，辅助坐标系可以极大地降低编程的难度。辅助坐标系只是起到一个辅助的作用（主要考虑的是 Z 轴的方向，辅助坐标系对于坐标原点的位置、X 轴和 Y 轴的方向没有影响）。

任务二　叶轮的数控加工

一、学习目标

　知识目标

　　(1) 掌握高速切削的现状和发展趋势等；

　　(2) 掌握高速加工编程与普通加工编程的区别；

　　(3) 熟练掌握叶轮的编程方法；

　　(4) 掌握叶轮零件编程参数的设置。

　技能目标

　　(1) 能编制叶轮加工工艺文件并用 CAXA 制造工程师编制叶轮加工程序；

　　(2) 能正确对刀并设置刀具参数；

　　(3) 能操作五轴数控机床进行零件加工。

二、工作任务

　　叶轮既指装有动叶的轮盘（冲动式汽轮机转子的组成部分），又指轮盘与安装其上的转动叶片的总称。整体叶轮作为发动机的关键部件，对发动机的性能影响很大，它的加工成为提高发动机性能的一个关键环节。但是由于整体叶轮结构的复杂性，其数控加工技术一直是制造行业的难点。

（一）叶轮的三维图

　　叶轮的三维图如图 4-51 所示。

图 4-51　叶轮三维图

注：① 毛坯为 φ60×62.5，为了方便加工，已在车床上加工出如图 4-52 所示的形状。
② 材料为硬铝。

图 4-52 加工中心已加工出的毛坯形状

（二）任务具体要求

叶轮为单件生产，毛坯已提前加工好，材料为 2A12 硬铝（也可不根据图上材料要求结合自己现有的材料进行加工）。加工该零件的具体任务要求为分析零件图和零件结构工艺特征，拟定零件机械加工工艺方案，编制工艺文件，编写数控加工中心加工程序，在五轴数控机床上完成零件加工。

三、相关知识

（一）高速加工技术简介

1. 高速切削技术简介

高速切削理论是 1931 年 4 月德国物理学家 Carl. J. Salomon 提出的。他指出，在常规切削速度范围内，切削温度随着切削速度的提高而升高，但切削速度提高到一定值后，切削温度不但不再升高反会降低（见图 4-53），且该切削速度值与工件材料的种类有关（见图 4-54）。对每一种工件材料都存在一个速度范围，在该速度范围内，由于切削温度过高，刀具材料无法承受，即切削加工不可能进行，称该区为"死谷"。虽然由于实验条件的限制，当时无法付诸实践，但这个思想给后人一个非常重要的启示，即如能越过这个"死谷"，在高速区工作，有可能用现有刀具材料进行高速切削，切削温度与常规切削基本相同，从而可大幅度提高生产效率。

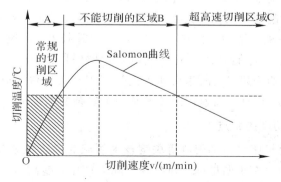

图 4-53 切削速度和切削温度的变化关系

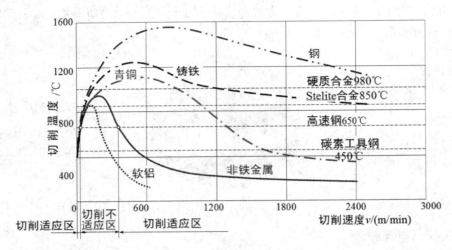

图 4-54　Salomon 切削温度与切削速度曲线

高速切削是一个相对的概念，究竟如何定义，目前尚无共识。在不同的历史时期，对于不同的工件材料、刀具材料和加工方法，高速切削加工应用的切削速度并不相同。自 20 世纪后期以来，关于界定高速切削，国际上有以下几种说法：

（1）1978 年，国际生产工程研究会（CIRP）切削委员会提出当切削线速度达到 500～7000 m/min 的加工为高速切削。

（2）对铣削加工而言，主轴转速达到 8000 r/min 以上为高速切削加工。

（3）德国达姆施达特（Darmstadt）工业大学以速度高于 5～10 倍普通切削速度的切削加工为高速切削。

（4）依照主轴设计的观点，以沿用多年的 DN 值（主轴轴承孔直径 D 与主轴最大转速 N 的乘积）来定义高速切削加工。当 DN 值达到（5～2000）×10^5 mm·r/min 时为高速切削加工。

由于加工方法和工件材料的不同，高速切削的高速范围也很难定义，一般认为应是常规切削速度的 5～10 倍。

自从 Salomon 提出高速切削的概念并于同年申请专利以来，高速切削技术的发展经历了高速切削理论的探索、应用探索、初步应用和较成熟应用四个阶段，现已在生产中得到了一定的推广应用。特别是 20 世纪 80 年代以来，各工业发达国家投入了大量的人力和物力，研究开发了高速切削设备及相关技术，20 世纪 90 年代以来发展更加迅速。

高速切削技术是在机床结构及材料、机床设计、制造技术、高速主轴系统、快速进给系统、高性能 CNC 系统、高性能刀夹系统、高性能刀具材料及刀具设计制造技术、高效高精度测量测试技术、高速切削机理、高速切削工艺等诸多相关硬件和软件技术均得到充分发展的基础上综合而成的。因此，高速切削技术是一个复杂的系统工程。

2. 高速与超高速切削的特点

随着高速与超高速机床设备和刀具等关键技术领域的突破性进展，高速与超高速切削技术的工艺和速度范围也在不断扩展。如今在实际生产中，超高速切削铝合金的速度范围为 1500～5500 m/min，铸铁为 750～4500 m/min，普通钢为 600～800 m/min，进给速度高达 20～40 m/min。而且超高速切削技术还在不断发展。在实验室里，切削铝合金的速度已达 6000 m/min 以上，进给系统的加速度可达 3g。有人预言，未来的超高速切削将达到音速或超音速。

高速与超高速切削的特点可归纳如下：

（1）随着切削速度的提高，单位时间内材料切除率增加，切削加工时间减少，切削效率提高 3～5 倍。加工成本可降低 20%～40%。

（2）在高速切削速度范围，随着切削速度的进步，切削力随之减小，根据切削速度进步的幅度，切削力可减少 30% 以上，有利于对刚性较差和薄壁零件的加工。切削力的来源及分解如图 4-55 所示。

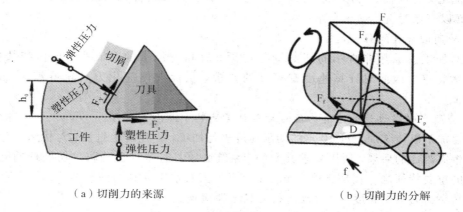

（a）切削力的来源　　　　（b）切削力的分解

图 4-55　切削力的来源及分解

（3）从动力学的角度分析，高速切削加工过程中，随切削速度的进步使切削系统的工作频率远离机床低阶固有频率，从而可减轻或消除振动。故高速切削加工可降低已加工表面粗糙度，提高加工质量。切削速度与表面粗糙度的关系如图 4-56 所示。

转速的提高使切削系统的工作频率远离机床的低阶固有频率，加工中鳞刺、积屑瘤、加工硬化、残余应力等现象也受到抑制。因此，高速切削加工可大大降低加工表面粗糙度，加工表面质量可提高 1～2 等级。

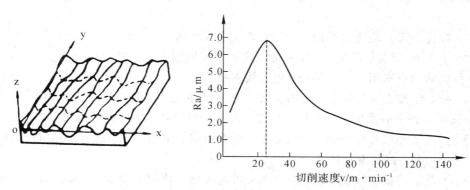

图 4-56　切削速度与表面粗糙度的关系

（4）高速切削加工可加工硬度 HRC45～65 的淬硬钢，实现以切代磨。

（5）高速切削加工时，切屑以很高的速度排出，切削热大部分被切屑带走，切削速度提高愈大，带走的热量愈多，传给工件的热量大幅度减少，工件整体温升较低，工件的热变形相对较小。因此，有利于减少加工零件的内应力和热变形，提高加工精度，适合于热敏感材料的加工。

（二）高速加工编程对 CAM 编程软件的功能要求

高速铣削加工对数控编程系统的要求越来越高，价格昂贵的高速加工设备对软件提出了更高的安全性和有效性要求。高速切削有着比传统切削特殊的工艺要求，除了要有高速切削机床和高速切削刀具外，具有合适的 CAM 编程软件也是至关重要的。数控加工的数控指令包含了所有的工艺过程，一个优秀的高速加工 CAM 编程系统应具有很高的计算速度功能、较强的插补功能、全程自动过切检查及处理能力、自动刀柄与夹具干涉检查功能、进给率优化处理功能、待加工轨迹监控功能、刀具轨迹编辑优化功能和加工残余分析功能等。下面以三点为例作简单介绍。

1）较高的计算编程速度

高速加工中采用非常小的切给量与切深，故高速加工的 NC 程序比传统数控加工程序要大得多，因而对计算速度有更高的要求，从而方便简化刀具轨迹编辑，优化编程的时间。

2）全程自动防过切处理能力及自动刀柄与夹具干涉检查能力

高速加工以传统加工近 10 倍的切削速度进行加工，一旦发生切削，对机床、产品和刀具将产生灾难性的后果，所以要求其 CAM 系统必须具有全程自动防过切处理的能力。高速加工的重要特征之一就是能够使用较小直径的刀具加工模具的细节结构。系统能够自动提示最短夹持刀具的长度，并自动进行刀具干涉检查。

3）丰富的高速切削刀具轨迹编辑优化功能

相对于传统方式机能，高速加工对加工工艺走刀方式有着特殊要求，因而要求 CAM 系统能够满足这些特定的工艺要求。为了能够确保最大的切削效率，又保证在高速切削时加工的安全性，CAM 系统应能根据加工瞬时余量的大小，自动对进给率进行优化处理，以确保高速加工刀具受力状态的平稳性，提高刀具的使用寿命。CAM 软件在生成刀具轨迹方面应具备以下功能：

（1）应避免刀具轨迹中走刀方向的突然变化，以免因局部过切而造成刀具或设备的损坏。

（2）应保持刀具轨迹的平稳，避免突然加速或减速。

（3）下刀或行间过渡部分最好采用斜式下刀或圆弧下刀，避免垂直下刀直接接近工件材料。行切的端点采用圆弧连接，避免直线连接。

（4）残余量加工或清根加工是提高加工效率的重要手段，一般应采用多次加工或采用系列刀具从大到小分次加工，避免用小刀一次加工完成，还应避免全切削刀切削。

（5）刀具轨迹编辑优化功能非常重要，为避免多余空刀，可通过对刀具轨迹的镜像、复制、旋转等操作，避免重复计算。

（6）刀具轨迹裁剪修复功能也很重要，可通过精确裁剪减少空刀，提高效率，也可用于零件局部变化时的编程，此时只需修改变化的部分，无须对整个模型重编。

（7）可提供优秀的可视化仿真加工模拟与过切检查，如 Vericut 软件就能很好地检测干涉。

高速切削编程首先要注意加工方法的安全性和有效性；其次，要尽一切可能保证刀具轨迹光滑平稳，这会直接影响加工质量和机床主轴等零件的寿命；最后，要尽量使刀具载荷均匀，这会直接影响刀具的寿命。

（三）RTCP 和 RPCP 简介

RTCP（Rotary Tool Control Point）是五轴机床按照刀具旋转中心编程的简称。在非 RTCP 模式下编程，要求机床的转轴中心长度正好等于书写程序时所考虑的数值，任何修改都要求重新书写程序。如果启用 RTCP 功能后，控制系统会自动计算并保持刀具中心始终在编程的 XYZ 位置上，转动坐标的每一个运动都会被 XYZ 坐标的一个直线位置所补偿。相对传统的数控系统而言，一个或多个转动坐标的运动会引起刀具中心的位移，而对带有 RTCP 功能的数控系统而言，可以对刀具中心的轨迹直接编程，而不用考虑枢轴的中心距。这个枢轴中心距是独立于编程的，是在执行程序前由显示终端输入的，与程序无关，如图 4 - 57 所示。非 RTCP 和 RTCP 枢轴及刀心轨迹对比如图 4 - 58 所示。

RPCP（Rotary Part Control Point）是五轴机床按照工件旋转中心编程的简称。不同的是该功能是补偿工件旋转所造成的平动坐标的变化。非 RPCP 和 RPCP 枢轴及刀心轨迹对比如图 4 - 59 所示。

RTCP 功能主要是应用在双摆头结构形式的机床上，而 RPCP 功能主要是应用在双转台结构形式的机床上，而对于单摆头单转台形式的机床是上述两种情况的综合应用。总之，不具备 RTCP 和 RPCP 的五轴机床和数控系统必须依靠 CAM 编程和后处理，事先规划好刀路，同样一个零件，机床换了，或者刀具换了，就必须重新进行 CAM 编程和后处理。

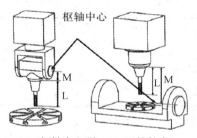

M—枢轴中心距；L—刀具长度

图 4 - 57 枢轴中心及刀具长度

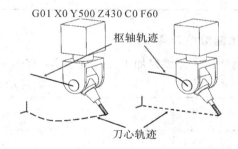

图 4 - 58 非 RTCP 和 RTCP 枢轴及刀心轨迹对比

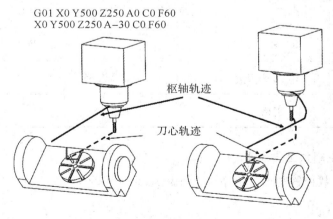

图 4 - 59 非 RPCP 和 RPCP 枢轴及刀心轨迹对比

四、任务实施

(一) 叶轮数控加工工艺文件编制

1. 编制机械加工工艺过程卡

编制叶轮机械加工工艺过程卡，如表 4 − 4 所示。

表 4 − 4　机械加工工艺过程卡

机械加工 工艺过程卡		产品名称	零件名称	零件图号	材料	毛坯规格
			叶轮	J05	硬铝	
工序号	工序名称	工序简要内容	设备	工艺装备		工时
01	下料	车叶轮毛坯	C6140	三爪卡盘、游标卡尺		
02	铣削	叶轮加工	DMU 80 monoBLOCK	三爪卡盘、游标卡尺		
03	检验					
编制		审核		批准		共 1 页第 1 页

2. 编制数控刀具调整卡

编制叶轮零件数控加工刀具调整卡，如表 4 − 5 所示。

表 4 − 5　数控加工刀具调整卡

产品名称或代号			零件名称	叶轮	零件图号	J05
序号	刀具号	刀具名称及规格	刀具参数		刀补地址	
			底面半径	刀杆规格	半径	形状
1	T01	R4 球头刀	4	刃长 35	D01	H01
2	T02	R3 球头刀	3	刃长 35	D02	H02
编制		审核		批准	共　页	第　页

3. 编制数控铣削加工工序卡

编制平面零件数控铣削加工工序卡，如表 4 − 6 所示。

表 4 - 6 数控加工工序卡

单位名称	陕西工业职业技术学院	数控加工工序卡		零件名称	叶轮	零件图号	J05	材料牌号	2A12	材料硬度	
工序号	02	工序名称	铣削	程序编号		设备名称	五轴镗铣加工中心	设备型号	DMU 80 monoBLOCK	工艺装备	三爪卡盘

工步号	工步内容	刀具		量具		切削用量				进给次数	备注
		刀具号	刀具名称	量具名称	规格/mm	切削速度 V_c /(m/min)	主轴转速 n /(r/min)	进给量 F /(mm/min)	背吃刀量 a_p /mm		
1	叶轮粗加工	T01	R4 球头刀				10 000	300			
2	叶轮精加工	T02	R3 球头刀	游标卡尺	0.02/0~150		12 000	1000			
3											
4											
5											
6											
7											
8											
编制		审核		批准							共 1 页

（二）利用制造工程师 2013 构建叶轮的 3D 模型

叶轮造型的重点内容是叶片的造型，而叶片的造型需要根据现有的资源进行加工，可以通过三坐标测量机按照一定规律确定某叶片的一些空间点坐标，用这些空间点对叶片进行造型。

1. 半椭圆的线架构成

首先在桌面上新建一个记事本文件，按照如图 4－60 所示的内容输入空间点坐标。保存后，将其后缀名改为".dat"的格式。单击主菜单中的"打开"菜单，选择 dat 数据文件，如图 4－61 所示。

```
SPLINE
7
15.0578,-38.5221, -0.0000
 9.7506,-40.4552, -3.9523
 4.9017,-41.9681, -8.5921
 0.8008,-43.9576,-13.7361
-2.3747,-47.3994,-18.7416
-4.8445,-52.5897,-22.4812
-7.3561,-58.6341,-24.5000
SPLINE
7
17.0533,-37.6813, -0.0000
11.8545,-39.8895, -3.9523
 7.0914,-41.6541, -8.5921
 3.1003,-43.8554,-13.7361
 0.1093,-47.4587,-18.7416
-2.0856,-52.7712,-22.4812
-4.2774,-58.9387,-24.5000
SPLINE
7
 5.8562,-15.8937,-10.0000
 2.0282,-20.1342,-17.1110
-0.6451,-25.5343,-23.7352
-2.3108,-32.8384,-28.6366
-3.5795,-41.2836,-31.3550
-5.1602,-50.0458,-32.4837
-8.0303,-58.5456,-32.5000
SPLINE
7
 8.5272,-14.6354,-10.0000
 5.2380,-19.5435,-17.0893
 2.7895,-25.3057,-23.6533
 1.1626,-32.7485,-28.5652
-0.2986,-41.2614,-31.3441
-1.6591,-50.1741,-32.4780
-3.9268,-58.9631,-32.5000
EOF
```

图 4－60　叶片边界点坐标

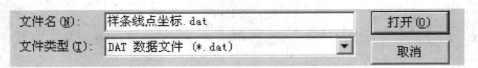

文件名(N):	样条线点坐标.dat	打开(O)
文件类型(T):	DAT 数据文件 (*.dat)	取消

图 4－61　选择叶片边界点坐标文件

打开文件后就能看到四条空间曲线,如图 4-62 所示。

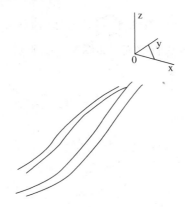

图 4-62 叶片边界曲线

单击曲线工具栏中的"直线"按钮 ,选择"正交"中的"长度方式",长度设置为"50",
如图 4-63 所示。点击坐标原点,得到如图 4-64 所示的图形。

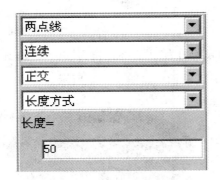

图 4-63 两点线设置

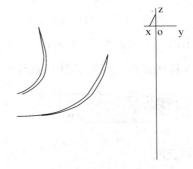

图 4-64 中心线

单击曲线工具栏中的"直线"按钮 ,选择"非正交",连接点 AE 与 BF,如图4-65
所示。

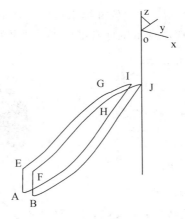

图 4-65 直线连接

2. 叶轮曲面造型生成

单击曲面工具栏中的"直纹面"按钮 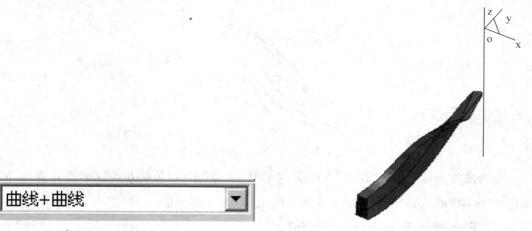，选择"曲线＋曲线"的方式，如图 4-66 所示。按照软件提示拾取曲线，生成直纹面，如图 4-67 所示。

图 4-66　直纹面生成方式

图 4-67　生成直纹面

单击曲面工具栏中的"旋转面"按钮，选择起始角为"0"，终止角为"360"，如图 4-68 所示。按照软件提示拾取旋转轴直线和母线，生成旋转面，如图 4-69 所示。

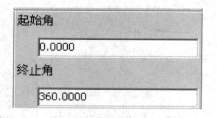

图 4-68　旋转面角度设置

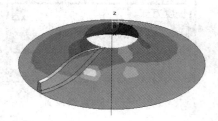

图 4-69　生成旋转面

按 F9 键切换到 xoy 平面，点击几何变换栏中的"阵列"按钮 ，选择"圆形"→"均布"，份数为"8"，如图 4-70 所示。按照软件提示拾取叶片上的全部曲面后点击鼠标右键，输入的中心点为坐标原点，完成后点击鼠标右键即可，结果如图 4-71 所示。

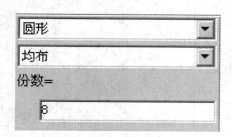

图 4-70　圆形阵列设置

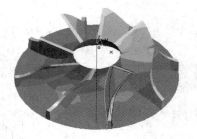

图 4-71　叶片阵列

单击曲线工具栏中的"相关线"按钮，选择"曲面边界线"中的"全部"，如图 4-72 所示。按软件提示选择蓝色曲面得到顶端和底端圆形曲线。

图 4-72 相关线设置

单击曲线工具栏中的"整圆"按钮 ⊕，选择"圆心_半径"，如图 4-73 所示。按软件提示，以顶端圆形曲线的圆心为圆心，绘制半径为"8"的圆，如图 4-74 所示。

圆心_半径

图 4-73 圆生成方式

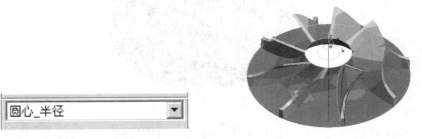

图 4-74 生成圆

单击曲面工具栏中的"直纹面"按钮 ▱，选择"曲线＋曲线"的方式，按照软件提示拾取曲线，生成直纹面，如图 4-75 所示。

图 4-75 生成直纹面

单击曲面工具栏中的"扫描面"按钮 ▣，起始距离为"0"，扫描距离为"30"，扫描角度为"0"，扫描精度为"0.01"，如图 4-76 所示。按软件提示操作，按空格键选择扫描方向为"Z 轴负方向"，拾取要扫描的曲线，完成扫描面，如图 4-77 所示。

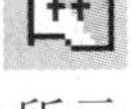

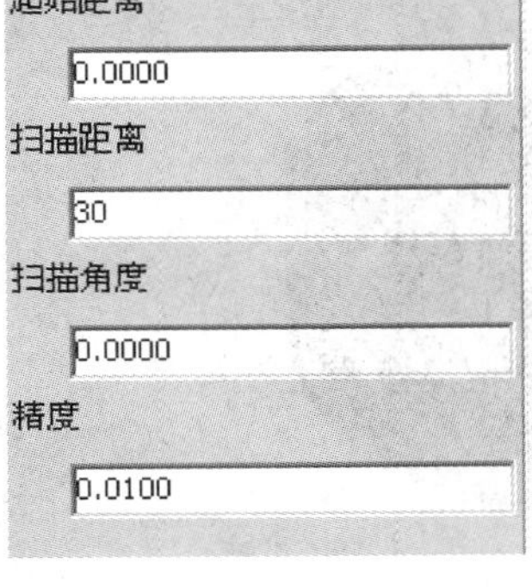

起始距离
0.0000

扫描距离
30

扫描角度
0.0000

精度
0.0100

图 4-76 扫描面参数设置

图 4-77 扫描面

单击曲线工具栏中的"整圆"按钮 ⊕，选择"圆心_半径"，按软件提示，以坐标原点为圆心，绘制半径为"8"的圆，如图 4-78 所示。

图 4-78 绘制圆

单击曲面工具栏中的"直纹面"按钮 ▢，选择"曲线＋曲线"的方式，按照软件提示拾取曲线，生成直纹面，如图 4-79 所示。

图 4-79 生成直纹面

单击曲面工具栏中的"直纹面"按钮 ▢，选择"点＋曲线"的方式，按照软件提示拾取中心点与外轮廓线后点击鼠标右键，生成顶面，如图 4-80 所示。

图 4-80 生成顶面

（三）编写叶轮的加工程序

1.叶轮粗加工

选择"加工"→"多轴加工"→"叶轮粗加工"，系统弹出"叶轮粗加工"参数对话框，在"叶轮粗加工"选项中设置各项参数，如图4-81所示。

（a）

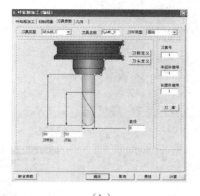

（b）

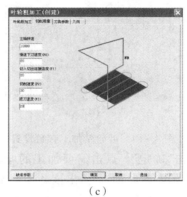

（c）

图4-81　叶轮粗加工参数设置

设置好各项参数以后，单击"确定"，在需要加工的区域选取叶轮底面、叶槽左叶片和叶槽右叶片，得出该区域的粗加工刀具轨迹，如图4-82所示。并阵列出其他流道的粗加工刀具轨迹，如图4-83所示。

图4-82　单流道粗加工走刀路线

图4-83　所有流道粗加工走刀路线

2. 叶轮精加工

选择"加工"→"多轴加工"→"叶轮精加工"命令，系统弹出"叶轮精加工"参数对话框，在"叶轮精加工"选项中设置参数，如图 4-84 所示。

（a）

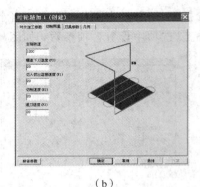

（b）

（c）

图 4-84　叶轮精加工参数设置

设置好各项参数以后，单击"确定"，点击需要加工的叶轮底面、叶片左叶面和叶片右叶面（左、右叶面为同一个叶片的左右叶面），得出该叶片的精加工刀具轨迹，如图 4-85 所示。并阵列出其他叶片的精加工刀具轨迹，如图 4-86 所示。

图 4-85　单叶片精加工走刀路线

图 4-86　所有叶片精加工走刀路线

3. 毛坯设定并进行实体仿真

毛坯设定是通过参考叶片的形状设置的（见图 4-87）。最终利用制造工程师 2013 自带的实体仿真功能进行实体仿真加工，结果如图 4 - 88 所示。

图 4 - 87 叶轮毛坯

图 4 - 88 叶轮实体仿真结果

4. 后置处理生成 G 代码

实体仿真验证无误后可根据需要选择合适的系统进行后置处理生成加工程序，如图 4 - 89 所示。

```
NC0002.cut - 记事本
文件(F)  编辑(E)  格式(O)  查看(V)  帮助(H)
36 CYCL DEF 7.3 Z+0.0
;Cancel Rotation.
38 CYCL DEF 10.0 ROTATION
40 CYCL DEF 10.1 ROT+0
;Cancel Scaling.
42 CYCL DEF 11.0 SCALING
44 CYCL DEF 11.1 SCL 1.
46 BLK FORM 0.1 Z X-59.094 Y-59.094 Z-62.5
48 BLK FORM 0.2 IX59.094 IY59.094 IZ0.
50 TOOL CALL 1 Z S3000.
52 L Z+50. R0 FMAX
54 L X+56.557 Y+36.936 Z+50. B+23.361 C-172.039 FMAX
56 M3
58 L X+56.557 Y+36.936 Z+50. FMAX
60 L X+56.557 Y+36.936 Z-11.419 FQ101
62 L X+52.351 Y+36.321 Z-25.804 F
64 L X+52.282 Y+35.997 Z-25.768 B+23.704 C-171.772
66 L X+52.199 Y+35.68 Z-25.73 B+24.05 C-171.514
68 L X+52.105 Y+35.38 Z-25.692 B+24.39 C-171.272
70 L X+52. Y+35.094 Z-25.655 B+24.724 C-171.045
72 L X+51.886 Y+34.823 Z-25.617 B+25.054 C-170.831
74 L X+51.763 Y+34.563 Z-25.58 B+25.378 C-170.63
76 L X+51.632 Y+34.316 Z-25.542 B+25.697 C-170.44
78 L X+51.498 Y+34.078 Z-25.504 B+26.056 C-170.259
80 L X+51.366 Y+33.84 Z-25.467 B+26.437 C-170.076
```

图 4 - 89 叶轮加工程序

（四）程序传输

通过优盘将生成的加工程序拷贝到机床上。

五、知识拓展

（一）DMU80 五轴镗铣加工中心简化编程类零件程序编制及模拟加工

零件图如图 4 - 90 所示。

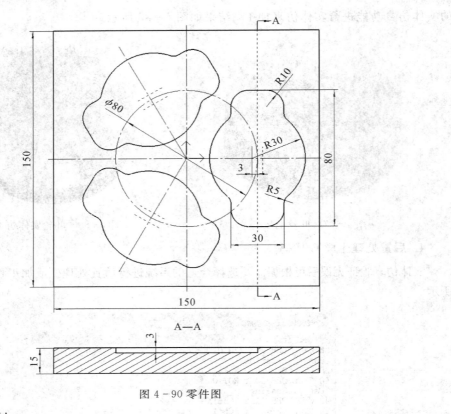

图 4 - 90 零件图

1. 程序编制

程序如下:

```
0   BEGIN PGM test3 MM
1   BLK FORM 0.1 Z   X-75   Y-75   Z-15
2   BLK FORM 0.2   X+75   Y+75   Z+0
3   M129
4   CYCL DEF 247 DATUM SETTING ～
    Q339=+10; DATUM NUMBER
5   TOOL CALL 3 Z S2000
6   LBL 1
7   CYCL DEF 7.0 DATUM SHIFT
8   CYCL DEF 7.1   X+0
9   CYCL DEF 7.2   Y+0
10   CYCL DEF 7.3   Z+0
11   CYCL DEF 10.0 ROTATION
12   CYCL DEF 10.1   ROT+0
13   PLANE RESET STAY
14   L   C+0   B+0 R0 FMAX M3
15   L   Z-1 FMAX M91
16   LBL 0
17   CYCL DEF 14.0 CONTOUR GEOMETRY
```

```
18   CYCL DEF 14.1 CONTOUR LABEL2 /3 /4
19   CYCL DEF 20 CONTOUR DATA ~
       Q1=-3；MILLING DEPTH ~
       Q2=+1；TOOL PATH OVERLAP ~
       Q3=+0.3；ALLOWANCE FOR SIDE ~
       Q4=+0.3；ALLOWANCE FOR FLOOR ~
       Q5=+0；SURFACE COORDINATE ~
       Q6=+2；SET-UP CLEARANCE ~
       Q7=+50；CLEARANCE HEIGHT ~
       Q8=+0；ROUNDING RADIUS ~
       Q9=+1；ROTATIONAL DIRECTION
20   TOOL CALL 1 Z S1000
21   CYCL DEF 21 PILOT DRILLING ~
       Q10=-3；PLUNGING DEPTH ~
       Q11=+150；FEED RATE FOR PLNGNG ~
       Q13=+0；ROUGH-OUT TOOL
22   M99
23   TOOL CALL 3 Z S2000
24   CYCL DEF 22 ROUGH-OUT ~
       Q10=-3；PLUNGING DEPTH ~
       Q11=+150；FEED RATE FOR PLNGNG ~
       Q12=+500；FEED RATE F. ROUGHNG ~
       Q18=+0；COARSE ROUGHING TOOL ~
       Q19=+0；FEED RATE FOR RECIP. ~
       Q208=+99999；RETRACTION FEED RATE ~
       Q401=+100；FEED RATE FACTOR ~
       Q404=+0；FINE ROUGH STRATEGY
25   M99
26   CYCL DEF 23 FLOOR FINISHING ~
       Q11=+150；FEED RATE FOR PLNGNG ~
       Q12=+500；FEED RATE F. ROUGHNG ~
       Q208=+99999；RETRACTION FEED RATE
27   M99
28   CYCL DEF 24 SIDE FINISHING ~
       Q9=+1；ROTATIONAL DIRECTION ~
       Q10=-3；PLUNGING DEPTH ~
       Q11=+150；FEED RATE FOR PLNGNG ~
       Q12=+500；FEED RATE F. ROUGHNG ~
       Q14=+0；ALLOWANCE FOR SIDE
29   M99
30   M30
31   LBL 2
32   CYCL DEF 7.0 DATUM SHIFT
```

```
33   CYCL DEF 7.1   X+40
34   L   X+0   Y+40 RL
35   FL   Y+40   AN+180
36   FCT DR+   X-15 R10
37   FLT   X-15   AN-90
38   FCT DR-   R5
39   FCTR30 DR+   CCX+3   CCY+0
40   FSELECT2
41   FCT R5 DR-
42   FLT   X-15   AN-90
43   FCTR10 DR+   Y-40
44   FLT LEN10   AN+0
45   FSELECT1
46   FCT DR+ R10   X+15
47   FLT   X+15   AN+90
48   FCT DR-   R5
49   FCT DR+ R30   CCX-3   CCY+0
50   FSELECT2
51   FCT R5 DR-
52   FLT   AN+90   X+15
53   FCT R10   Y+40 DR+
54   FLT   X+0   Y+40   AN+180
55   FSELECT1
56   CYCL DEF 7.0 DATUM SHIFT
57   CYCL DEF 7.1   X+0
58   CYCL DEF 7.2   Y+0
59   CYCL DEF 7.3   Z+0
60   LBL 0
61   LBL 3
62   CYCL DEF 10.0 ROTATION
63   CYCL DEF 10.1   ROT+120
64   CALL LBL 2
65   LBL 0
66   LBL 4
67   CYCL DEF 10.0 ROTATION
68   CYCL DEF 10.1 IROT+120
69   CALL LBL 2
70   CYCL DEF 10.0 ROTATION
71   CYCL DEF 10.1   ROT+0
72   LBL 0
73   END PGM test3 MM
```

2. 模拟加工

模拟加工结果如图 4-91 所示。

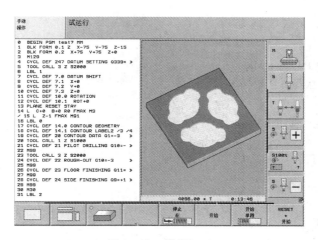

图 4-91 模拟加工

（二）DMU80 五轴镗铣加工中心五轴定轴铣程序编制及模拟加工

零件图如图 4-92 所示。

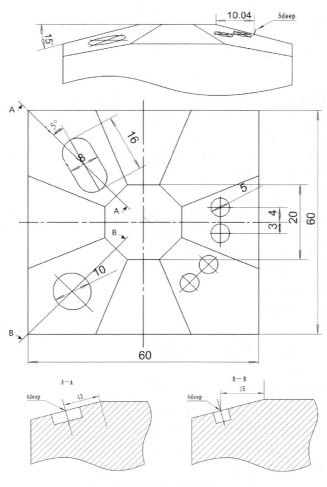

图 4-92 零件图

1. 程序编制

程序如下：

```
 0   BEGIN PGM test4 MM
 1   BLK FORM 0.1 Z   X-30   Y-30   Z-50
 2   BLK FORM 0.2   X+30   Y+30   Z+0
 3   CYCL DEF 247 DATUM SETTING ~
       Q339=+10；DATUM NUMBER
 4   TOOL CALL 1 Z S3000
 5   LBL 100
 6   CYCL DEF 7.0 DATUM SHIFT
 7   CYCL DEF 7.1   X+0
 8   CYCL DEF 7.2   Y+0
 9   CYCL DEF 7.3   Z+0
10   CYCL DEF 10.0 ROTATION
11   CYCL DEF 10.1   ROT+0
12   PLANE RESET STAY
13   LBL 0
14   L   C+0   B+0 R0 FMAX M3
15   L   Z-1 FMAX M91
16   L   Z+200 FMAX
17   CYCL DEF 7.0 DATUM SHIFT
18   CYCL DEF 7.1   Y+10
19   PLANE SPATIAL SPA-15 SPB+0 SPC+0 TURN MB50 FMAX SEQ- TABLE ROT
20   CYCL DEF 232 FACE MILLING ~
       Q389=+0；STRATEGY ~
       Q225=-30；STARTNG PNT 1ST AXIS ~
       Q226=+0；STARTNG PNT 2ND AXIS ~
       Q227=+5.5；STARTNG PNT 3RD AXIS ~
       Q386=+0；END POINT 3RD AXIS ~
       Q218=+60；FIRST SIDE LENGTH ~
       Q219=+25；2ND SIDE LENGTH ~
       Q202=+5；MAX. PLUNGING DEPTH ~
       Q369=+0；ALLOWANCE FOR FLOOR ~
       Q370=+1；MAX. OVERLAP ~
       Q207=+5000；FEED RATE FOR MILLNG ~
       Q385=+5000；FINISHING FEED RATE ~
       Q253=+750；F PRE-POSITIONING ~
       Q200=+2；SET-UP CLEARANCE ~
       Q357=+2；CLEARANCE TO SIDE ~
       Q204=+50；2ND SET-UP CLEARANCE
```

21　M99

22　CALL LBL 100

23　L　Z＋200 FMAX

24　CYCL DEF 7.0 DATUM SHIFT

25　CYCL DEF 7.1　X－10

26　PLANE SPATIAL SPA－15 SPB＋0 SPC＋90 TURN MB50 FMAX SEQ－ TABLE ROT

27　M99

28　CALL LBL 100

29　L　Z＋200 FMAX

30　CYCL DEF 7.0 DATUM SHIFT

31　CYCL DEF 7.1　Y－10

32　PLANE SPATIAL SPA－15 SPB＋0 SPC＋180 TURN MB50 FMAX SEQ－ TABLE ROT

33　M99

34　CALL LBL 100

35　L　Z＋200 FMAX

36　CYCL DEF 7.0 DATUM SHIFT

37　CYCL DEF 7.1　X＋10

38　PLANE SPATIAL SPA－15 SPB＋0 SPC＋270 TURN MB50 FMAX SEQ－ TABLE ROT

39　M99

40　CALL LBL 100

41　L　Z＋200 FMAX

42　Q1 ＝ 10 ＊ SIN 45

43　CYCL DEF 7.0 DATUM SHIFT

44　CYCL DEF 7.1　X＋Q1

45　CYCL DEF 7.2　Y＋Q1

46　PLANE SPATIAL SPA－15 SPB＋0 SPC－45 TURN MB50 FMAX SEQ－ TABLE ROT

47　CYCL DEF 232 FACE MILLING ～

　　Q389＝＋0；STRATEGY ～

　　Q225＝－15；STARTNG PNT 1ST AXIS ～

　　Q226＝＋0；STARTNG PNT 2ND AXIS ～

　　Q227＝＋5；STARTNG PNT 3RD AXIS ～

　　Q386＝＋0；END POINT 3RD AXIS ～

　　Q218＝＋30；FIRST SIDE LENGTH ～

　　Q219＝＋35；2ND SIDE LENGTH ～

　　Q202＝＋5；MAX. PLUNGING DEPTH ～

　　Q369＝＋0；ALLOWANCE FOR FLOOR ～

　　Q370＝＋1；MAX. OVERLAP ～

　　Q207＝＋5000；FEED RATE FOR MILLNG ～

　　Q385＝＋5000；FINISHING FEED RATE ～

　　Q253＝＋750；F PRE－POSITIONING ～

　　Q200＝＋2；SET－UP CLEARANCE ～

Q357=+2；CLEARANCE TO SIDE ～

Q204=+50；2ND SET－UP CLEARANCE

48 M99

49 CALL LBL 100

50 CYCL DEF 7.0 DATUM SHIFT

51 CYCL DEF 7.1 X－Q1

52 CYCL DEF 7.2 Y+Q1

53 PLANE SPATIAL SPA－15 SPB+0 SPC+45 TURN MB50 FMAX SEQ－ TABLE ROT

54 M99

55 CALL LBL 100

56 CYCL DEF 7.0 DATUM SHIFT

57 CYCL DEF 7.1 X－Q1

58 CYCL DEF 7.2 Y－Q1

59 PLANE SPATIAL SPA－15 SPB+0 SPC+135 TURN MB50 FMAX SEQ－ TABLE ROT

60 M99

61 CALL LBL 100

62 CYCL DEF 7.0 DATUM SHIFT

63 CYCL DEF 7.1 X+Q1

64 CYCL DEF 7.2 Y－Q1

65 PLANE SPATIAL SPA－15 SPB+0 SPC+225 TURN MB50 FMAX SEQ－ TABLE ROT

66 M99

67 CALL LBL 100

68 TOOL CALL 2 Z S1000

69 CYCL DEF 7.0 DATUM SHIFT

70 CYCL DEF 7.1 X+10

71 PLANE SPATIAL SPA+0 SPB+15 SPC+0 TURN MB50 FMAX SEQ－ TABLE ROT

72 Q2 = 10 /COS 15

73 CYCL DEF 200 DRILLING ～

Q200=+2；SET－UP CLEARANCE ～

Q201=－4；DEPTH ～

Q206=+150；FEED RATE FOR PLNGNG ～

Q202=+5；PLUNGING DEPTH ～

Q210=+0；DWELL TIME AT TOP ～

Q203=+0；SURFACE COORDINATE ～

Q204=+50；2ND SET－UP CLEARANCE ～

Q211=+0；DWELL TIME AT DEPTH

74 CYCL CALL POS X+Q2 Y+4 Z+0 FMAX M3

75 CYCL CALL POS X+Q2 Y－3 Z+0 FMAX

76 CALL LBL 100

77 CYCL DEF 7.0 DATUM SHIFT

78 CYCL DEF 7.1 X+Q1

79 CYCL DEF 7.2 Y－Q1

80 PLANE SPATIAL SPA＋0 SPB＋15 SPC－45 TURN MB50 FMAX SEQ－ TABLE ROT

81 CYCL CALL POS X＋Q2 Y＋4 Z＋0 FMAX M3

82 CYCL CALL POS Y－3 X＋Q2 Z＋0 FMAX

83 CALL LBL 100

84 TOOL CALL 3 Z S1000

85 CYCL DEF 7.0 DATUM SHIFT

86 CYCL DEF 7.1 X－Q1

87 CYCL DEF 7.2 Y－Q1

88 PLANE SPATIAL SPA＋0 SPB＋15 SPC－135 TURN MB50 FMAX SEQ－ TABLE ROT

89 CYCL CALL POS X＋12 Y＋0 Z＋0 FMAX

90 CALL LBL 100

91 TOOL CALL 4 Z S800

92 CYCL DEF 7.0 DATUM SHIFT

93 CYCL DEF 7.1 X－Q1

94 CYCL DEF 7.2 Y＋Q1

95 PLANE SPATIAL SPA＋0 SPB＋15 SPC－225 TURN MB50 FMAX SEQ－ TABLE ROT

96 CYCL DEF 253 SLOT MILLING ～

  Q215＝＋0；MACHINING OPERATION ～

  Q218＝＋16；SLOT LENGTH ～

  Q219＝＋8；SLOT WIDTH ～

  Q368＝＋0.2；ALLOWANCE FOR SIDE ～

  Q374＝－5；ANGLE OF ROTATION ～

  Q367＝＋0；SLOT POSITION ～

  Q207＝＋500；FEED RATE FOR MILLNG ～

  Q351＝＋1；CLIMB OR UP－CUT ～

  Q201＝－4；DEPTH ～

  Q202＝＋5；PLUNGING DEPTH ～

  Q369＝＋0；ALLOWANCE FOR FLOOR ～

  Q206＝＋150；FEED RATE FOR PLNGNG ～

  Q338＝＋0；INFEED FOR FINISHING ～

  Q200＝＋2；SET－UP CLEARANCE ～

  Q203＝＋0；SURFACE COORDINATE ～

  Q204＝＋50；2ND SET－UP CLEARANCE ～

  Q366＝＋1；PLUNGE ～

  Q385＝＋500；FINISHING FEED RATE

97 CYCL CALL POS X＋12 Y＋0 Z＋0

98 CALL LBL 100

99 END PGM test4 MM

2．模拟加工

模拟加工结果如图 4－93 所示。

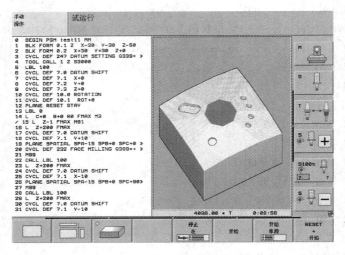

图 4 - 93　模拟加工

完成如图 4 - 94 所示零件的实体造型、自动编程及数控加工。

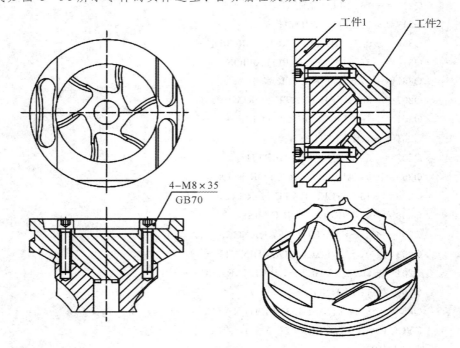

4—M8×35
GB70

工件1

工件2

工件1、工件2能按图示位置配合，要求配合松紧适中，无明显松动。

（a）装配图

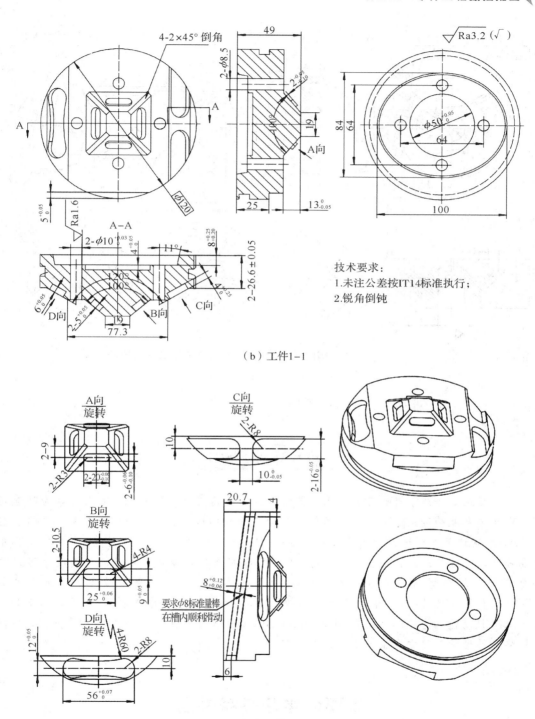

（b）工件1-1

技术要求:
1.未注公差按IT14标准执行;
2.锐角倒钝

（c）工件1-2

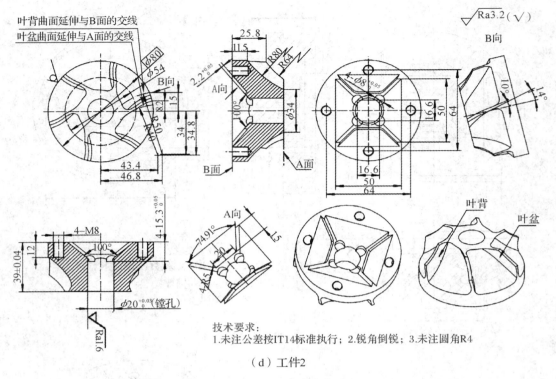

技术要求：
1. 未注公差按IT14标准执行；2. 锐角倒锐；3. 未注圆角R4

（d）工件2

图4-94 零件图

本项目主要介绍了叶轮完成加工所要做的工作和需要学习的知识。重点内容为高速切削的现状和发展趋势、高速加工编程与普通加工编程的区别、叶轮编程参数的设置等。在用CAXA制造工程师进行叶轮加工的过程中一定要注意当走刀路线阵列时，选择的坐标系也要阵列，不然生成的加工程序将不能使用。高速切削与五轴联动加工的完美结合可以解决很多传统加工解决不了的问题。今后在操作数控机床时，如果所操作的机床不具备RTCP或者RPCP功能，工件坐标系就不能随意建立，会导致操作复杂化；如果具备RTCP或者RPCP功能，就可以参照DMU80 monoBLOCK五轴镗铣加工中心的对刀方式，根据需要将工件坐标系建立在工件上合适的位置。

本项目学习参考书目

［1］ 陆启建，褚辉生. 高速切削与五轴联动加工技术［M］. 北京：机械工业出版社，2011.

［2］ 宋放之. 数控机床多轴加工技术实用教程［M］. 北京：清华大学出版社，2010.

〔3〕　关小梅．多轴加工技术实用教程〔M〕．北京：化学工业出版社，2014．

〔4〕　关雄飞．CAXA 制造工程师 2013r2 实用案例教程〔M〕．北京：机械工业出版社，2015．

参 考 文 献

[1]　嵇宁．数控加工编程与操作[M]．北京：高等教育出版社，2008．

[2]　周保牛．数控车削技术[M]．北京：高等教育出版社，2007．

[3]　马金平．数控加工工艺项目化教程[M]．大连：大连理工大学出版社，2012．

[4]　卢万强．数控加工技术[M]．北京：北京理工大学出版社，2011．

[5]　周保牛．数控铣削与加工中心技术[M]．北京：高等教育出版社，2007．

[6]　宋志良．典型铣削零件数控编程与加工[M]．北京：北京理工大学出版社，2014．

[7]　陈海舟．数控铣削加工宏程序及应用实例[M]．北京：机械工业出版社，2007．

[8]　陆启建．高速切削与五轴联动加工技术[M]．北京：机械工业出版社，2011．

[9]　宋放之．数控机床多轴加工技术实用教程[M]．北京：清华大学出版社，2010．

[10]　关小梅．多轴加工技术实用教程[M]．北京：化学工业出版社，2014．

[11]　关雄飞．CAXA 制造工程师 2013r2 实用案例教程[M]．北京：机械工业出版社，2015．